Machining Technology Series

기계 가공
기술 시리즈
No. 3

절삭 가공 데이터북

툴엔지니어 편집부 편저 | 김 진 섭 역

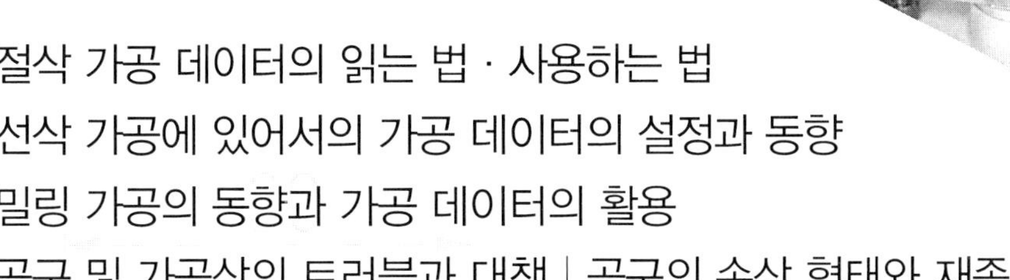

절삭 가공 데이터의 읽는 법 · 사용하는 법
선삭 가공에 있어서의 가공 데이터의 설정과 동향
밀링 가공의 동향과 가공 데이터의 활용
공구 및 가공상의 트러블과 대책 | 공구의 손상 형태와 재종

BM 성안당

日本 taiga · 성안당 공동 출간

기계 가공 기술 시리즈 ③

절삭가공 데이터북

차 례

제1부 : 절삭 가공 데이터편

제2부 : 절삭 관련 자료편

그림으로 보는 프롤로그

이 책 한권이면 어떤 상대도 빈틈없이 처리할 수 있어

え・佐伯克介

제1부
절삭가공 데이터편

S55C (HB230)
ESD2020R (ϕ
120m/min
1900min^{-1}
380mm/mi
3mm
Dry
VMC15 (1
R_{max}3.0μ

절삭 가공 데이터의 읽는법 사용하는 법

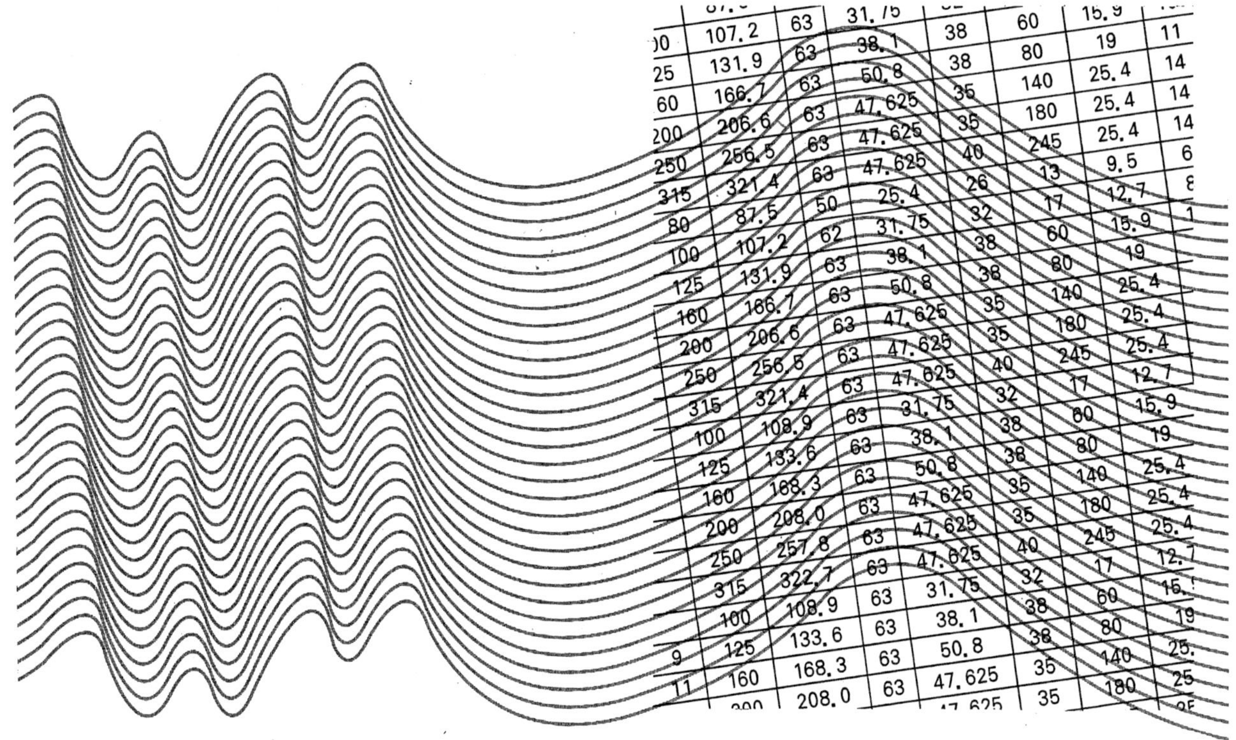

가공 데이터란?

기계 공장에서는 금속 등의 소재를 공작 기계를 사용, 가공하여 필요한 기계 부품을 만들어 내는 작업을 하고 있다. 인간이 오랜 세월에 걸쳐 쌓아올린 기계 제조 기술 가운데서도 가장 기초적이고 널리 사용되고 있는 이른바 "기계 가공"이라는 생산 작업이다.

이전에는 이 생산 작업도 기능 집약형이어서 공작 기계의 운전이나 조작은 모두 가공 기능자에게 맡겨지고 있었다. 그러나 그 후 공업의 진보가 자동화, 무인화라는 방향으로 나아가게 되면서 당연한 일이지만 이 생산 작업 분야도 예외가 될 수는 없었다.

특히 고도의 전자 기술이 공작 기계에 도입되기에 이르러서는 공작 기계에 가공 기능자가 따라다니는 일이 아주 드물게 되었다. 24시간 무인 운전을 하는 하이테크 FA공장에서는 이제 공작 기계의 근처에서 사람의 그림자를 거의 볼 수 없을 정도이다.

그런데 이와 같이 생산 방식이 달라지면 가공 기술면에서도 질적인 변화가 생기게 마련이다. 지금까지와 같이 가공 기능자가 공작 기계에 달라 붙어 조작할 때는 기계 가공을 하기 위한 정보, 즉 「가공 데이터」가 기능자의 머리와 손안에 저장되고 이것을 기본으로 하여 공작 기계를 조작한다.

하지만, NC 공작 기계와 MC(머시닝 센터)와 같은 자동화 공작 기계에는 언제나 적절한 가공을 할 수 있는 가공 조건을 미리 제어 장치에 입력시켜 둘 필요가 있다.

절삭 가공 데이터의 읽는법 사용하는 법

현실적으로는 이 작업이 여간 어려운 것이 아니다. 그 이유로서는 다음과 같은 것을 들 수 있다.

① 자료면에서 적정 조건을 찾아내는 일이 쉽지 않다. 「가공 데이터표」와 실제 적정 조건과의 「골」이 깊다. 여기에다 가공 데이터 자료가 없거나 빈약한 신소재가 잇따라 등장하고 있다.

② 베테랑 기술자가 말해주는 대로 실행해도 좋은 결과가 나오지 않고 몸에 익지 않는다. 원래 경험이나 감과 같은, 데이터로 표현할 수 없는 것이 「노하우」인데 숙련 기술자(익스퍼트)의 솜씨란 바로 이 노하우인 것이다.

③ 가공중인 절삭 조건의 변동에 대응할 수 없다. 변동의 규모나 크기에 따라서 달라지겠지만 불량품, 불합격품을 늘리는 결과를 초래한다.

④ 현장의 경험이 아주 적은 기능자가 많고 그나마 일손 부족의 현상이 만성화되는 경향이 있다.

그렇다고 해서 현 기계 가공의 현황과 진전의 방향을 바꿀 수도 없다. 그래서 예를 들어,「적응제어」나 「익스퍼트 시스템」, 「AI(인공 지능)」와 같이 더욱 높은 레벨의 자동화 시스템을 채택하는 방법이 고안되고 있는 것이다.

이들에 의하면 가공을 개시할 때의 조건만 정해두면 그 다음은 자동적으로 올바른 가공 조건을 찾고 그것을 연속적으로 선택하면서 가공을 계속하는 기능이 공작 기계 자체에 갖추어지는 것이다. 그러나 이러한 기능이 실용적인 레벨까지 보급되기에는 아직도 적지 않은 시간이 필요하다.

그러면 현실적으로 어떻게 하면 「가공 데이터」를 실무로서 취급할 수 있는가, 효과적으로 활용할 수 있는가의 문제에 대하여 그 답을 찾아보기로 하자.

기계 가공 조건의 특징

이전에 정밀 공학회가 연구 분야로서 기계 가공을 들고 대학과 연구 기관을 비롯하여 강재 메이커, 공구 메이커 등 연구자의 참가를 얻어 절삭 성능 분과회(뒤에 전문위원회)를 만들고 강재의 절삭 가공에 관한 공동 시험을 한 일이 있었다.

그 보고서 가운데에는 기계 가공 데이터의 특징에 대하여 매우 흥미깊은 내용이 담겨져 있는데 다음과 같다.

① 연구 제목 : 드릴의 수명에 미치는 강철 중의 황(S) 및 인(P)과 사용 기계의 영향

② 시험 내용 : 피삭재(공시 재료), 공구, 절삭 조건, 절삭 유제에 대해서는 동일한 것을 무작위로 고르되 위원이 소속되어 있는 2곳의 시험장에 공급하고 전적으로 동일한 드릴의 수명 시험을 했다.

③ 시험 결과 : 강재 중의 미량 원소인 황의 함유량이 늘어남에 따라 드릴의 수명이 분명히 연장되었다. 한편, 인에 대해서는 그 반대의 경향이 있으나 황만큼 영향을 받지 않는다. 다만, 드릴의 수명은 동일한 공시 재료인데도 시험장에 따라서 상당한 차이가 있었다.

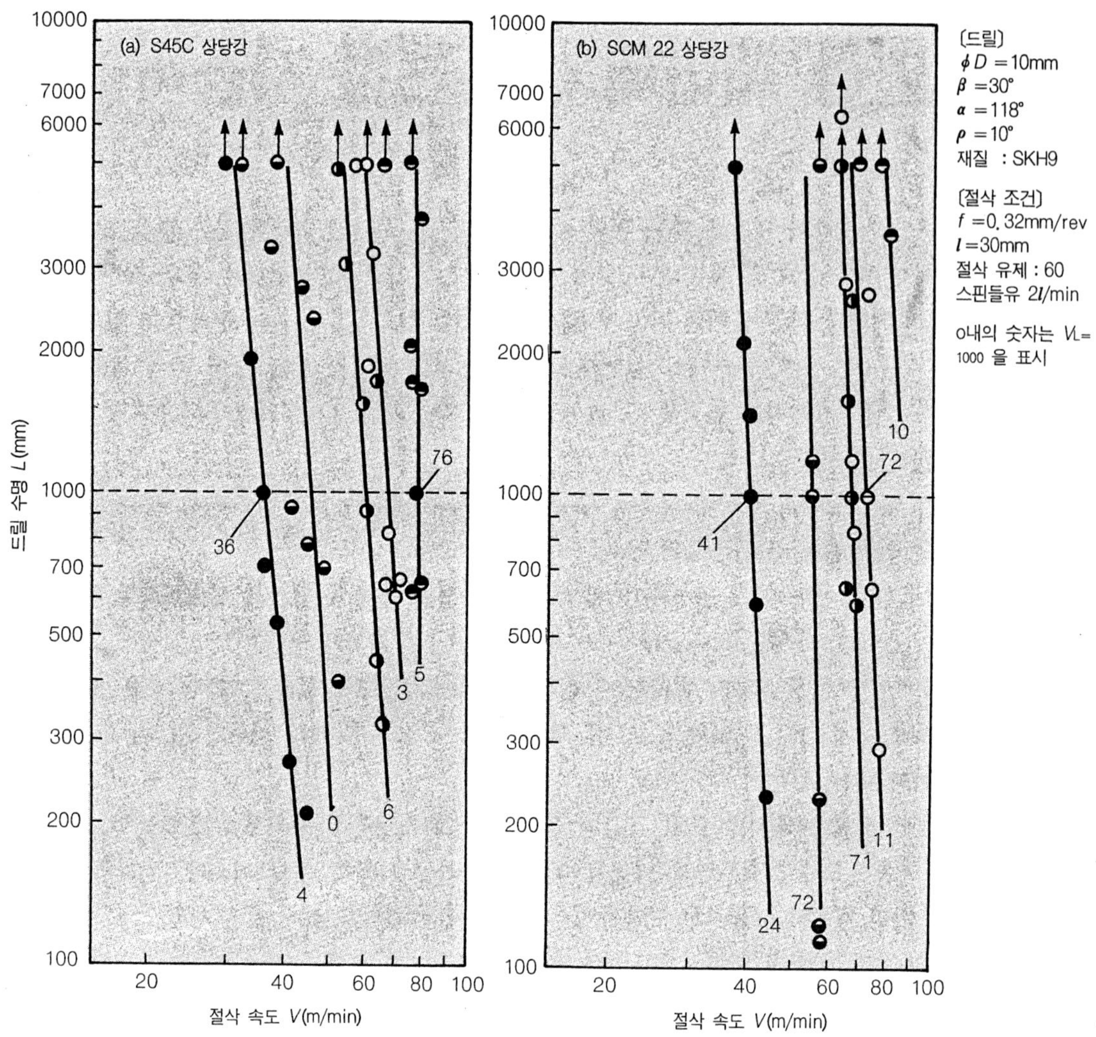

그림 1. 각 공시강에 있어서의 드릴 수명 (기계 기술 연구소)

이밖에 절삭 저항(토크, 스러스트), 가공 구멍의 확대 여유, 절삭칩 등에 대한 각 정보를 얻고 있다. 그래서 이들 시험 결과를 좀더 상세히 검토해 보기로 한다.

그림 1, 그림 2는 드릴의 수명선도이다. 이 그래프는 가로축이 드릴 외주부의 절삭 속도를, 세로축이 드릴의 수명을 나타내는 양대수(兩對數) 그래프로 되어 있다. 이 경우, 「드릴의 수명」이란 시험에 사용한 드릴이 아주 쓸모없게 되는 「드릴의 완전 손모」까지 뚫은 구멍 길이의 합계(mm)를 말한다.

예를 들어, "900"이란, 깊이 30mm의 구멍을 30개 뚫은 상태를 나타내고 있다. 또한 절삭 조건은 다음과 같이 되어 있다.

- 사용 드릴 : ϕ10mm, SKH9(하이스강) 청화 산화 처리, 스트레이트 생크
  비틀림각=30°
  선단각=118°
  여유각=10°

● 사용 공작 기계 : 직립 드릴링 머신(무단 변속)

● 절삭 조건 : 이송=0.32mm/rev

구멍 뚫기 깊이=30mm

절삭 유제=60번 스핀들유

비교한 재료는 표 1의 2강종(鋼種)인데 위원회 멤버인 강재 메이커가 각각 공시 재료로서 신중히 제조, 공급한 것이다. 2강종 종류 모두 5종류의 공시(供試) 재료를 불림(normalizing) 상태로 준비한 것이다.

그림 1은 공업 기술원 기계 기술 연구소에서 시험한 결과이고 그림 2는 新日本製鐵에서 시험한 결과이다.

표 1. 공시강의 황 및 인의 함유량과 경도

재 종	번호	인 P (%)	황 S (%)	경도 (HB)
S 45 C 상당강	0	0.017	0.014	175
	3	0.054	0.071	179
	4	0.059	0.015	187
	5	0.021	0.073	179
	6	0.036	0.033	177
SCM 22 상당강	72	0.015	0.022	156
	11	0.062	0.104	164
	24	0.063	0.016	161
	10	0.016	0.120	145
	71	0.033	0.042	160

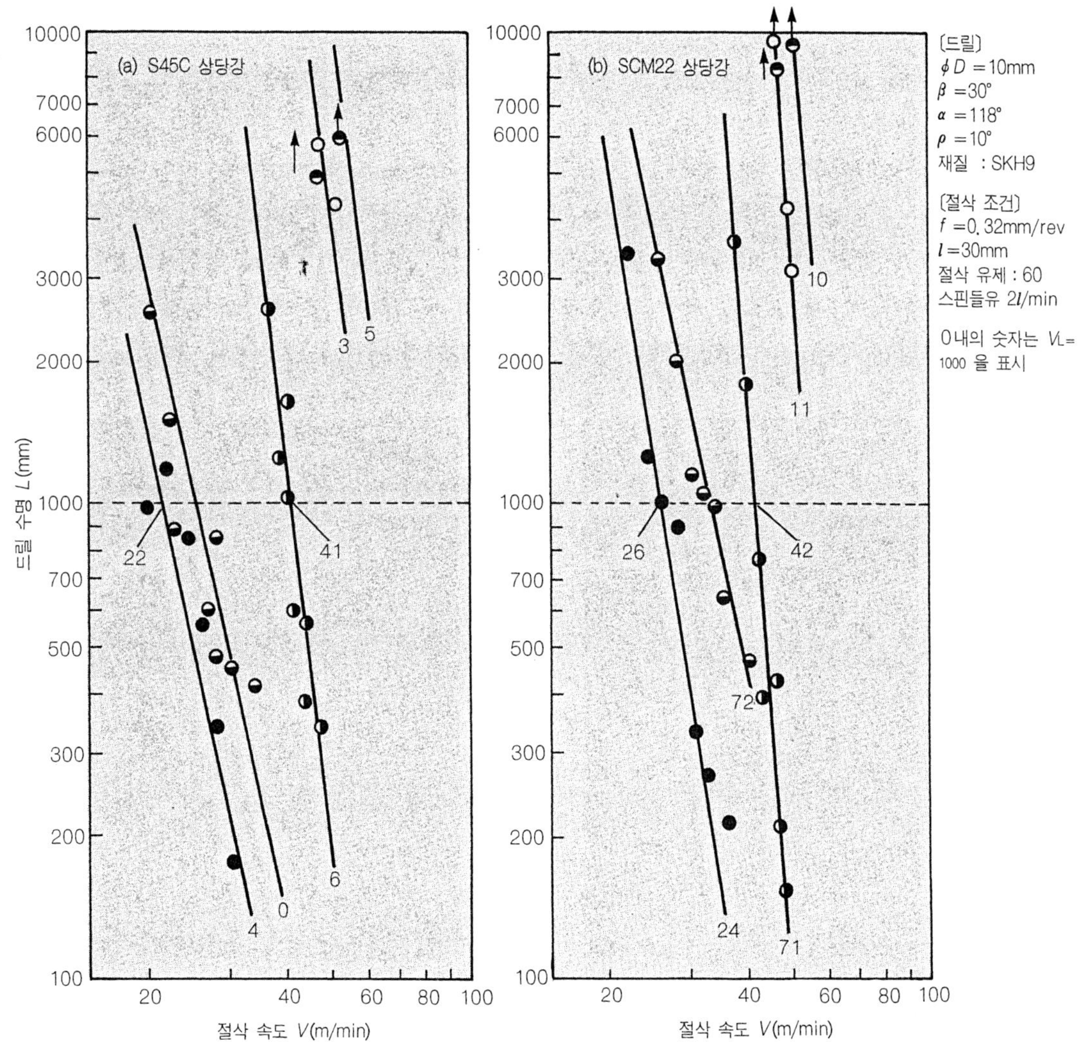

그림 2. 각 공시강에 있어서의 드릴 수명 (新日本 제철)

어느 재료도 종류마다 한 줄의 직선이 얻어지고 있는데 이것이 「드릴의 수명 곡선」(*V-L*곡선)이라 불리우는 것이다. 시험으로 얻어진 절삭 속도와 드릴 수명과의 관계는 쌍곡선을 그리고 있으나 양대수 그래프에서는 이와 같이 직선으로 된다.

V-L 곡선(직선)은 그 위치와 기울기로 특성을 나타낸다. 예를 들어, **그림** 1의 S 45 C로 말한다면 번호 4의 재료는 어느 절삭 속도로 깎더라도 드릴 수명이 가장 짧고 번호 5는 가장 길다.

또 **그림** 2의 SCM 22에서는 72재보다 24재 쪽이 절삭 속도의 영향을 잘 받는 재료라는 것을 알 수 있다.

이와 같이 그래프로 강종이나 종류에 따른 드릴의 가공성을 직접 비교할 수도 있으나 보다 단순화한 비교의 기준을 이용하는 것도 가능하다. 여기에서는 「1000mm 수명 절삭 속도」를 골라 설명하기로 한다.

이것을 기호로 쓰면 $V_{L=1000}$으로 된다. 이 의미는 가공 구멍 깊이의 총계가 1000 mm(1m)까지 측정할 수 있는 절삭 속도를 나타내고 있다. 즉, 드릴 가공을 하기 쉬운 재료의 $V_{L=1000}$은 빠르고 반대로 가공하기 어려운 재료의 $V_{L=1000}$은 느리다는 것을 나타내고 있다.

그림 3은 공시 재료의 황 및 인의 함유량과 $V_{L=1000}$의 값과의 관련을 나타낸 것이다. 값은 분수와 같이 표시되어 있는데 상단의 숫자는 기계 기술 연구소, 하단의 숫자는 新日本 제철의 시험 결과이다.

또한, 그림 중 ( )내의 숫자는 드릴 가공중의 토크(kg-cm)를 나타내고 있다. 상단, 하단의 의미는 위와 같다.

이 그림은 앞서 말한 시험 결과의 내용을 정성적(定性的)으로 뿐만 아니라 정량적으로도 밝히고 있다. 인은 적은 쪽에, 황은 많은 쪽에 큰 숫자를 인정할 수 있는데 또 하나의 분명한 경향으로서 $V_{L=1000}$은 상단의 숫자가, ( )내의 토크의 값은 하단의 숫자가 언제나 크다는 사실이다.

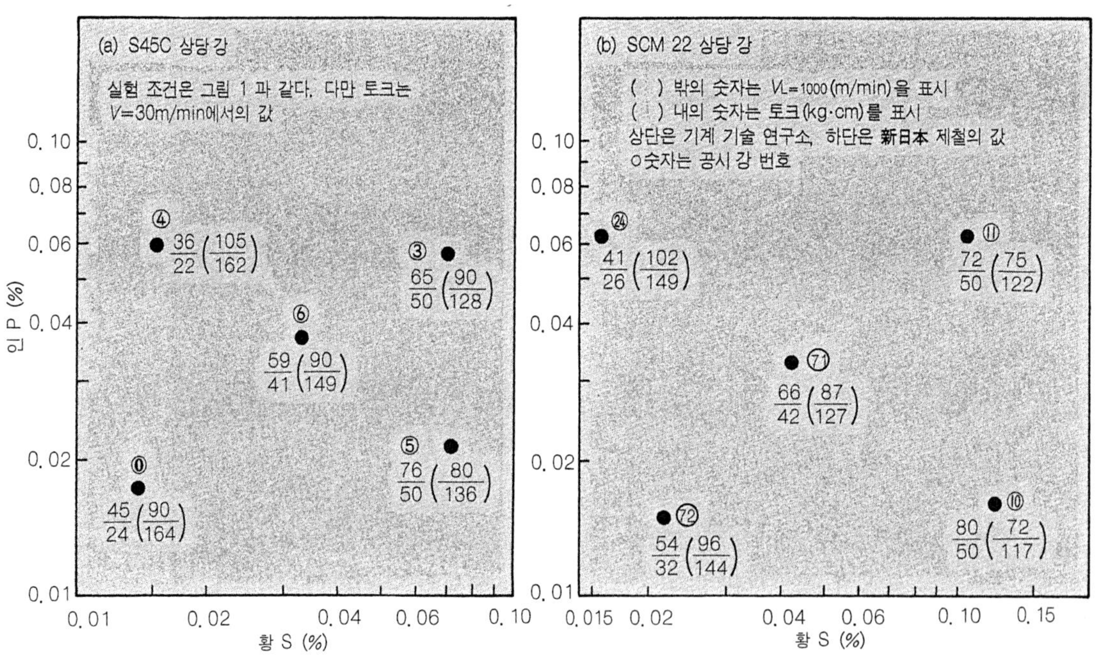

그림 3. 드릴 수명 및 토크에 미치는 황과 인의 영향

이것은 동일한 공시 재료, 드릴, 절삭 유제, 절삭 조건의 시험 결과가 시험 장소(공작 기계)를 바꾸면 크게 변화한다는 것을 의미하고 있다. 예를 들어 S45C 의 0재에서는 기계 기술 연구소 쪽이 新日本 제철의 시험 결과보다 $V_{L=1000}$이 88% 증가, 토크는 45% 감소로 되어 있다.

즉, 양자를 비교해 보면 기계 기술 연구소의 예에서는 언제나 가공 토크가 아주 적기 때문에 드릴의 마모가 대폭적으로 감소하여 긴 수명을 얻고 있다는 것을 알 수 있다.

처음에 이 시험의 목적은 강중의 미량 원소가 드릴의 수명에 미치는 영향에 대하여 조사하는 데 있었으나 공작 기계의 영향이 이와 같이 크다면 이 관계를 밝히지 않는 한, 이 조사 결과만으로는 적어도 정량적인 비교 자료의 의미를 잃는 셈이 되고 말 것이다.

변동 요인을 없앤다

그래서 절삭 가공 데이터를 변동시키는 요인을 되도록 배제하고 공작 기계의 영향만을 검토할 수 있는 실험을 계획했다.

먼저, 최초와 같이 드릴의 회전수, 이송 등 절삭 조건을 양시험장 모두 동일하게 했다. 이밖에 정해진 시험 요령을 정리하면 다음과 같다.

① 공시 강재, 드릴, 절삭 유제는 모두 동일 로트의 것을 무작위로 양시험장에 배포.

② 공시 강재와 드릴에 대해서는 드릴 수명에 대하여 강한 영향이 예상되었으므로 시험장에 일단 배포된 것을 시험후의 잔재로서 교환하고 각각의 시험장에서 재실험을 한다.

그 결과가 **그림 4** 이다.

이 그림은 시험장(공작 기계) 이외의 가공 데이터에 대한 변동 요인이 가급적 배제된 시험 결과를 나타내는 셈이다.

그림에 의하면 두 시험장에서의 차이가 확실하다. 그림 중 이외의 기호 ●, ▲, △는 모두 기계 기술연구소의 공작 기계에 의한 시험 결과인데 한결같이 新日本 제철의 기호보다 드릴의 수명이 길다는 결과를 나타내고 있다.

여기에서 양시험장에서 사용한 기계는 거의 같은 시방의 직립 드릴링 머신으로서 양기계 모두 구멍 뚫기 시험에 사용하는 시험 기계이지 생산 현장용 공작 기계가 아니라는 점이다.

▲, △ 표의 데이터는 기계기술연구소에서 실시한 재시험인데 공시 강재의 양이 충분하지 않았기 때문에 드릴이 완전 손모에 도달하기 전에 시험을 중단하고 표로 표시되어 있는 바, 앞서 말한 결론이 분명히 성립한다는 것을 보여주고 있다.

이 결과를 다시 신중히 확인하기 위하여 제 3 의 시험장으로서 위원이 소속되어 있는 神戶 제강소에 같은 시험을 의뢰했다. 그 결과로 얻어진 드릴 수명은 어느 공시 강재에 대해서도 新日本 제철과 기계기술연구소의 중간값이거나, 기계기술연구소의 데이터에 가까운 값을 나타냈다.

이것 역시 기계 기술 연구소나 新日本 제철의 어느 시험이 잘못된 것이 아니라 공작 기계의 차이가 원인이라는 것이 뒷받침된 셈이다. 그러면 드릴 수명에 대하여 드릴링 머신의 어떤 특성의 차이가 원인이 되었는가?

北海道, 東京, 兵庫와 같은 지리적인 기후나 환경의 영향은 생각할 수 없으므로 기계 기술 연구

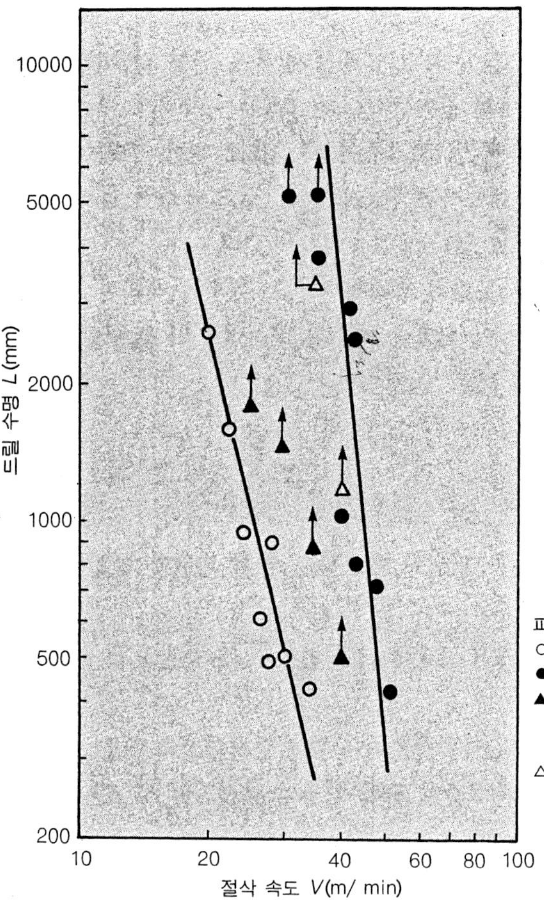

피삭재 : S45C. 실험 조건은 그림 1과 같다
○ : **新日本** 제철의 드릴링 머신에 의한 실험 결과
● : 기계 기술 연구소의 드릴링 머신에 의한 실험 결과
▲ : **新日本** 제철에서 사용한 피삭재와 같은 장소에서 연삭한 드릴을 사용한 경우의 기계 기술 연구소의 드릴링 머신에 의한 실험 결과
△ : **新日本** 제철에서 연삭한 드릴과 기계 기술 연구소에서 사용한 피삭재를 사용한 경우의 기계 기술 연구소의 드릴링 머신에 의한 실험 결과

그림 4. 드릴 수명에 미치는 사용 기계의 영향

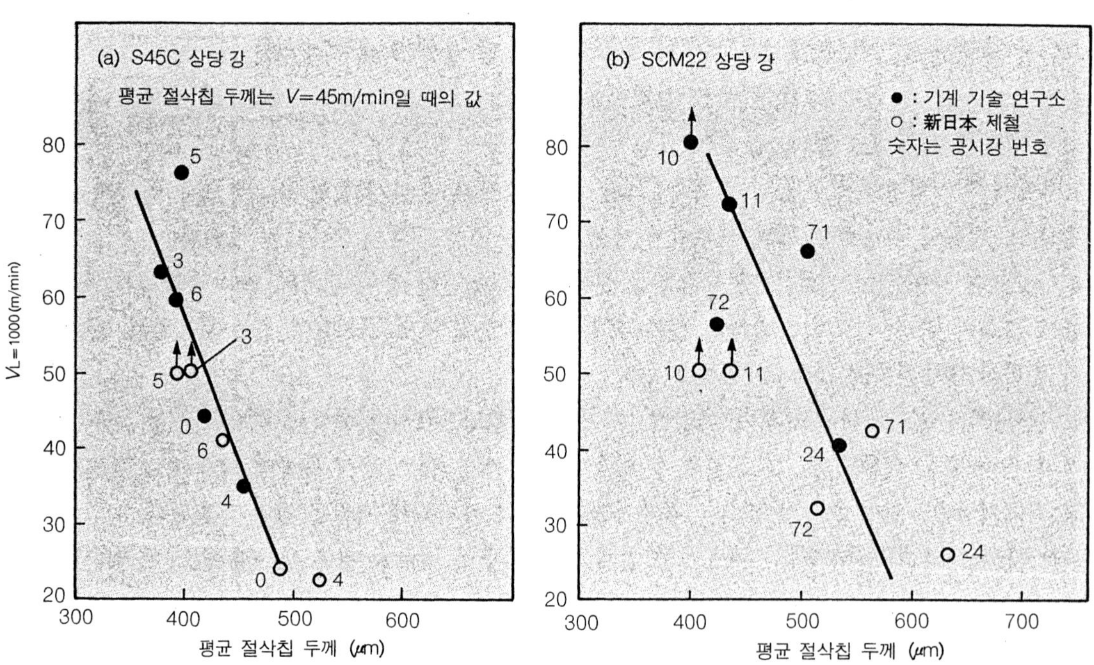

그림 5. 평균 절삭칩 두께와 $V_{L=1000}$의 관계

표 2. 구멍의 확대 여유(구멍의 입구부터 5mm의 위치에서 측정)

			절삭 속도(m/min)						
			20	25	30	35	40	45	50
S45C	평균 (mm)	기계기술연구소	0.14	0.10	0.07	0.07	0.07	0.08	0.09
		新日本 제철	0.04	0.04	0.03	0.06	0.06	0.05	0.05
	최대 (mm)	기계기술연구소	0.15	0.12	0.12	0.08	0.09	0.14	0.15
		新日本 제철	0.09	0.09	0.05	0.09	0.12	0.09	0.07
	최소 (mm)	기계기술연구소	0.10	0.09	0.04	0.05	0.06	0.05	0.06
		新日本 제철	0.03	0.03	0.01	0.01	0.01	0.01	0.01
SCM22	평균 (mm)	기계기술연구소	0.07	0.17	0.07	0.07	0.07	0.12	0.11
		新日本 제철	0.04	0.03	0.02	0.03	0.04	0.06	0.04
	최대(mm)	기계기술연구소	0.09	0.20	0.10	0.16	0.11	0.22	0.17
		新日本 제철	0.05	0.05	0.03	0.07	0.05	0.07	0.06
	최소 (mm)	기계기술연구소	0.05	0.14	0.04	0.04	0.03	0.08	0.06
		新日本 제철	0.03	0.02	0.01	0.01	0.01	0.04	0.02

소와 新日本 제철에서의 절삭칩의 두께(절삭 저항과 관계하고 대응한다)를 조사해 보기로 했다.

그림 5는 절삭칩 두께와 $V_{L=1000}$과의 관계를 나타낸 것이다. 이 그림으로 절삭칩 두께와 드릴 수명의 상관 관계를 읽을 수 있는 동시에 같은 강종의 비교에서 新日本 제철의 절삭칩 두께는 얇다는 것을 알 수 있다(**그림** 3 의 절삭 저항과 대응한다).

상식적인 공작 기계의 특성 평가 내용으로서 주축의 회전 정밀도를 들 수 있는데 사용 상황과 메인티넌스 등의 조합이 이 정밀도를 지배하고 있다. 新日本 제철과 기계기술연구소의 공작 기계(드릴링 머신)의 주축 회전 정밀도를 나타낸 것이 표 2이다. 이 값은 주축의 정밀도 자체가 아니라 가공한 구멍의 「확대 여유」를 나타내고 있다.

구멍 가공에서는 일반적으로 주축의 흔들림이 드릴 지름보다 큰 구멍을 뚫는 원인이 되고 있으므로 구멍의 확대 치수(확대 여유)는 주축의 회전 정밀도의 기준이 된다고 볼 수 있다.

표 2에서는 각 난의 상단의 숫자가 크다. 즉 기계 기술 연구소의 가공 구멍이 더 크다는 것을 나타내고 있다. SCM 22 재의 가공 구멍에 대하여 확대 여유를 측정한 값을 그래프로 표시하면 **그림** 6과 같이 되는데 두 시험장의 차이를 뚜렷이 알 수 있다.

이것을 기계기술연구소의 드릴 수명이 긴 이유와 결부시켜 생각한다면 다음과 같이 설명할 수 있을 것이다.

① 구멍의 확대 여유가 크다.

② 드릴의 선단부에 절삭 유제가 도달하기 쉬워 절삭 기구가 개선된다.

③ 따라서 절삭칩이 얇아지고 절삭 저항(드릴의 경우는 토크와 스러스트)이 감소한다.

그러나 이와 같은 평가만으로 생각한다면 덜거덕 거림이 많아 정밀도가 낮은 공작 기계쪽이 오히려 좋다는 모순된 결론이 나올 수도 있다. 이것은 고정밀도화를 향하여 온갖 노력을 경주하고 있는 공작 기계 메이커에게 큰 모순으로 생각될 것이 뻔하다.

그래서 이 경우는 다음과 같이 생각을 고치지 않을 수 없다.

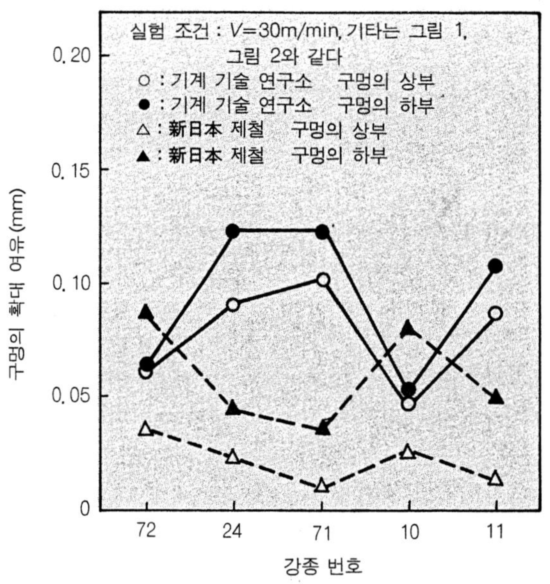

그림 6. SCM 22 상당 강에 있어서의 구멍의 확대 여유

① 이 데이터는 공구의 완전 마모를 수명으로 했다.

② 그 결과, 구멍 가공 정밀도의 평가가 불충분하다. 즉 구멍은 뚫었지만 가공 정밀도가 나쁠 뿐만 아니라 간신히 뚫은 구멍도 1개로 치고 있다.

③ 최근의 공구 수명은 공구 마모보다도 오히려 공구의 가공 정밀도 저하를 수명 판정 기준으로 하고 있다.

이와 같은 입장에서 절삭 데이터를 보면 다른 가치 기준이 생기고 공작 기계의 정밀도가 중요하게 될 것이다. 이와 같이 절삭 가공 데이터는 가공이 요구하는 내용(거친 절삭, 정밀 다듬질, 고능률 가공 등)에 따라 다른 자료가 필요하다.

지금까지 보아 온 사례만으로도

· 피삭재 중의 미량 원소의 함유량

· 공작 기계

· 가공 조건

· 평가 기준

등에 따라서 데이터가 대폭적으로 변화한다는 것을 알 수 있다. 이들 이외에도 많은 영향 인자가 있으며 이들을 조사하는 많은 연구가 이루어지고 있으나 그 인과 관계를 일원적으로 정리하는 일은 아직도 멀었다는 것이 오늘날의 현실이다.

CAM (컴퓨터 이용 생산)이 본격적인 실용 레벨에 이르지 못하는 이유도 이런 점에 있다 할 것이다.

공표되어 있는 데이터

많은 연구 기관이나 공구 메이커, 기술 집단 등에서 가공 데이터가 공표되어 있다. 예를 들어, 「데이터 뱅크」, 「데이터 파일」이라는 명칭으로 보급되어 있는 것들로서 자주 들어 봤을 것이다.

표 3. MACHINING DATA HANDBOOK (METCUT)의 발췌-ϕ 10 드릴에 의한 구멍 가공의 경우

MATERIAL	HARDNESS Bhn	CONDITION	SPEED fpm / m/min	FEED ipr / mm/rev — NOMINAL HOLE DIAMETER 1/16 in / 1.5 mm	1/8 in / 3 mm	1/4 in / 6 mm	1/2 in / 12 mm	3/4 in / 18 mm	1 in / 25 mm	1-1/2 in / 35 mm	2 in / 50 mm	TOOL MATERIAL GRADE AISI or C / ISO
2. CARBON STEELS, WROUGHT (cont.) Medium Carbon (cont.) (materials listed on preceding page)	325 to 375	Quenched and Tempered	45	—	.002	.003	.007	.009	.011	.013	.015	M10, M7, M1
			14	—	.050	.075	.18	.23	.28	.33	.40	S2, S3
	375 to 425	Quenched and Tempered	35	—	.002	.003	.005	.007	.009	.010	.011	T15, M42
			11	—	.050	.075	.13	.18	.23	.25	.28	S9, S11
Medium Carbon 1524 **1548** 1536 1551 1541 1552 **1547**	125 to 175	Hot Rolled. Normalized. Annealed or Cold Drawn	60 80	.001 —	.003	.005	.009	.012	.018	.020	.025	M10, M7, M1
			18 24	.025 —	.075	.13	.23	.30	.45	.50	.65	S2, S3
	175 to 225	Hot Rolled. Normalized. Annealed or Cold Drawn	55 70	.001 —	.003	.005	.009	.012	.018	.020	.025	M10, M7, M1
			17 **21**	.025 —	.075	**.13**	**.23**	.30	.45	.50	.65	S2, S3
	225 to 275	Hot Rolled. Normalized. Annealed. Cold Drawn or Quenched and Tempered	60	.001	.002	.004	.007	.010	.015	.018	.020	M10, M7, M1
			18	.025	.050	.102	.18	.25	.40	.45	.50	S2, S3
	275 to 325	Hot Rolled. Normalized. Annealed or Quenched and Tempered	50	—	.002	.004	.007	.010	.012	.015	.018	M10, M7, M1
			15	—	.050	.102	.18	.25	.30	.40	.45	S2, S3
	325 to 375	Quenched and Tempered	45	—	.002	.003	.007	.009	.011	.013	.015	M10, M7, M1
			14	—	.050	.075	.18	.23	.28	.33	.40	S2, S3
	375 to 425	Quenched and Tempered	35	—	.002	.003	.005	.007	.009	.010	.011	T15, M42
			11	—	.050	.075	.13	.18	.23	.25	.28	S9, S11
High Carbon 1060 1075 1090 1064 1078 1095 1065 1080 1561 1069 1084 1566 1070 1085 1572 1074 1086	175 to 225	Hot Rolled. Normalized. Annealed or Cold Drawn	45 65	.001 —	.003	.005	.009	.012	.018	.020	.025	M10, M7, M1
			14 20	.025 —	.075	.13	.23	.30	.45	.50	.65	S2, S3
	225 to 275	Hot Rolled. Normalized. Annealed. Cold Drawn or Quenched and Tempered	55	.001	.002	.004	.007	.010	.015	.018	.020	M10, M7, M1
			17	.025	.050	.102	.18	.25	.40	.45	.50	S2, S3

표 3은 미국의 METCUT Research 협회가 출판한 데이터의 한 예이다. 예를 들어, 전술한 드릴 가공(φ10mm, 피삭재 : 중탄소강, 경도 : HB 150~180)의 가공 데이터를 검색해 보면 표 중의 굵은 숫자와 같이 그 내용을 찾을 수 있다. 절삭 속도는 17~21mm/min, 이송은 0.13~0.23 mm/rev로 되어 있다.

이것을 드릴링 머신에 세트하면 주축 회전수는 700 rpm 정도 필요하게 된다. 그러나 기계에 따라서는 610rpm, 900rpm과 같은 회전수밖에 선택할 수 없는 것도 있다. 또 이송에 대해서는 0.10, 0.15, 0.20mm/rev 중에서 제한 선택을 해야 한다.

수명 곡선(그림 1, 그림 2)을 봐도 알 수 있는 것처럼 드릴의 속도 의존성이 강하므로 작은 속도차라도 커다란 수명 변동을 초래하게 된다.

이것이 NC 기라면 선택의 폭이 다소 넓어지나 앞에서도 말한 바와 같이 적절한 가공 조건을 설정하는 일은 그리 쉽지 않다. 이것이 공표된 가공 데이터의 이용에 있어서 문제점이 된다고 할 수 있다.

가공 기술 데이터 파일

기계진흥협회는 가공 기술 데이터 베이스의 구축에 관한 사업으로서 「가공 기술 데이터 파일」의 작성에 노력을 기울이고 있다.

「가공 기술 데이터 파일」은 절삭 가공, 연삭 가공, 특수 가공 등 이른바 제거 가공 전반에 걸친 데이터의 집적을 도모하고 그것을 실현하는 자료집으로서 이와 같은 가공 조건을 설정하는 데 필요한 가공 정보를 모은 것이다.

이 데이터 파일은 현재, 일본뿐만 아니라 해외에서도 주목을 받고 있다. 그 내용에 대해서는 동 협회에 직접 문의하는 것이 가장 빠르고 정확한 정보를 얻을 수 있다.

가공 정보만으로는 전술한 바와 같이 단순하게 최적 조건을 찾아낼 수 없다. 그래서 이 데이터 파일은 기초적인 데이터뿐만 아니라 현장의 기술자가 경험한 가공 사례를 정보로서 수집하고 있다.

수집한 정보량이 많아지면 이 최적 조건의 검색이 가능해지는 정보 시스템을 구축할 수 있다. 그 전체 구상을 그림 7에 나타낸다.

수집 시스템으로 파일 기능-검색 기능, 요구에 따른 출력 기능 등을 첨단 기술을 응용한 OA 시스템으로서 구성하는 것이다. 이와 같은 출력 시스템의 고도 이용과 함께 가공 데이터를 활용할 수 있는 분야의 출현이 강력히 요망되고 있다. 이것에 부응하는 기초가 되는 하나의 집대성이 본서와 같은 「절삭 가공 데이터북」인 셈이다.

지금까지 보아온 바와 같이 어떤 데이터집을 만든다 해도 곧바로 이용할 수 있는 데이터 뱅크를 구축한다는 것은 곤란한 일이다. 가공 데이터를 찾는 데 있어서는 먼저 이런 점을 이해하고 가장 최적값에 가까운 수치를 단시간에 찾는 일부터 시작해야 할 것이다.

다음에 이 수치를 수정하는 방향, 방침을 정확히 정하는 일이다. 여기에는 사례집의 자료가 큰 도움을 줄 것이다. 다만, 이 자료를 이해하는 능력은 물론 필요하지만 여기에서는 경험과 이것을 바탕으로 하는 추론의 뒷받침이 있어야 한다.

즉 만족할 만한 데이터를 얻기 위해서는 간단하고 쉬운 지름길이라는 것이 절대로 없다는 것이다. 그래서 AI(인공 지능)의 완성이 강하게 요망되는 분야라고 할 수 있을 것이다.

[参考文献]

1) "旋削加工工具寿命に及ぼす鋼中のイオウならびにリンの影響"「精密機械」第 39 巻第 8 号 (1973), p 809.

2) "ドリル寿命に及ぼす鋼中のイオウおよびリンならびに使用機械の影響"「精密機械」第 40 巻第 10 号 (1974), p 815.

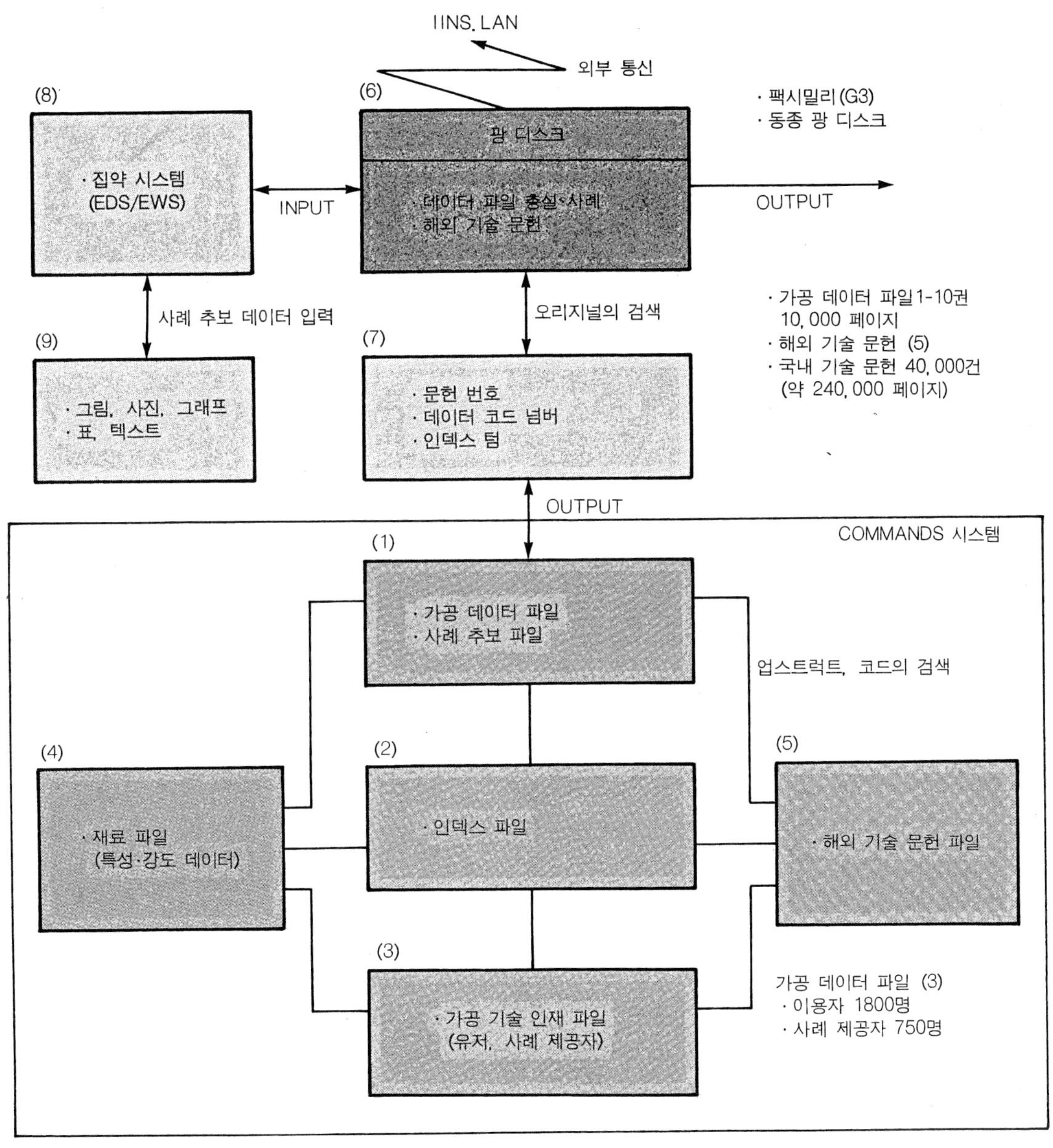

그림 7. 가공 기술 데이터 베이스 시스템

가공 방법과 재료

절삭 가공되는 재료는 가지각색이다. 부품에 요구되는 성능이나 기능에 맞는 것을 사용하는 것은 물론이지만 그 형상이나 절삭성에 따라서 가공 방법도 달라진다. 그래서 어떤 가공 데이터 뱅크의 자료에서 가공 방법에 따라 어떤 자료가 사용되는지를 알아보기로 한다.

이 표 중의 숫자는 그 순번으로 사용 사례가 많다는 것을 나타내고 있다. 또 우측에는 참고로서 연삭 가공을 병기하고 있다.

이 표로 탄소강, 주철, 합금강, 공구강, 스테인리스강, 비철 금속 재료는 모든 절삭 가공 분야에서 상위를 차지하고 현재도 가장 일반적인 가공 재료임을 알 수 있다.

반대로 연삭 가공 분야에서는 알루미늄 등 비철 금속 재료나 플라스틱이 여전히 적다는 것을 알 수 있다. 또 세라믹스는 연삭 가공되는 비율이 높고 비금속 결정 재료나 유리 등 좀 색다른 재료의 가공도 눈에 띈다.

	선삭	구멍 뚫기	보링	밀링	연삭
주철	4	2	1	2	4
주단강	7	6	7	7	7
탄소강	1	1	2	1	2
합금강	2	3	3	3	1
공구강	6	6	6	6	3
스테인리스강	3	5	4	5	6
내열 합금강	8	8	8	8	8
특수 금속 재료	9	10	9	9	10
비철 금속 재료	5	4	5	4	9
금속계 복합 재료	13	13	13	13	11
플라스틱	10	8	10	10	14
플라스틱계 복합 재료	12	11	12	12	15
비금속 결정 재료	13	14	14	14	12
세라믹스	11	12	11	11	4
유리	15	15	15	15	12

NC 선반·터닝 센터·전용기

선삭 가공에 있어서의 가공 데이터의 설정과 동향

최근의 공작 기계의 진보는 매우 괄목할만하며, 러시아, 중국, 동구 제국을 제외하면 일본이 세계 공작 기계의 1/4을 생산하고 있는데 그 출하액의 70%는 NC 공작 기계이다. 또 이들의 50~60%는 NC 선반이고 현재의 선삭은 NC 가공이 대부분이다.

최근의 NC 선반의 특징은 복합 공구대, 서브 스핀들, 가공물 반송 장치, AJC(자동 조 교환 장치) 등에 의한 기능의 고도화, 고속 회전 주축, 고속 이송 기구와 같은 고속화, 그리고 각종 센싱 기능과 제어 방식을 채택한 고정밀도화에 있다. 이들은 유저의 수요에 따라 개발된 기능으로서 선삭 가공의 방향도 여기에 있다고 할 수 있다. 그러나 가공 전체의 흐름에서 볼 때, 생산에서는 작업 준비나 가공 개수 등을 고려하면 절삭 가공은 소성 가공(프레스 등)에 비하여 가공의 효율이 뒤진다.

그래서 양산에는 소재를 단조(鍛造)하는 등으로 성형하고, 이것을 절삭하는 방법을 취하고 있다. 예를 들어 다음과 같은 가공 사례가 있다.

• 압축기용 베어링

종래 : 주조 → 선삭 → 부품 고정 → 선삭 → 부품 고정

현재 : 온간 단조 → 다듬질 선삭

• 공작 기계용 클러치
  종래 : 소재 절단 → 전면 절삭
  현재 : 정밀 주조 → 부분 절삭
• 유압 기기 배관 부품
  종래 : 선삭 → 열처리
  현재 : 냉간 주조 → 다듬질 선삭
• 압력 용기 플랜지
  종래 : 소재 절단 → 절삭 → 용접 → 연삭
  현재 : 소재 절단 → 열간 주조 → 절삭

이와 같은 경우, 시판의 봉재 절삭과는 달리 흑피 절삭이나 이형(異形) 형상의 절삭 등에서 트러블이 일어나기 쉽다.

축물(軸物) 가공에서는 형상 정밀도, 치수 정밀도, 표면 거칠기 등을 고려한 최종적인 가공 방법이 원통 절삭인데 부품으로서의 품질 요구에 따라서 가공 순서를 적절히 배분할 필요가 있다.

또 다른 관점에서 보면 지금까지 담금질재의 절삭은 불가능했으나 그림 1에 제시하는 바와 같이 CBN 공구의 등장으로 고속도 공구강(하이스), 다이스강 등의 가공도 쉽게 되었다. 이와 같이 종래와는 달라진 부분도 많다.

한편, CBN 숫돌을 사용한 원통 연삭은 지금까지 없었던 고효율로 가공할 수 있게 됨에 따라 유저의 가공법 선정이 더욱 복잡하게 된 면도 있다.

공구 재료의 선택

공구 재료의 적응 영역에 대해서는 절삭 속도나 이송에서 생각하면 그림 2와 같이 생각할 수 있다. 인조 다이아몬드, CBN 등의 초고압 소결체는 세라믹스, 적층재, 고실리콘-알루미늄 합금,

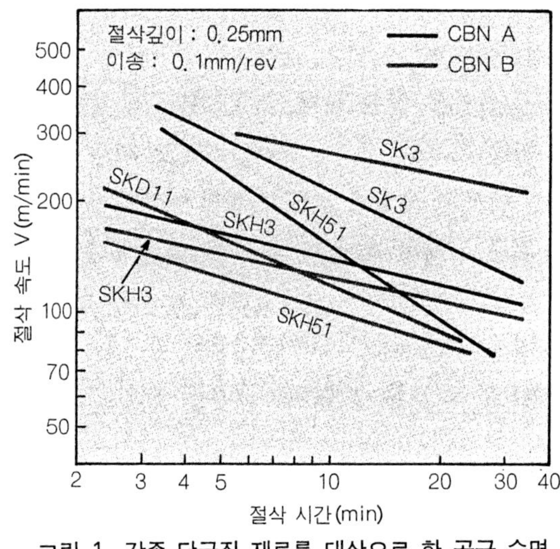

그림 1. 각종 담금질 재료를 대상으로 한 공구 수명

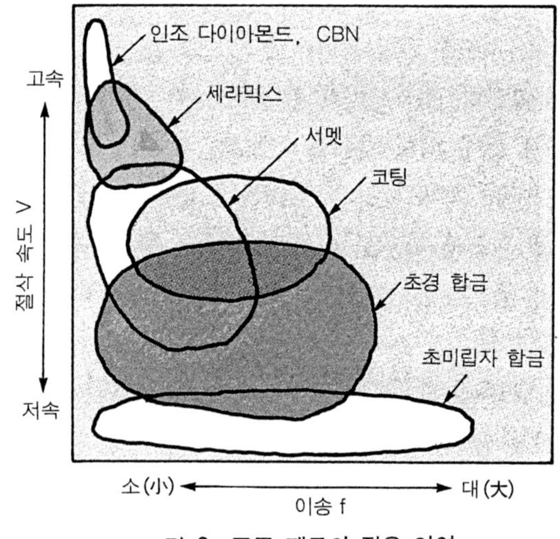

그림 2. 공구 재료의 적응 영역

GFRP(유리계 복합재), CFRP(탄소계 복합재)와 같은 신소재의 가공, 알루미늄 합금의 정밀 절삭에 적합하여 널리 사용되고 있다.

그러나 다이아몬드는 철계 재료에 포함되는 탄소와 반응하여 흡수되므로 사용할 수 없고 초정밀 절삭에서는 단결정 다이아몬드가 아니면 필요한 면정밀도를 얻을 수 없다는 점에 주의할 필요가 있다.

CBN 공구는 경도가 높은 재료, 특히 철계의 재료 등에 유효하나 전성이나 연성이 있는 재료의 경우에는 결합재가 먼저 마모하여 그 특성을 발휘할 수 없다는 결점을 안고 있다. 그래서 **그림 2**와 같이 속도 영역에는 해당되지만 대상이 되는 재료가 극히 한정된다.

세라믹스 공구로서는 종래부터 주로 알루미나 (Al_2O_3)계가 사용되어 왔다. 순알루미나계는 내마모성은 높으나 인장 강도가 낮고, TiC(탄화티탄)을 섞어 인성을 높인 세라믹스는 내열·내마모성에 뛰어나다.

세라믹스의 인장 강도는 50~100kg/mm^2 정도이나 특히 내열·내마모성이 뛰어난 것, 초경 공구나 서멧으로는 절삭이 불가능한 고경도 난삭재에도 사용할 수 있는 이점이 있으므로 가공의 내용에 따라 적절히 선택해야 한다.

덕타일 주철에는 알루미나계 세라믹스는 별로 적합하지 않으며 주철용인 SI_3O_4(산화규소)계 세라믹스를 사용하면 인장 강도, 파괴 인성값이 알루미나계에 비하여 뛰어나다.

서멧은 TiC이지만 열적으로 강한 탄화물, 질화물을 성분으로 갖고 있는 만큼 내(耐)크레이터 특성에 뛰어나 고속 절삭에 적합하다. 인장 강도도 140~200kg/mm^2으로 높아 적용 범위가 상당히 넓다. 다만, 그 범위는 고속 다듬질 절삭의 영역이다.

고속 영역에서는 열과 내마모 및 피삭재와 공구와의 친화성이 문제되므로 세라믹스나 서멧이 사용되고 있다. 그러나 일반적인 영역에서는 초경 공구가 주체이고 중(重)절삭에서도 대응할 수 있다.

또 TiC, TiN(질화티탄), 알루미나를 코팅하면 경도와 인성이 향상되어 고속 영역에서도 사용할 수 있으므로 사용 범위가 넓어진다.

초경 공구는 HIP(열간 등방향 성형) 기술의 진보로 소결 재료의 치밀성, 균일성을 확보할 수 있고 CVD(화학적 증착) 기술의 발전과 함께 피막과 모재의 밀착성이 좋아지므로 코팅 초경 공구는 선삭에도 아주 적합하다. 또 복합층의 코팅은 중(中), 중(重)절삭에도 효과적이다.

공구 마모

공구 마모의 원인을 정리해 보면 표 1과 같이 된다.「기계적 마모」는 절삭의 거리에 비례하므로 단순한 계산으로도 되나 「열화학적 마모」는 온도, 즉 절삭 속도에 큰 영향을 받는다. 고속일수록 능률은 오르나 절삭할 수 있는 거리는 짧아지고 수명도 대폭적으로 저하된다.

절삭면 품질의 확보와 능률을 향상시켜야 한다는 이유에서는 가공을 고속 절삭의 방향으로 이끌어야 하겠으나 절삭 속도는 공구 수명에 미치는 영향이 크므로 이것을 결정할 때는 공구의 재연삭비나 교환비 등을 포함하여 종합적으로 판단하고 설정할 필요가 있다.

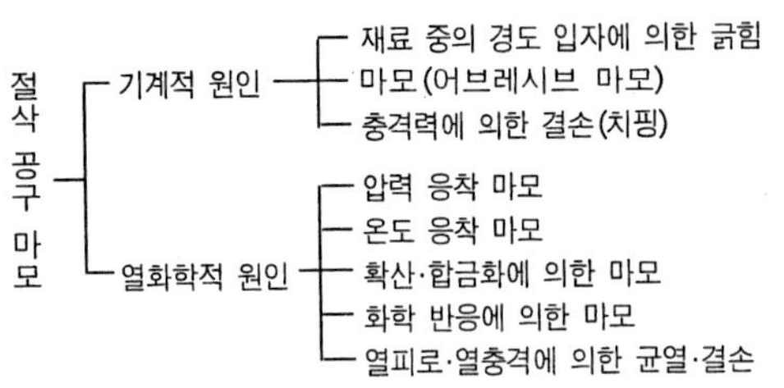

표 1. 공구 마모의 원인

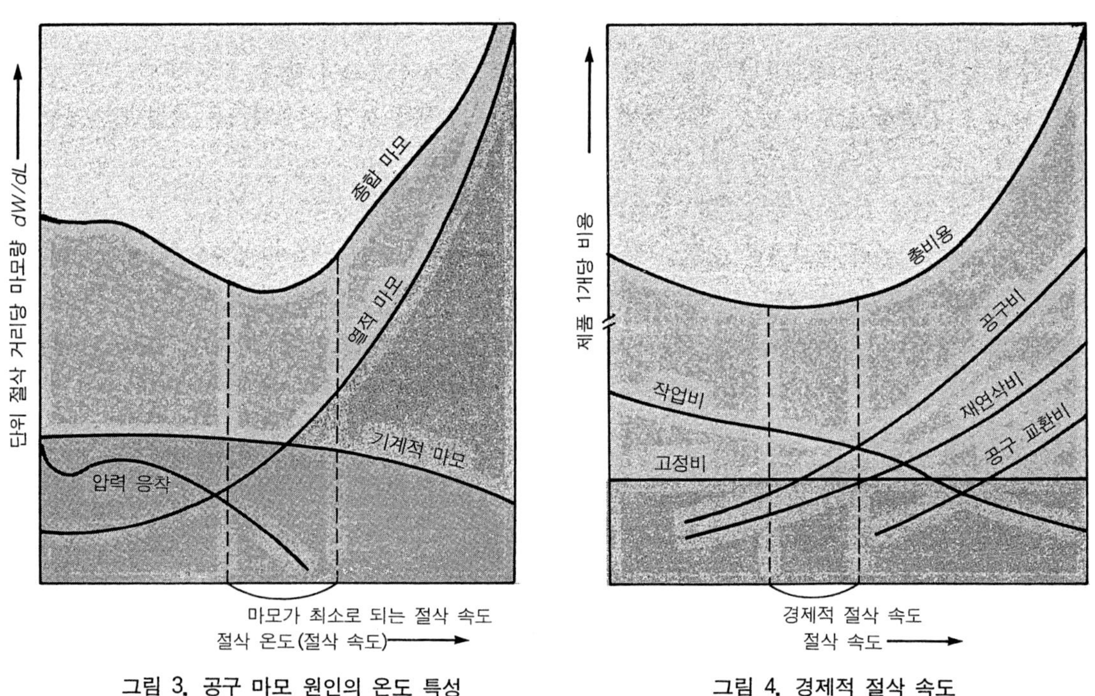

그림 3. 공구 마모 원인의 온도 특성

그림 4. 경제적 절삭 속도

그림 3에 마모의 원인과 온도와의 관계를 나타냈다. 또 **그림** 4는 경제적인 절삭 속도를 모델화한 것이다.

거친 절삭과 다듬질 절삭

거친 절삭과 다듬질 절삭에서는, 절삭 조건이 다른 것은 물론이다. 거친 절삭에서는 절삭 능률을 중요시하기 때문에, 절삭 속도를 높이는 것보다는 오히려 절삭 깊이, 이송을 크게한 중(重)절삭을 한다. 이것은, 절삭 속도에 의한 공구 마모의 영향이 이송, 또는 절삭 깊이에 비하여 메우 크기 때문이다.

공구 수명식 $VT^n=C$에 있어서 초경 공구에서 계수 n은 0.3 정도이며, 절삭 속도를 반으로 줄이면 공구 수명은 10배로 된다 (n, C 는 공구, 피삭재, 가공 방법 등으로 결정되는 정수). 이것은, 거친 절삭에서는 절삭 속도를 반까지 줄이지 않아도 70~80%로 하고, 이송 또는 절삭 깊이를 2배로 하는 것이 능률적임을 나타내는 것이다.

강의 저속 절삭에서는 구성 날끝이 발생하여 절삭면의 품질을 저하시킬 뿐만 아니라 치수 정밀도도 유지하기 어렵게 된다. 구성 날끝은 날끝 온도가 재결정 온도를 초과하면 소멸된다고 하는데, 실제로는 약간 남게 되어, 이것을 없애기 위해서는 S 45C 재료라도 절삭 속도가 200mm/min 정도의 1단 위의 고속 절삭으로 할 필요가 있다.

거친 절삭에서는 절삭면의 품질을 중요시할 필요가 없기 때문에, 저속이라도 능률과 수명의 점에서 절삭 조건을 선택한다. 약간의 구성 날끝이 남는 쪽이 오히려 공구 수명은 길게 된다.

초경 공구인 경우의 절삭 조건에서는 공구의 날끝 온도는 700~800℃가 된다. 이것을 초과하는 온도에서는 산화·확산이 일어나서 마모가 빨라지며, 이보다도 낮은 온도에서는 능률이 나빠진다.

강의 최적 조건에서의 절삭에서는 절삭 칩은 청색이지만, 절삭 속도가 너무 빠르면 청백색으로 되고, 반대로 느리면 갈색이 된다. 이것은 간단한 판별 방법이지만 적정 조건을 판단하는데는 효과적이다.

절삭 조건의 결정 요인

(1) 치수 및 형상 정밀도

가공물의 치수와 형상 정밀도에 영향을 미치는 요인은 복잡하나 절삭 조건으로 생각하면 절삭 저항의 크기와 방향을 들 수 있다. 특히 다듬질 조건은 적절히 선정할 필요가 있다. 표 2에 「절삭 다듬질 여유」의 일부가 나타나 있다.

표 2. 절삭 다듬질 여유

가공 방법	다듬질 여유 (mm)	다듬질 여유에 영향을 미치는 사항 고유 사항
선 삭	0. 1~0. 5 (지름에 대하여)	① 단면 및 내면 절삭에서는 다듬질 여유를 작게 한다 ② 다듬질에 헤일 바이트를 사용할 경우에는 0. 05~0. 15mm로 한다 ③ 다듬질에 다이아몬드 바이트를 사용할 경우에는 0. 05~0. 2mm로 한다
보 링	0. 05~0. 4 (지름에 대하여)	① 보링봉이 외팔일 경우는 절삭 저항에 의하여 휘는 일이 있으므로 다듬질 여유를 작게 한다 ② 양단 지지의 경우는 ①의 경우보다 크게 할 수 있다 ③ 양날을 사용할 경우는 0. 1~0. 15mm로 한다

(2) 칩 브레이커

선삭 가공에서의 칩처리는 중요한 항목이 된다. 칩처리 대책에는 여러 가지가 있으나 유저가 일반적으로 생각하는 것으로서는 적절한 칩 브레이커를 갖는 공구칩을 선택하는 일이다.

스로어웨이 공구의 칩 브레이커는 각 공구 메이커에 따라 차이가 있으나 내용적으로는 비슷하다. 그림 5는 칩 브레이커의 형상과 적용 범위의 예를 나타낸 것이다. 일반적으로 이송이 작으면 연속형 칩이 되고 이송이 크면 부러진 칩이 된다.

(3) 절삭면의 품질

절삭면의 표면 거칠기는 공구대의 안내 정밀도와 구성 날끝의 유무 및 그 상태, 날끝 노즈 R, 진동의 유무 등에 영향을 받는다.

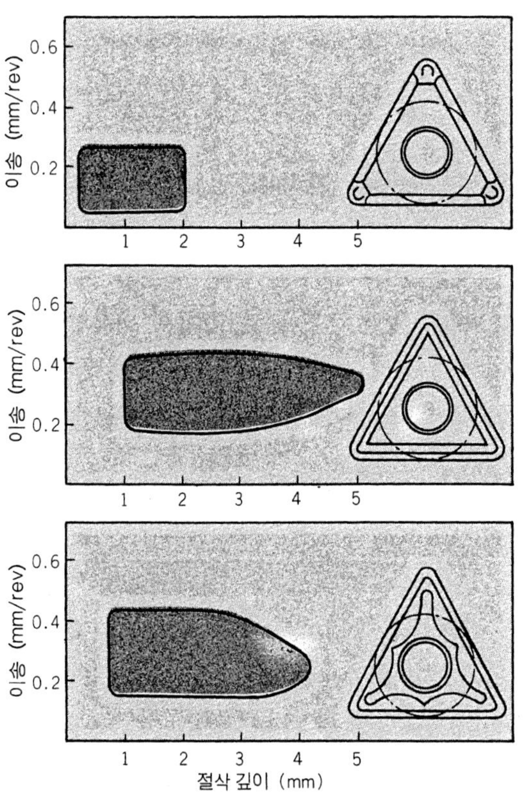

그림 5. 칩 브레이커의 형상과 이송·절삭 깊이 예 (東芝 텅걸로이)

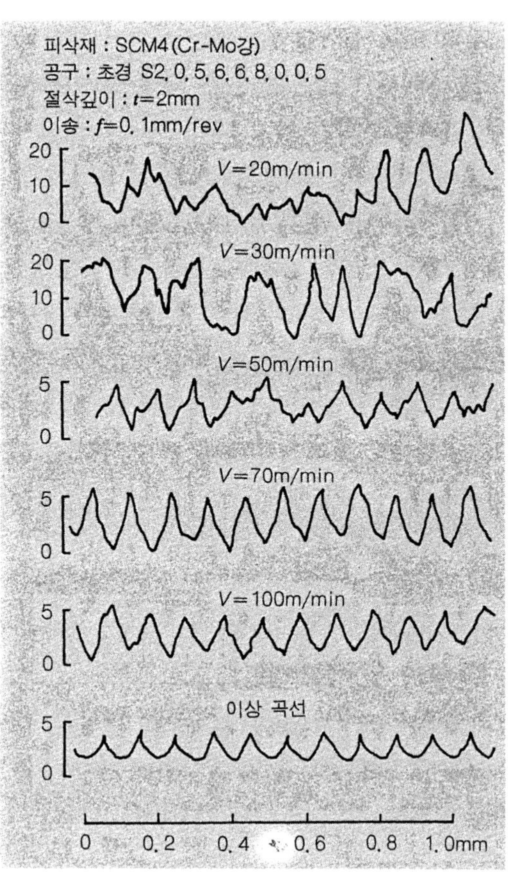

그림 6. 절삭 속도의 상승에 의한 다듬질면 거칠기의 개선(佐田)

구성 날끝은 절삭 속도가 커짐에 따라서 줄어드는데 그 모습은 **그림** 6과 같이 된다. 구성 날끝이 없으면 이론적 표면 거칠기가 (이송)²/(8×노즈 R)이 되나 피삭재의 부풀음이나 공구 앞여유면의 경계 마모 등으로 실제의 거칠기는 이론 거칠기의 2~3배 정도까지 된다.

(4) 공작 기계의 부하 능력

절삭 조건을 설정할 때는 기계의 강성과 부하 능력을 고려할 필요가 있다. 기계의 주모터 출력이 크더라도 주축 및 공구대의 강성이 충분하지 않으면 안정된 절삭을 할 수 없기 때문이다. 특히 중(重)절삭으로 고능률의 가공을 할 경우에는 충분한 기계 강성과 부하 능력이 필요하다.

필요한 절삭 동력의 계산 방법을 다음에 제시한다. 절삭 저항 분력을 F_c, 그때의 절단 면적을 A_o라 하면 단위 면적당의 작용력인 비(比)절삭 저항 K_s는 다음과 같이 나타낼 수 있다.

$$K_s = \frac{F_c}{A_o} = \frac{F_c}{t \cdot f}$$

여기에서 t : 절삭깊이

f : 이송

비절삭 저항은 그 피삭재에 대하여 일정한 값이 되는 것이 아니라 절삭 면적이 커질수록 커지고 0.05mm 이하의 절삭 깊이에서는 급속히 커진다.

절삭 조건에 따라서도 차이는 있으나 표준적인 가공에서는 큰 변화가 없다. 표 3은 각 피삭재별로 비절삭 저항을 나타낸 것이다.

절삭 속도를 V, 절삭 동력을 W, 소비 동력을 W_1 이라 하면 절삭 동력, 소비 동력은 다음 식과 같이 된다.

$$W = \frac{K_s \cdot A_o \cdot V}{60} \text{ kgf·m/s}$$

$$= \frac{K_s \cdot t \cdot f \cdot V \cdot 0.00981}{60} \text{ kgf·m/s}$$

기계 효율을 75%라 하면 W_1은 다음과 같이 된다.

$$W_1 = \frac{W}{0.75}$$

표 3. 피삭재별의 비교 절삭 저항

피삭재	K_s(kgf/mm²)
알루미늄	59
동	79
황 동	102
저탄소강	250
Cr-Mo2	275
스테인리스강	305

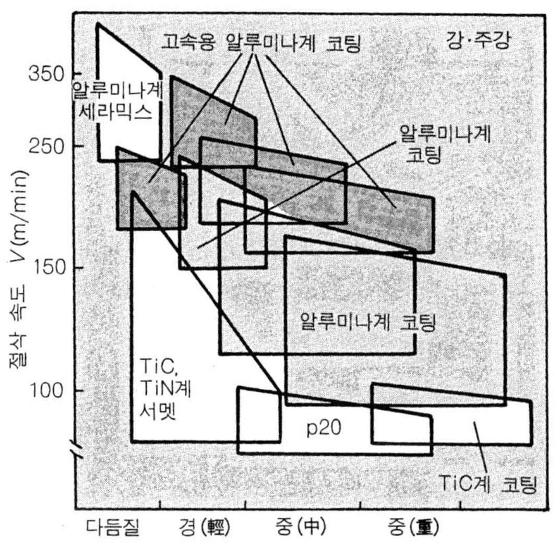

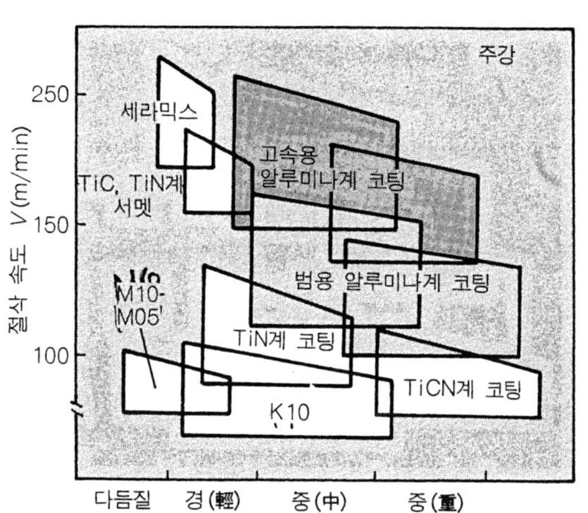

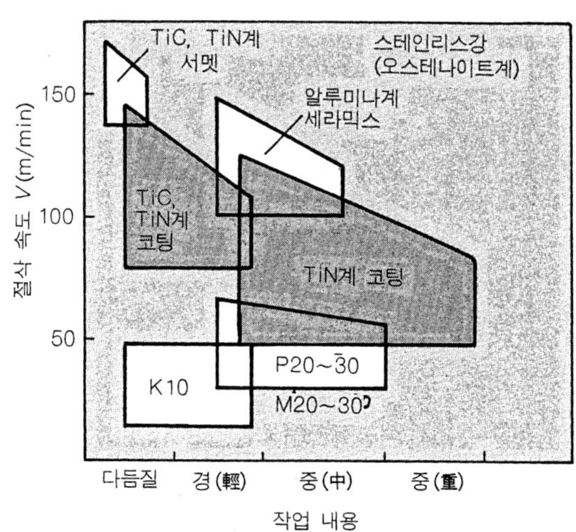

그림 7. 피삭재별 공구 재종의 적응 영역

피삭재와 가공 특성

(1) 흑피 절삭

FC 등의 주철은 HB(브리넬 경도) 160~240 정도로서 특별히 경도가 높은 재질이 아니라서 가공이 어렵다고는 할 수 없으나 성형할 때에 급냉되기 때문에 그 표면의 경도가 높아지는 금속 조직으로 되거나 주물 표면에 요철(凹凸)이 있어서 공구가 절손되기 쉽다.

주철의 가공에서는 일반적으로 절삭 유제를 사용하지 않는다. 유제에 의한 열충격뿐만 아니라 부착한 오일을 제거하는 일이 까다롭고 분말화한 칩이 오일과 섞여 기계의 미끄럼면 부분에 들어가 마모의 원인이 되기 때문이다.

흑피는 주철에 한하지 않고 열간 압연의 원형봉이나 주조재에도 있어 절삭을 어렵게 하는 원인이 되고 있다. 절삭의 포인트로서는 절삭깊이를 충분히 주어 절삭날이 흑피 부분을 문지르지 않도록 하는 것이다.

그림 7은 강, 주강, 주철, 스테인리스강을 대상으로 한 적응 공구 재종(材種)을 절삭 속도와 이송의 관계로 나타낸 것이다.

(2) 전연성 재료

철이나 구리 등의 순금속, 탄소량이 적은 강철 등 전연성(展延性)이 큰 재료의 피삭성이 나쁜 이유로서는 다음과 같은 것을 들 수 있다.

① 버(burr) 가 구성 날끝에 생기기 쉬우므로 품질이 저하한다.

② 변형하기 쉬우므로 절삭칩과 공구 경사면과 접촉 길이가 길어져 절삭칩의 배출에 큰힘이 필요하다.

③ 따라서 전단각이 작아지므로 절삭 저항이 증대하여 절삭열의 발생이 증가한다.

그림 8은 탄소강의 탄소 함유량과 피삭성률의 관계를 나타내고 있다. 피삭성률은 탄소 함유량이

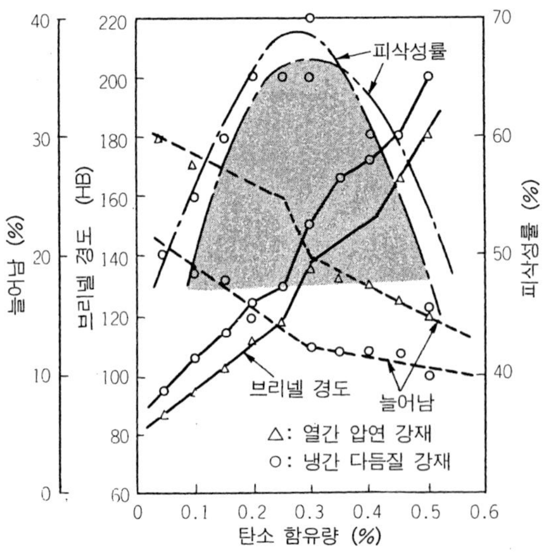

그림 8. 기계적 성질과 피삭성률

0.3%일 때를 피크로 하여 탄소량이 이것보다 많거나(경도가 증가), 적더라도(늘어남의 증가) 저하한다.

절삭의 포인트로서는 레이크각을 크게 하여 바이트의 절삭성을 좋게 하는 것이다.

(3) 스테인리스강

스테인리스강은 그 성분상,「마텐자이트계」, 「페라이트계」, 「오스테나이트계」 및「석출 경화성 스테인리스강」의 4 그룹으로 나누어진다. 이들은 각각 금속 조직과 성질이 다르므로 주의할 필요가 있다.

마텐자이트계는 HRC 40 정도까지 담금질 경화시킬 수 있으므로 냉간가공 상태에서는 가장 피삭성이 좋으나 풀림 (annealing) 상태에서는 점성이 높아 절삭이 곤란한 재료이다. 또 페라이트계는 마텐자이트계와 비슷한 성질을 갖고 있으나 담금질을 하더라도 경화하지 않으므로 절삭하기 쉬운 재료이다.

스테인리스강의 절삭에서는 치핑이 일어나는데 이것은 재료의 경도가 높기 때문이 아니라, 점성이 있어서 날끝에의 작용이 커 부착물이 발생하기 때문이다. 또 강도가 높으므로 절삭력도 커진다.

또한, 열전도율이 낮기 때문에 절삭에 의해 발생한 열이 주변에 잘 전해지지 않아 국부적으로 재료가 고온이 되고 날끝 온도도 높아진다.

오스테나이트계는 스테인리스강중에서도 가장 수요가 많은 재료이나 가공 경화하기 쉬우므로 트러블도 비교적 많이 일어나고 있다. 가공 경화란, 공구의 절삭성이 나쁠 때에 절삭력을 받은 가공면 가까이의 조직이 압축되어 경도가 높아지는 현상을 말한다.

이 경화층을 깎을 때는 피삭성이 대폭적으로 저하하기 때문에 경화층을 깎지 않도록 이송을 크게 주어야 한다. 레이크각은 플러스로 하되 네거티브로는 하지 않는다. 납땜 바이트의 경우에는 레이크각을 크게 한다. 절삭칩을 컬(curl) 형으로 하고 배출 방향을 연구할 필요가 있다.

(4) 내열 합금

내열 합금은 항공기나 미사일 등의 고온 부분에 사용되는 재료로서 650℃ 이상에서도 충분한 강도를 유지하는 것을 말하며 최근에 그 수요가 부쩍 늘어난 재료 중의 하나이다.

일반적으로 내열성뿐만 아니라 내식성에도 뛰어나고 높은 인장 강도와 전단 강도 특성을 갖추고 있는 만큼, 큰 절삭력이 필요하며 가공 경화하기 쉬워 절삭이 어려운 재료라 할 수 있다.

널리 사용되고 있는 크롬 (Cr)강, 니켈·크롬 (Ni-Cr)강은 내열강중에서는 그렇지도 않지만 Cr, Ni, Mo(몰리브덴) 등을 함유하는 오스테나이트계 내열강이나 Ni를 베이스로 한 시효 경화 합금, Co(코발트)를 베이스로 한 내열강은 내열성과 내식성이 좋아질수록 가공이 곤란하게 된다.

이들 내열강의 피삭성은 성분이 약간만 변화하여 조직의 상태가 달라져도 큰 차이를 나타낸다. 그래서 구체적으로 조건을 설정할 때에는 상세한 데이터를 조사하고 시험 절삭을 하면서 작업을 진행시킬 필요가 있다.

즉, 가공에는 큰 힘이 작용하므로 기계나 공구의 강성을 충분히 확보할 것, 절삭날의 마모에 의하여 절삭 상태가 변화하기 쉽다는 점에 주의할 필요가 있다.

(5) 티탄 및 티탄 합금

티탄은 비중이 5.54로 작아 비교적 가벼우며 인장 강도가 60~10kgf/mm²으로 큰 것이 특징이다. 내열성과 내식성에 뛰어나 로켓 부품 등을 비롯하여 경량이면서도 강도를 필요로 하는 분야, 커넥터 등 전자 부품 분야에서의 수요가 늘고 있는 재료이다.

티탄 합금은 절삭칩의 접촉 길이가 짧아서 전단각이 크고 레이크각이 작더라도 깎여지나 날끝온도가 상승하기 쉬워 공구 수명에 영향이 크므로 열의 발생을 억제하기 위해서는 레이크각이 큰 공구를 사용할 필요가 있다.

또 절삭시에 피삭재가 절삭날에 용착되기 쉬우므로 칩이 부착된 채로 가공을 계속하면 치핑의 원인이 된다. 그래서 여유각을 강의 경우보다 크게 하여 칩이 잘 부착되지 않도록 하고 있다.

이 칩은 절삭면에도 부착되기 때문에 칩을 적절히 가이드하거나 절삭 유제를 대량으로 공급하여 냉각과 씻어내는 두 가지 효과를 노리는 것이 좋다. 이 경우는 불수용성 절삭 유제를 사용한다.

공구에 초경 재종을 사용할 때는 K종을 사용하되 P종은 그 사용을 피한다. TiC를 함유하는 초경재종은 공구의 티탄과 재료의 티탄 친화성이 좋으므로 용착을 일으키기 쉽기 때문이다. 초경으로 잘 안될 때는 하이스 공구를 사용하면 비교적 고속 절삭도 가능하다.

(6) 발화성 금속

마그네슘(Mg)도 최근에 주목되고 있는 재료의 하나이다. 마그네슘은 비중이 1.7로 알루미늄의 2.7에 비해서도 훨씬 가벼운 금속이지만, 비교적 강도가 있고 비중에 대한 기계적 강도는 금속중에서 가장 높은 편인데다 진동 감쇠성이 높고 피삭성이 뛰어나다.

마그네슘은 절삭성이 아주 좋은 재료이나 발화 온도가 500℃로 낮기 때문에 가공할 때는 이 온도를 넘지 않도록 주의할 필요가 있다. 이것은 티탄의 경우도 마찬가지이다.

마그네슘 합금을 절삭할 때, 절삭칩이 크게(단면적이 1.5mm² 이상) 나오면 발화하는 일이 없다고 한다. 그러나 다듬질 가공의 경우나 공구 주변에서 나오는 가는 머리카락 모양의 칩이 나올 때, 마찰열이 크면 발화할 염려가 있다.

발화를 방지하기 위해서는 예리한 공구를 사용, 절삭성을 좋게 하고 여유각, 특히 앞여유각을 크게 하여 마찰열의 발생을 줄이도록 한다. 0.05mm이하의 작은 이송으로 하고 고속 절삭을 하지 않거나 공구와 가공물을 회전시킬 때 서로 접촉하는 상태로 하지 않는 주의도 필요하다.

절삭 유제에는 경유를 사용하되 산류(酸類)를 함유하지 않는, 발화점이 높은 것을 사용한다. 또 수용성 절삭제도 사용해서는 안된다. 최근에는 압축 공기를 불어대거나 액화 탄산 가스를 사용하는 저온 절삭도 실용화 되기 시작하고 있다.

작업 장소도 건조한 상태를 유지하도록 하고 칩은 그날로 뚜껑이 달린 금속 용기에 담아 작업장소에서 떨어진 방화 구조의 창고에 보관한다. 만약, 발화한 경우에는 발화 부분을 곧 분리시켜 번져서 타지 않도록 방지하고 충분한 양의 전용 소화제를 항상 준비해 둔다.

(7) 플라스틱

플라스틱은 절삭이 잘 될 때는 그 칩이 호름형으로 되지만 이송이 너무 작거나 절삭 속도가 빠르면 칩이 공구에 용착된다. 반대로 이송이 과대하거나 절삭 속도가 느리면 결손이 생긴다.

일반적으로 열경화성 플라스틱보다는 열가소성 플라스틱 쪽이 연속형 칩이 발생하는 범위가 넓고, 절삭 속도가 빠를수록 크랙이 발생하는 균열형으로 된다.

플라스틱은 금속에 비하여 전열 전도가 극단적으로 작고 단위 면적당의 비열도 작으므로 절삭 저항이 작은 비율로는 절삭 온도가 상승하기 쉬운데다 열이 내부에 잘 전달되지 않기 때문에 표면의 온도가 높아지기 쉽다.

그 결과, 열가소성 플라스틱에서는 연화 현상이 일어나기 쉽고 절삭칩이 공구에 용착하는 일이 자주 생긴다. 따라서 절삭열의 발생을 되도록 억제하는 일이 중요하므로 이런 점에서도 레이크각이 큰 공구를 골라 쓸 필요가 있다.

또 플라스틱은 금속에 비하여 탄성, 열팽창률이 커서 절삭 저항에 의해 변형되기 쉬우므로 필요한 치수를 내기가 어렵다. 이 대책으로서는 절삭성이 좋은 바이트를 사용하는 동시에 수용성 절삭제를 뿜어대거나 공기를 분사하는 것이 좋다.

[参考文献]

1) 「金属加工技術の選択と事例」　日本機械学会

2) 「CBN 工具の摩耗機構の解析」　新工具材研究会, 昭和 57, 58, 59 年度報告, 機械技術研究所

3) 「CBN 工具による鋼系材料の切削」　横山哲男, 1985 年, 東京都立工業技術センター講習会テキスト

4) Metal Handbook, 18 DE, 188, Machinability and Machining of Metals, 4.

선삭과 절삭칩의 처리

NC 선반이나 터닝 센터를 사용하는 자동 가공에서는 절삭칩 처리가 큰 문제가 된다. 칩이 부근 일대에 흩어지거나 가공물 또는 바이트에 감기거나 퇴적하면 무인화와 자동화에 장해가 될 뿐만 아니라 가공의 다인화와 고속화, 가공 정밀도와 안전성, 공구 수명 등에 막대한 영향을 주기 때문이다.

따라서 생산성의 향상이나 가공 코스트의 절감을 도모하기 위해서는 발생하는 칩을 제대로 처리하기 위한 대책이 중요하게 된다.

절삭칩의 처리에 영향을 미치는 요인으로서는 그 영향이 큰 순서로

① 이송, ② 절삭깊이 ③ 절삭 속도로 알려져 있다. 즉, 이송은 칩의 두께에 비례하고, 절삭깊이는 칩의 폭에 비례하며, 절삭 속도는 칩의 두께에 반비례한다. 그러나 절삭 속도는 고속으로 됨에 따라서 유효 범위가 좁아진다.

그래서 일반적으로는 이송이나 절삭깊이를 크게 하고 절삭 속도를 낮추는 편이 절삭칩 처리에는 유리하다고 할 수 있다.

한편, 피삭재의 재질이나 경도, 열처리 상태에 따라서도 칩의 상태가 달라진다. 예를 들어, 연강은 경강보다 칩두께가 크고 경강쪽이 컬(curl)되기 쉬운 성질을 갖고 있다. 쾌삭강을 사용한다든가, 열처리로 칩을 컬지기 쉽게 하는 것도 유효한 방법이다.

공구 형상 면에서 보면, 가로 절삭날각은 작을수록 좋고 노즈 R는 다듬질에서는 작게, 거친 절삭에서는 커야 좋은 것으로 알려지고 있다.

칩 브레이커의 형상은 레이크각을 작게 하고 칩 두께를 두껍게(연강의 경우는 반대로 크게), 브레이커의 폭은 저이송에는 좁게, 고이송에는 넓게 한다. 브레이커의 깊이는 저이송에는 깊게, 고이송에는 얕게 고르는 것이 일반적이라고 할 수 있다.

절삭을 할 때에도 습식으로 하는 편이, 특히 저이송의 경우에는 칩이 컬되기 쉽고 또 유효 범위도 넓어진다.

사용하는 선반에는 칩 커버를 장착한다, 슬랜트 타입으로 한다, 하향 절삭으로 한다, 칩 에어리어를 넓게 잡는다, 상측 테일 스톡을 사용하는 등의 대책을 강구할 필요가 있다.

가공재료	피삭재의 명칭	기어	
	재질	SCM 415	
	경도	HBB250(침탄 담금질 전)	
	가공전의 열처리 상태	불림	
사용공구	명칭	스로어웨이 바이트 (거친 가공)	스로어웨이 바이트 (다듬질)
	절삭날의 재종	알루미나 코팅	서멧
	형식(메이커)	PCLNR2020 (三菱 머티어리얼)	PDJNR 2020 (三菱 머티어리얼)
	공구의 지지 방법	툴 홀더	
절삭조건	절삭 속도(m/min)	140	300
	회전수(min^{-1})	550~900	1200~2000
	이송속도(mm/rev)	0.3~0.4	0.2
	절삭 깊이량(mm)	2	0.2
	절삭 유제(명칭)	수용성(솔류블 NC-10)	
사용기계	명칭	병렬주축 CNC 선반	
	형식(메이커)	FTL-10II(오꾸마)	
	기계 출력(kW)	VAC5.5/3.7×2주축	
	NC 장치(축의 수)	OSP 500L-G(2)	

가공부품의 형상·치수

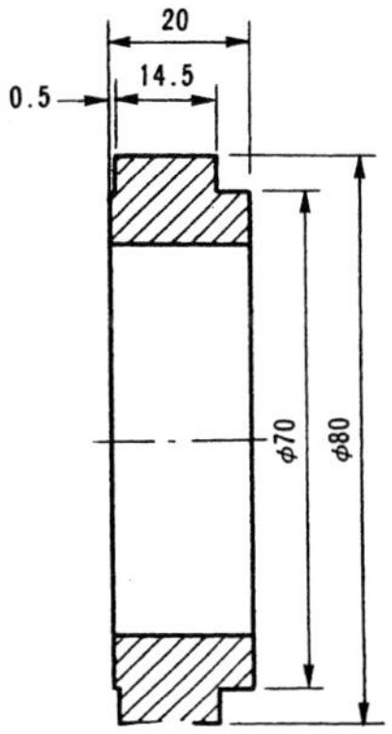

요구정밀도			
진원도	0.005mm	평면도	
진직도	0.005mm	직각도	
원통도			
평행도	0.03mm	다듬질면 거칠기	▽▽

가공의 목표는 단사이클 양산 부품 가공의 합리화이다. 병렬 2주축으로 수직형 구성의 CNC선반과 고속 트랜스퍼 로봇을 조합하여 단사이클 가공물의 1, 2공정을 결합시킬 수 있게 되었다.

또 절삭칩 처리를 고려한 칩 브레이커를 채택하는 것으로 양산 가공에서의 칩처리에 효과를 거두었다.

(자료 : 오꾸마)

가공재료	피삭재의 명칭	플랜지	
	재질	S45C	
	경도	HB170	
	가공전의 열처리 상태	불림	
사용공구	명칭	스로어웨이 바이트 (거친 가공)	스로어웨이 바이트 (다듬질)
	절삭날의 재종	티탄 코팅	서멧
	형식(메이커)	PCLNR12 (三菱 머티어리얼)	PDJNR 15 (三菱 머티어리얼)
	공구의 지지 방법	퀵체인지 홀더	
절삭조건	절삭 속도(m/min)	140	300
	회전수(min^{-1})	550~900	1200~2000
	이송속도(mm/rev)	0.3~0.4	0.2
	절삭 속도(mm)	2	0.2
	절삭 유제(명칭)	수용성(솔류블 NC-10)	
사용기계	명칭	CNC 선반	
	형식(메이커)	LB25(오꾸마)	
	기계 출력(kW)	VAC15/11(30분 연속)	
	NC 장치(축의 수)	OSP 500L(2)	

가공부품의 형상·치수

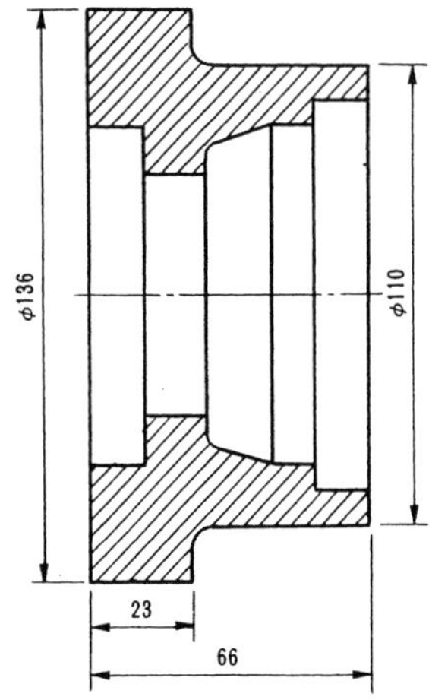

요구정밀도			
진원도	0.003mm	평면도	
진직도		직각도	
원통도	0.01mm		
평행도	0.03mm	다듬질면 거칠기	▽▽, ▽▽▽

다품종 중량 생산 부품 가공의 합리화를 지향한 것. 범용 CNC선반과 조립형 로봇, 가공 테이블을 조합하여 1, 2 공정의 연속 반전 가공을 가능케 했다. 또 터릿 고정의 워크 푸셔를 사용함으로써 1, 2 공정에서의 평행도를 향상시켰다.

(자료 : 오꾸마)

구분	항목			가공부품의 형상·치수				
가공재료	피삭재의 명칭	샘플 워크						
	재질	AI(봉재)						
	경도							
	가공전의 열처리 상태							
사용공구	명칭	스로어웨이 바이트 (거친 가공)	스로어웨이 바이트 (다듬질)					
	절삭날의 재종	초경 합금(G10E)	소결 다이아몬드					
	형식(메이커)	PDJNR2525 (住友 전기 공업)	PDJNR 2525 (住友 전기 공업)					
	공구의 지지 방법	툴 홀더	툴 홀더					
절삭조건	절삭 속도(m/min)	500	550					
	회전수(min^{-1})	2650	3000					
	이송속도(mm/rev)	0.3	0.1					
	절삭 속도(mm)	3	0.2					
	절삭 유제(명칭)	수용성(솔류블 NC-10)						
사용기계	명칭	서브스핀들 부착 터닝 센터		요구정밀도	진원도	0.005mm	평면도	
	형식(메이커)	LR15-MW(오꾸마)			진직도		직각도	
	기계 출력(kW)	메인VAC15/11	서브VAC11/7.5		원통도			
	NC 장치(축의 수)	OSP5020L (7)			평행도	0.03mm	다듬질면 거칠기	▽▽

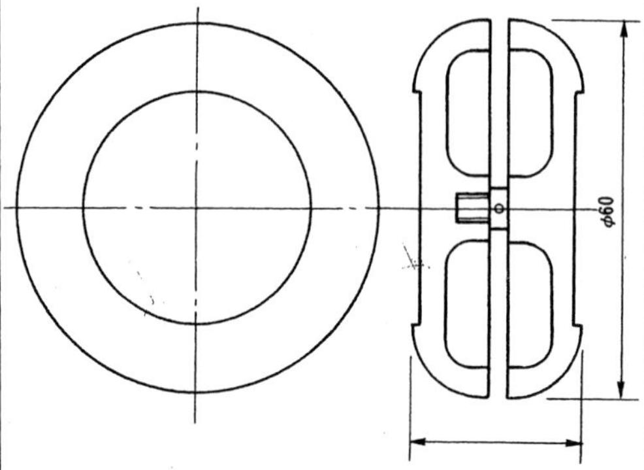

φ60

1, 2공정의 결합을 도모하는 것으로 선삭·복합 가공의 합리화를 지향한 것. 메인, 서브측 모두 선삭과 복합 가공이 가능한 서브스핀들 부착 터닝 센터를 사용, 1대의 기계로 전가공을 완료할 수 있었다.

또 다듬질 가공에는 소결 다이아몬드 바이트를 채택하는 것으로 항상 안정된 다듬질면을 얻었다.

여기에서는 외경 절삭의 거친 절삭 및 다듬질 가공 테이터만을 나타냈다.

(자료 : 오꾸마)

구분	항목			가공부품의 형상·치수				
가공재료	피삭재의 명칭	DAT 아래 실린더 및 유사품						
	재질	A2017						
	경도							
	가공전의 열처리 상태							
사용공구	명칭	검 바이트(외경)	보링 바이트(내경)					
	절삭날의 재종	소결 다이아몬드	소결 다이아몬드					
	형식(메이커)	콤팩스(旭다이아몬드 공업)						
	공구의 지지 방법	고정 공구대	고정 공구대					
절삭조건	절삭 속도(m/min)	570	128					
	회전수(min^{-1})	6000	6000					
	이송속도(mm/rev)	0.05	0.05					
	절삭 깊이량(mm)	0.1	0.1					
	절삭 유제(명칭)	건식 절삭						
사용기계	명칭	CNC 고정밀 2축 수직형 자동 선반		요구정밀도	진원도	0.003mm	평면도	0.003mm
	형식(메이커)	VL2H(쓰가미)			진직도		직각도	
	기계 출력(kW)	3.7/2.2×2			원통도			
	NC 장치(축의 수)	FANUC 0-TTC(4)			평행도	0.003mm	다듬질면 거칠기	0.8S

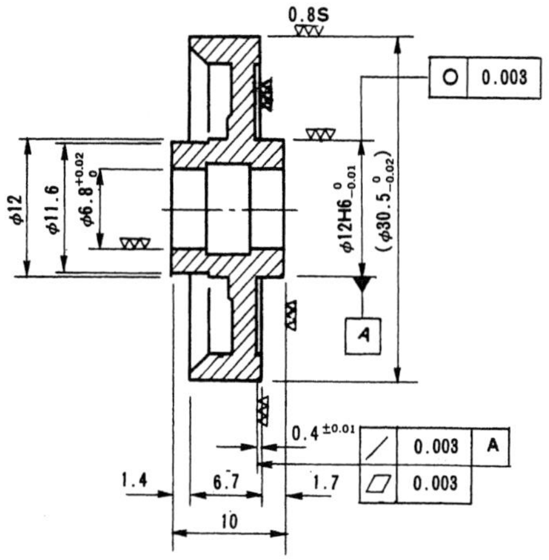

0.8S
○ 0.003
φ12
φ11.6
$\phi 6.8^{+0.02}_{0}$
$\phi 12H6^{0}_{-0.01}$
$(\phi 30.5^{0}_{-0.02})$
A
$0.4^{\pm 0.01}$
／ 0.003 A
▱ 0.003
1.4
6.7
1.7
10

수직형 대향 2축 자동 선반에서의 가공은 가공물을 다음 공정 척에 직접 인도할 수 있고 또 전 가공 단면의 흔들림 정밀도는 0.001~0.002 mm로 높다.

빗형 공구대의 채택으로 안정된 가공이 가능하고 빌트 인 모터에 의한 주축이므로 진동이 적은 고속 가공을 할 수 있다. 표면 거칠기는 0.2$\mu m R_{max}$가 가능.

(자료 : 쓰가미·信州 공장)

구분	항목	내용
가공재료	피삭재의 명칭	테스트 피스
	재질	쾌삭 스테인리스(SUS303상당)
	경도	
	가공전의 열처리 상태	
사용공구	명칭	스로어웨이 바이트
	절삭날의 재종	코팅 초경
	형식(메이커)	TNMM160408-57(東芝 텅갈로이)
	공구의 지지 방법	터닝 홀더에 쐐기형 지브로 고정
절삭조건	절삭 속도(m/min)	125
	회전수(min^{-1})	2000
	이송속도(mm/rev)	0.25
	절삭 깊이량(mm)	1.5
	절삭 유제(명칭)	수용성(MLO735)
사용기계	명칭	CNC 정밀 자동 선반
	형식(메이커)	S20(D) (쓰가미)
	기계 출력(kW)	메인 스핀들2.2/3.7
	NC 장치(축의 수)	FANUC 0-TC(6)

가공부품의 형상·치수

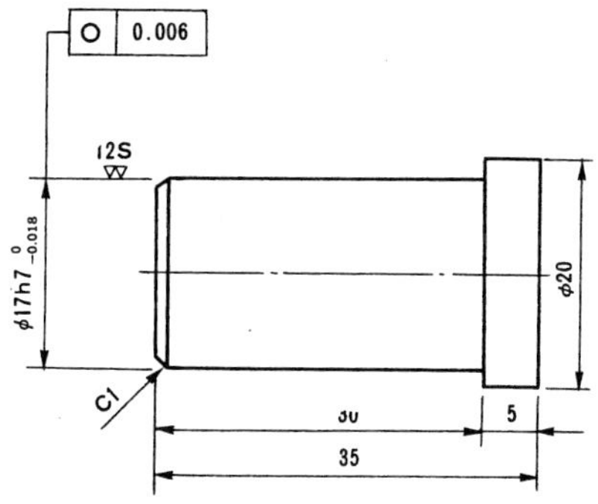

요구정밀도			
진원도	0.006(공차의 1/3)	평면도	
진직도		직각도	
원통도	0.006(공차의 1/3)		
평행도		다듬질면 거칠기	▽▽12S

스위스 타입의 자동 선반에서는 가이드 부시를 사용하므로 진원도 및 지름의 산발 정밀도 등이 가이드 부시 둘레의 강성과 절삭 저항의 영향을 받기 쉽다.

이 테스트 가공에서는 팁을 이른바 저저항형으로 바꾸어 절삭 저항을 줄이고 진원도를 5.6㎛에서 3.2㎛로, 지름의 산발 정밀도를 6㎛에서 3㎛로, 표면 거칠기를 11㎛R_{max}에서 10㎛R_{max}로 향상시켰다. 개선전의 사용 팁형식은 TNMG 160408 R-S 이다. 샘플수는 30개.

(자료 : 쓰가미·長岡 공장)

구분	항목	내용
가공재료	피삭재의 명칭	테니스 라켓
	재질	A2017
	경도	
	가공전의 열처리 상태	
사용공구	명칭	절단 바이트
	절삭날의 재종	코발트 하이스
	형식(메이커)	(不二越)
	공구의 지지 방법	바이트 홀더로 고정
절삭조건	절삭 속도(m/min)	
	회전수(min^{-1})	600
	이송속도(mm/rev)	0.2
	절삭 깊이량(mm)	
	절삭 유제(명칭)	수용성
사용기계	명칭	정밀 터닝 센터 & 머시닝 센터
	형식(메이커)	시스템 TA3-II (쓰가미)
	기계 출력(kW)	워크 스핀들AC15/11 툴 스핀들AC7.5/5.5
	NC 장치(축의 수)	FANUC 15T-F(5)

가공부품의 형상·치수

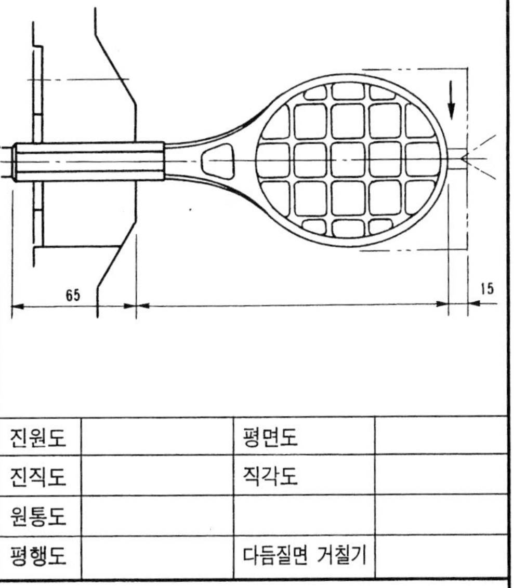

요구정밀도			
진원도		평면도	
진직도		직각도	
원통도			
평행도		다듬질면 거칠기	

이 가공물에는 밀링 가공시의 채터링 발생을 억제할 목적으로 버림 보스가 붙어 있다. 이 부분을 심압축으로 지지하여 가공하고 마지막에 절단 바이트로 잘라낸다. 처음에는 경납땜 바이트를 사용했으나 절단하여 떨어지기 직전에 심압축이 가공물을 주축측으로 밀어붙이기 때문에 날끝이 손상되었다. 그러나 심압축없이는 가공물이 진동하여 주축의 회전수를 올릴 수 없었다. 그래서 본기의 특징인 유저 매크로를 응용한 심간 조정 기구를 사용하여 심압축의 후퇴단에서 가공물을 지지하도록 하고(가공물에는 심압축에 의한 부하가 걸리지 않는다), 동시에 내충격성이 높은 코발트-하이스 성형 바이트로 바꿈으로써 해결했다.

(자료 : 쓰가미·長岡공장)

구분	항목	내용
가공재료	피삭재의 명칭	테스트 피스
	재질	BSBM2
	경도	
	가공전의 열처리 상태	
사용공구	명칭	스로어웨이 바이트
	절삭날의 재종	소결 다이아몬드
	형식(메이커)	
	공구의 지지 방법	홀더에 나사 고정
절삭조건	절삭 속도(m/min)	190
	회전수(min⁻¹)	1000
	이송속도(mm/rev)	0.02
	절삭 깊이량(mm)	0.02
	절삭 유제(명칭)	불수용성(α커트 2001)
사용기계	명칭	고정밀 소형 CNC 선반
	형식(메이커)	CINCOM RL20(시티즌 시계)
	기계 출력(kW)	주축 모터 : 3.7 서보 : 0.4×2
	NC 장치(축의 수)	FANUC 0T-C(2)

가공부품의 형상·치수

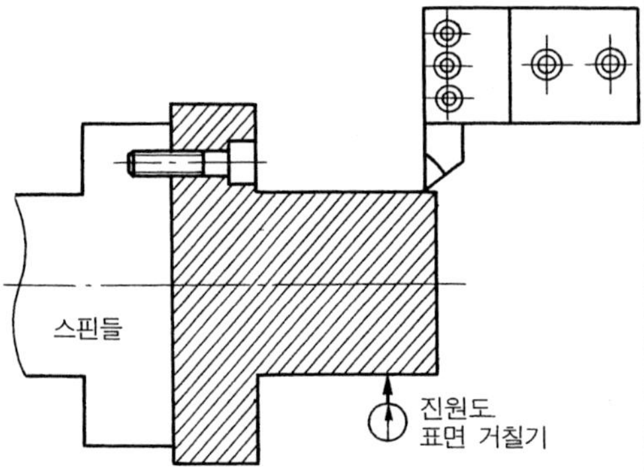

스핀들
진원도
표면 거칠기
테스트 피스는 스핀들에 나사 고정

요구정밀도			
진원도		평면도	
진직도		직각도	
원통도			
평행도		다듬질면 거칠기	

측정 결과, 진원도는 0.1~0.2㎛, 다듬질면 거칠기는 0.5 ㎛R_{max}의 고정밀도 가공을 확인했다.

(자료 : 시티즌 시계)

구분	항목	내용
가공재료	피삭재의 명칭	기계 부품
	재질	ASBM2
	경도	
	가공전의 열처리 상태	
사용공구	명칭	앞끌기 바이트
	절삭날의 재종	서멧
	형식(메이커)	CNMG120408N-UG(住友 전기공업
	공구의 지지 방법	
절삭조건	절삭 속도(m/min)	
	회전수(min⁻¹)	2500
	이송속도(mm/rev)	0.03
	절삭 깊이량(mm)	2.5
	절삭 유제(명칭)	수용성(하이솔메)
사용기계	명칭	주축 고정형 NC 선반
	형식(메이커)	CINCOM-GL30(시티즌 시계)
	기계 출력(kW)	7.5
	NC 장치(축의 수)	FANUC 0T-C(3)

가공부품의 형상·치수

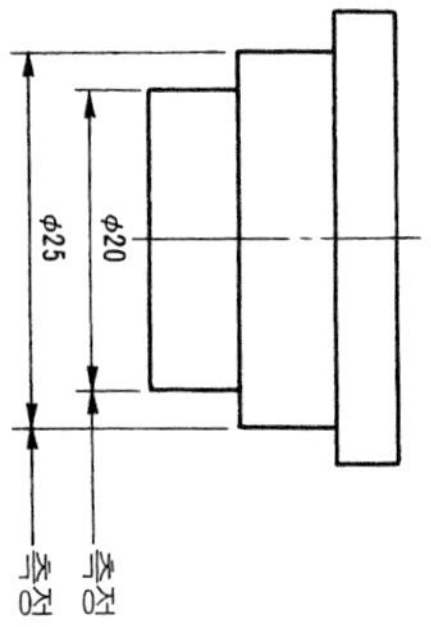

φ25
φ20
측정
측정

요구정밀도			
진원도		평면도	
진직도		직각도	
원통도			
평행도		다듬질면 거칠기	

φ20, φ25 모두 진원도 1㎛~2㎛을 얻고 있다.

(자료 : 시티즌 시계)

구분	항목	스로어웨이 바이트①	스로어웨이 바이트②
가공재료	피삭재의 명칭	홈깍기 봉재	
	재질	S48C	
	경도	HB=220~240	
	가공전의 열처리 상태	불림	
사용공구	명칭	스로어웨이 바이트①	스로어웨이 바이트②
	절삭날의 재종	알루미나 코팅 (TB13)	서멧 (NS530)
	형식(메이커)	TNMG160408-32X(東芝 텅걸로이)	
	공구의 지지 방법	PTGNR2525M3	
절삭조건	절삭 속도(m/min)	100	100
	회전수(min^{-1})	270~400	270~400
	이송속도(mm/rev)	0.1~0.4	0.2
	절삭 깊이량(mm)	1.5	1.5
	절삭 유제(명칭)	건식 절삭	
사용기계	명칭	NC선반	
	형식(메이커)	LH35N(오꾸마)	
	기계 출력(kW)	22	
	NC 장치(축의 수)	OSP(3)	

가공부품의 형상·치수: 600, φ120

요구정밀도			
진원도		평면도	
진직도		직각도	
원통도			
평행도		다듬질면 거칠기	

동일 공작물을 2종류의 공구로 가공해 보았다.

① 종래의 코팅 재종으로서 내마모성과 내결손성에 고신뢰성인 것이 없었기 때문에 모재의 표면에 특수층을 갖고 전용 코팅한 고인성 코팅 재종(T813)을 사용하여 단속(斷續) 절삭으로 평가했다. 그 결과 종래의 코팅 재종에 비하여 약 3배 이상의 수명을 얻을 수 있었다.

② 종래, 서멧 공구는 거친 가공이나 단속 절삭 가공에는 부적합한 것으로 알려져 왔다. 그래서 선삭 전용의 고인성 서멧(NS530)을 사용하여 종래의 서멧과 내결손성을 비교했다. 그 결과, NS530은 종래의 것에 비하여 약 2배의 수명이 길다는 것을 알았다.

(자료 : 東芝 텅걸로이)

구분	항목	내용
가공재료	피삭재의 명칭	봉재
	재질	FCD60
	경도	HP=210~230
	가공전의 열처리 상태	
사용공구	명칭	스로어웨이 바이트
	절삭날의 재종	알루미나 코팅(T842)
	형식(메이커)	TNMG160408-33(東芝 텅걸로이)
	공구의 지지 방법	PTGNR2525M3
절삭조건	절삭 속도(m/min)	200
	회전수(min^{-1})	530~800
	이송속도(mm/rev)	0.3
	절삭 깊이량(mm)	1.5
	절삭 유제(명칭)	건식 절삭
사용기계	명칭	NC 선반
	형식(메이커)	LH35N(오꾸마)
	기계 출력(kW)	22
	NC 장치(축의 수)	OSP (3)

가공부품의 형상·치수: 600, φ120

요구정밀도			
진원도		평면도	
진직도		직각도	
원통도			
평행도		다듬질면 거칠기	

종래, 덕타일 재료의 가공에는 공구 수명이 긴 코팅 재종이 없었다. 그래서 덕타일 전용의 신재종(T842)을 사용하여 종래의 코팅 재종과 비교했다.

그 결과, 종래의 코팅 공구는 절삭 개시후 약 5분후에 불꽃이 발생하여 가공을 중지(수명)했다.

한편, T842는 3배인 15분을 절삭한 후에도 정상 마모여서 좀더 절삭 가능한 상태였다.

(자료 : 東芝 텅걸로이)

구분	항목	내용
가공재료	피삭재의 명칭	기계 부품
	재질	S45C
	경도	HB170
	가공전의 열처리 상태	
사용공구	명칭	스로어웨이 바이트
	절삭날의 재종	서멧(N308)
	형식(메이커)	CGWSR2525-FLR5G(東芝 텅걸로이)
	공구의 지지 방법	클램프 온
절삭조건	절삭 속도(m/min)	150
	회전수(min^{-1})	1194~1705
	이송속도(mm/rev)	홈파기 0.1, 외경 절삭 0.2
	절삭 깊이량(mm)	홈폭 5×홈깊이 3, 외경 절삭 1.5
	절삭 유제(명칭)	건식 절삭
사용기계	명칭	NC 선반
	형식(메이커)	LR25(오꾸마)
	기계 출력(kW)	37/45
	NC 장치(축의 수)	OSP (4)

가공부품의 형상·치수

φ28 φ40 25 5 10

요구정밀도			
진원도		평면도	
진직도		직각도	
원통도			
평행도		다듬질면 거칠기	12.5S이하

이와 같은 가공물의 경우, 종래에는 가공물을 다시 고정해서 가공하지 않으면 척과 홀더가 간섭을 일으켰다. 또 홈파기용과 외주 절삭용으로 3개의 바이트가 필요했다.
그래서 서멧 재종의 바이트(FLEX)를 사용하게 되었는데 이 결과, 1회 처킹으로 가공할 수 있게 되어 가공 시간의 단축을 실현했다. 또 사용 공구도 1개로 줄일 수 있었다.

(자료 : 東芝 텅걸로이)

구분	항목	내용
가공재료	피삭재의 명칭	링
	재질	S45C
	경도	HBB180~200
	가공전의 열처리 상태	불림
사용공구	명칭	스로어웨이 바이트
	절삭날의 재종	알루미나 코팅(T823)
	형식(메이커)	TPGT110204-SS(東芝 텅걸로이)
	공구의 지지 방법	C12Q-STFPR11
절삭조건	절삭 속도(m/min)	100
	회전수(min^{-1})	1600
	이송속도(mm/rev)	0.2
	절삭 깊이량(mm)	1.0
	절삭 유제(명칭)	건식 절삭
사용기계	명칭	NC 선반
	형식(메이커)	LH35N(오꾸마)
	기계 출력(kW)	22
	NC 장치(축의 수)	OSP(3)

가공부품의 형상·치수

20 φ20 φ80

요구정밀도			
진원도		평면도	
진직도		직각도	
원통도			
평행도		다듬질면 거칠기	

종래에는 절삭성이 좋고 절삭칩의 처리성이 뛰어나면서도 좌우쪽 방향에 관계없는 내경 가공용 포지티브 팁이 없었다. 그래서 신(新)브레이커(포지SS)를 사용하여 내경 가공에서의 절삭칩 처리성을 테스트했다.
그 결과, 절삭칩의 형상이 "C"형의 컬이 되어 무리없이 처리할 수 있게 되었다.

(자료 : 東芝 텅걸로이)

구분	항목	내용
가공재료	피삭재의 명칭	링
	재질	BSBM2
	경도	
	가공전의 열처리 상태	
사용공구	명칭	내경 홈파기용 스로어웨이 바이트
	절삭날의 재종	서멧(N308)
	형식(메이커)	SNGR10K08(東芝 텅걸로이)
	공구의 지지 방법	스크루 온
절삭조건	절삭 속도(m/min)	70
	회전수(min^{-1})	
	이송속도(mm/rev)	0.1
	절삭 깊이량(mm)	홈폭 2×홈깊이 2
	절삭 유제(명칭)	수용성(에멀션)
사용기계	명칭	NC 선반
	형식(메이커)	LBB15C(오크마)
	기계 출력(kW)	5.5/7.5
	NC 장치(축의 수)	OSP(2)

가공부품의 형상·치수

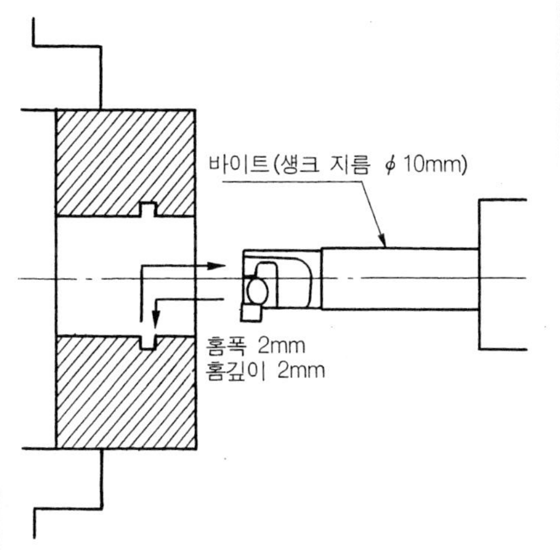

바이트(생크 지름 ϕ 10mm)
홈폭 2mm
홈깊이 2mm

요구정밀도			
진원도		평면도	
진직도		직각도	
원통도			
평행도		다듬질면 거칠기	

생크지름 ϕ10mm의 내경 가공용 바이트를 사용하여 홈파기 가공을 한 예이다. 이 서멧 재종(N308) 바이트는 날끝의 위치 정밀도가 안정적이어서 고정밀도의 홈가공이 가능하다.

(자료 : 東芝 텅걸로이)

구분	항목	거친 가공	다듬질
가공재료	피삭재의 명칭	샤프트	
	재질	SCM415	
	경도	HB=135~145	
	가공전의 열처리 상태	불림	
사용공구	명칭	스로어웨이 바이트 (거친 가공)	스로어웨이 바이트 (다듬질)
	절삭날의 재종	알루미나 코팅(T813)	
	형식(메이커)	DNMG150412-51 (東芝 텅걸로이)	DNMG150408-17 (東芝 텅걸로이)
	공구의 지지 방법	PDJNR2525	
절삭조건	절삭 속도(m/min)	200	200
	회전수(min^{-1})	약 1000	약 1000
	이송속도(mm/rev)	0.68~0.8	0.2
	절삭 깊이량(mm)	0.5~1.5	0.5~1.5
	절삭 유제(명칭)	건식 절삭	
사용기계	명칭	NC 선반	
	형식(메이커)	LH35N(오꾸마)	
	기계 출력(kW)	22	
	NC 장치(축의 수)	OSP(3)	

가공부품의 형상·치수

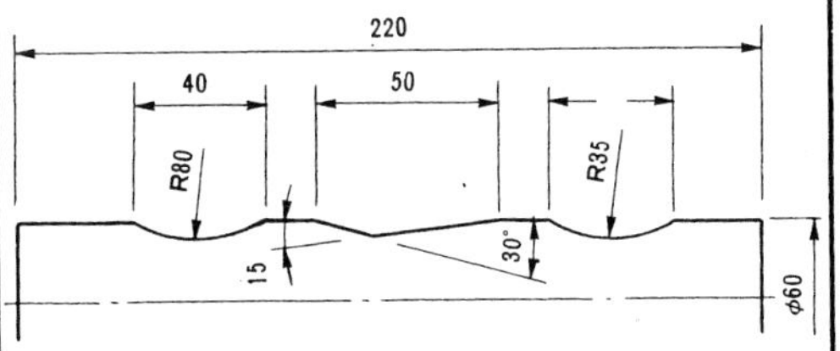

220
40
50
R80
R35
15
30°
ϕ60

요구정밀도			
진원도		평면도	
진직도		직각도	
원통도			
평행도		다듬질면 거칠기	

이송 0.6~0.8mm/rev의 거친 가공에서 절삭칩이 마구 흩어져서 그 처리가 곤란했기 때문에 칩 브레이커를 새로운 것(51형)으로 바꾸었는데 칩의 길이가 100mm 이하로 평균화되고 안정된 배출 상태를 유지하여 양호한 칩처리가 가능해졌다.

다음에는 다듬질 가공인데 지금까지는 연강이나 디프 드로잉재의 다듬질 가공에서 칩처리를 만족시키는 칩 브레이커가 없었다. 그래서 연강 및 디프 드로잉재 전용의 신(新)브레이커(17형)를 사용하여 칩처리성을 테스트했다. 다듬질 영역의 절삭 깊이 0.5~1.5mm의 변동이나 R부, 테이퍼부의 변화에 대하여 칩 브레이커의 효과로 안정된 칩처리성을 얻었다.

(자료 : 東芝 텅걸로이)

구분	항목	내용
가공재료	량피삭재의 명칭	테스트 피스
	재질	S45C
	경도	HB=210~230
	가공전의 열처리 상태	불림
사용공구	명칭	단면 홈파기용 스로어웨이 바이트
	절삭날의 재종	서멧(N308)
	형식(메이커)	CFGSR2525-3SA(東芝 텅걸로이)
	공구의 지지 방법	클램프 온
절삭조건	절삭 속도(m/min)	100
	회전수(min^{-1})	1061
	이송속도(mm/rev)	0.1
	절삭 깊이량(mm)	홈폭 3×홈깊이 3~9
	절삭 유제(명칭)	수용성(에멀션)
사용기계	명칭	NC 선반
	형식(메이커)	LH35N(오꾸마)
	기계 출력(kW)	15/22(연속/30분정격)
	NC 장치(축의 수)	OSP (2)

가공부품의 형상·치수

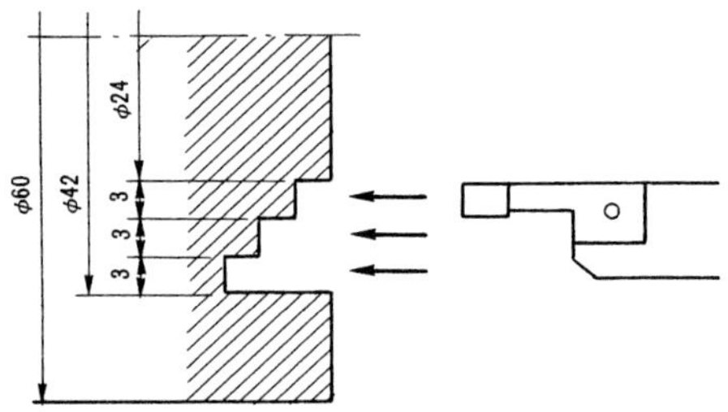

요구정밀도			
진원도		평면도	
진직도		직각도	
원통도			
평행도		다듬질면 거칠기	

단면 홈파기 바이트(CFG)를 사용한 S45C의 가공 예. 홈폭 3~8mm, 최소 가공직경 ϕ30mm에 대응할 수 있다. 누름쇠, 블레이드 등을 교화하면 여러 가지 홈형상을 가공할 수 있다. 절삭칩 처리도 좋고 다듬질면도 양호하다.

(자료 : 東芝 텅걸로이)

구분	항목	내용
가공재료	피삭재의 명칭	테스트 피스
	재질	S50C
	경도	HB250
	가공전의 열처리 상태	
사용공구	명칭	홈파기용 스로어웨이 바이트
	절삭날의 재종	알루미나 코팅(AC330)
	형식(메이커)	GMER2525-40(住友 전기공업)
	공구의 지지 방법	클램프 온
절삭조건	절삭 속도(m/min)	120
	회전수(min^{-1})	
	이송속도(mm/rev)	홈파기 0.1, 외경 절삭 0.2
	절삭 깊이량(mm)	1.5
	절삭 유제(명칭)	건식 절삭
사용기계	명칭	NC 선반
	형식(메이커)	AX-30(池貝)
	기계 출력(kW)	30
	NC 장치(축의 수)	

가공부품의 형상·치수

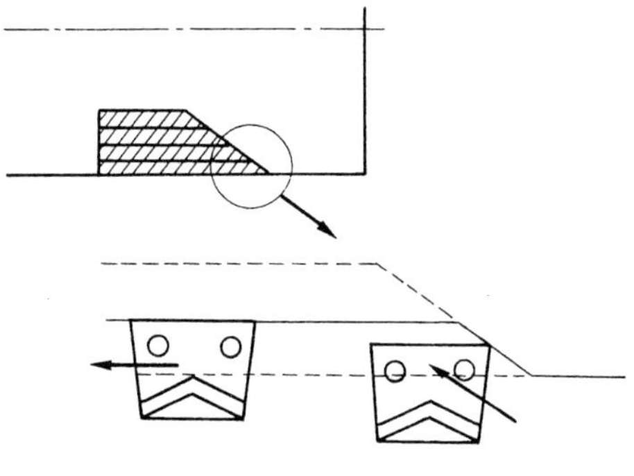

요구정밀도			
진원도		평면도	
진직도		직각도	
원통도			
평행도		다듬질면 거칠기	

종래에 그림의 해치 부분과 같은 가공을 하기 위해서는 홈파기용, 외경 가공용의 홀더가 2개 필요하고 이 공구 교환에 많은 시간이 걸렸다.

그래서 홈파기 바이트(GME)와 브레이커부 텁을 사용하여 그림과 같은 가공을 반복하는 것으로 가공 능률을 25 % 올렸다.

(자료 : 住友 전기공업)

구분	항목	내용
가공재료	피삭재의 명칭	베어링 부품
	재질	SNCM 630
	경도	HBB300
	가공전의 열처리 상태	
사용공구	명칭	스로어웨이 바이트
	절삭날의 재종	알루미나 코팅 초경(AC15)
	형식(메이커)	CNMG 120412 N-MU(住友 전기공업)
	공구의 지지 방법	레버 로크
절삭조건	절삭 속도(m/min)	200
	회전수(min^{-1})	1026
	이송속도(mm/rev)	0.35
	절삭 깊이량(mm)	4.0
	절삭 유제(명칭)	수용성
사용 기계(메이커)		NC 선반(MD5S형, 길 데마이스터)

가공부품의 형상·치수

지금까지 사용하고 있던 공구(중간 다듬질용 칩 브레이커)로는 칩이 너무 브레이킹하고 이 때문에 절삭 온도가 상승하여 공구 수명이 짧았다. 또 치핑도 자주 일어났다. 이에 대하여 양면 사용의 거친 가공용 칩 브레이커(MU)는 칩의 유출이 부드럽고 수명이 1.5배로 되었다. 또 치핑이 없어져 안정된 공구 수명을 얻었다.

(자료 : 住友 전기공업)

구분	항목	내용
가공재료	피삭재의 명칭	브레이크 드럼
	재질	합금 주철
	경도	HB 207~255
	가공전의 열처리 상태	
사용공구	명칭	스로어웨이 바이트
	절삭날의 재종	CBN (BN 550)
	형식(메이커)	CNMA 432(住友 전기공업)
	공구의 지지 방법	바이트 홀더
절삭조건	절삭 속도(m/min)	450
	회전수(min^{-1})	350
	이송속도(mm/rev)	0.18
	절삭 깊이량(mm)	0.4
	절삭 유제(명칭)	건식 절삭
사용 기계(메이커)		NC 선반

가공부품의 형상·치수

가공의 목표는 주철의 다듬질 가공에 있어서의 CBN 공구의 수명 향상과 안정성이다. 세라믹 공구에서는 V_B 마모의 발생이 빨라 20개를 절삭하면 수명이 다 되었다. 그래서 BN 550(CBN)을 사용하게 되었는데 128개의 절삭이 가능하게 되어 세라믹스에 비하여 약 6배의 수명 연장에다 공구 교환 시간이나 정밀도 관리 시간 등을 포함하면 6시간의 시간 단축이 가능하게 되었다.

(자료 : 住友 전기공업)

구분	항목	내용
가공재료	피삭재의 명칭	파이널 기어
	재질	SCM415H
	경도	HRC 60~63
	가공전의 열처리 상태	담금질
사용공구	명칭	스로어웨이 바이트
	절삭날의 재종	CBN (BN250)
	형식(메이커)	CNMA 432(住友 전기공업)
	공구의 지지 방법	바이트 홀더
절삭조건	절삭 속도(m/min)	59~90
	회전수(min^{-1})	
	이송속도(mm/rev)	0.15
	절삭 깊이량(mm)	0.15
	절삭 유제(명칭)	건식 절삭
사용 기계(메이커)		NC 선반

가공부품의 형상·치수

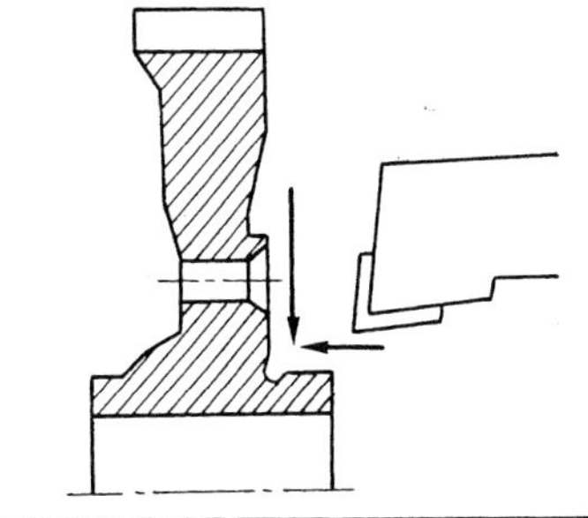

담금질강의 단속 절삭에 있어서의 최적 공구 재료 및 절삭 조건의 검토를 노려, 먼저 BN200으로 습식 절삭을 해 본 결과, 30~40개 부근에서 치핑이 발생했다. 이것을 건식 절삭으로 바꾼 결과, 200개까지 수명이 향상되었다. 다음에 BN250을 사용하여 건식 절삭을 했는데 400개를 가공하더라도 치핑이 없고 양호한 가공을 할 수 있었다. 즉, BN200(건식)에 비하여 BN 250(건식)에서는 공구 수명이 2배로 향상되었다.

(자료 : 住友 전기공업)

가공재료	피삭재의 명칭	밸브 시트 링	가공부품의 형상·치수
	재질	FMS615	13.4
	경도	HRC46~50	φ51
	가공전의 열처리 상태		φ45
사용공구	명칭	스로어웨이 바이트(FP14)	
	절삭날의 재종	CBN (BNX4)	
	형식(메이커)	SNG421(住友 전기공업)	
	공구의 지지 방법	바이트 홀더	
절삭조건	절삭 속도(m/min)	59	밸브 시트 링(철계 소결 합금)을 절삭 가공할 때, CBN 공구의 재질 평가를 목적으로 한 것. 결과는 200개를 가공한 후의 2번 마모(V_B)를 측정하고 BNX : V_B=0.08mm, 타사 CBN : V_B=0.11mm라는 데이터를 얻었다.
	회전수(min^{-1})		
	이송속도(mm/rev)	0.15	
	절삭 깊이량(mm)	0.2	
	절삭 유제(명칭)	수용성	
사용 기계(메이커)		NC선반(森정기)	(자료 : 住友 전기공업)

가공재료	피삭재의 명칭	나사	가공부품의 형상·치수
	재질	S45C(단조 표면)	M20×P1.5 (단조 표면)
	경도		20
	가공전의 열처리 상태		
사용공구	명칭	스로어웨이 나사 절삭 바이트	
	절삭날의 재종	서멧(T130A)	
	형식(메이커)	TME150R(住友 전기공업)	
	공구의 지지 방법	레버로크	
절삭조건	절삭 속도(m/min)	100	종래에는 연마급 팁을 사용하여 공구 수명 30개/날, 가끔 칩이 홀더에 얽혔었다. 그래서 M급 정밀도의 3 차원 칩 브레이커붙이 팁을 사용하게 되었는데 수명은 150개/날로 5배 향상되고 일정 방향으로 컬되어 유출하는 안정된 칩처리가 가능해졌다. 또 패스의 횟수도 15패스에서 10패스로 줄어 팁코스트를 25% 절감할 수 있게 되었다.
	회전수(min^{-1})	1590	
	이송속도(mm/rev)	1.5/ 피치	
	절삭 깊이량(mm)	10 패스	
	절삭 유제(명칭)	수용성	
사용 기계(메이커)		NC 선반	(자료 : 住友 전기공업)

가공재료	피삭재의 명칭	베어링	가공부품의 형상·치수
	재질	SUJ2	φ40 φ60
	경도	HB160	팁
	가공전의 열처리 상태	풀림	f 홀더
사용공구	명칭	스로어웨이 절단 바이트	툴 블록
	절삭날의 재종	초경(AC225)	
	형식(메이커)	홀더 : WCFH32-3, 팁 : WCFN3A (住友 전기공업)	
	공구의 지지 방법	툴 블록에 의한 클램프	
절삭조건	절삭 속도(m/min)	150	양산품이므로 가공 능률을 지향하는 동시에 야간 무인 운전을 할 필요에서, 공구 수명 1000개/날이 요구되고 칩 처리면에서도 칩이 컨베이어에 막히지 않는 형, 길이로 할 필요가 있었다. 또 다음 공정에서 연삭 가공을 하기 때문에 표면 거칠기는 문제가 없으나 버(burr)가 발생하면 컨베이어가 스톱하므로 버의 억제에 주의했다.
	회전수(min^{-1})	800 ~1200	
	이송속도(mm/rev)	0.1	
	절삭 깊이량(mm)	폭 3×깊이10	
	절삭 유제(명칭)	수용성(유시로켄)	
사용 기계(메이커)		NC 선반(AX 30형, 池貝 철공)	(자료 : 住友 전기공업)

구분	항목	내용
가공재료	피삭재의 명칭	트랜스미션 부품
	재질	FCD50
	경도	
	가공전의 열처리 상태	
사용공구	명칭	스로어웨이 바이트
	절삭날의 재종	CBN (BN520)
	형식(메이커)	CNMA432(住友 전기공업)
	공구의 지지 방법	
절삭조건	절삭 속도(m/min)	200
	회전수(min^{-1})	
	이송속도(mm/rev)	0.15
	절삭 깊이량(mm)	0.2
	절삭 유제(명칭)	수용성
사용 기계(메이커)		NC 선반

가공부품의 형상·치수

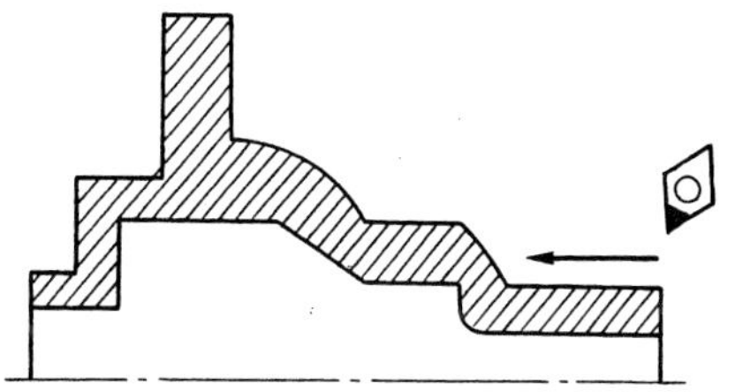

주철의 다듬질 가공에서 CBN 공구의 수명 연장과 안정성을 노린 것. 그 결과, 공구 마모가 적으면서 표면 거칠기 6~12S를 얻고 2100개의 가공이 가능해졌다.

(자료 : 住友 전기공업)

구분	항목	내용
가공재료	피삭재의 명칭	샤프트
	재질	S45C
	경도	
	가공전의 열처리 상태	
사용공구	명칭	스로어웨이 바이트
	절삭날의 재종	코팅 서멧(UP35N)
	형식(메이커)	CNMG432MA(三菱 머티어리얼)
	공구의 지지 방법	
절삭조건	절삭 속도(m/min)	220
	회전수(min^{-1})	
	이송속도(mm/rev)	0.2
	절삭 깊이량(mm)	1.25
	절삭 유제(명칭)	수용성
사용 기계(메이커)		NC 선반

가공부품의 형상·치수

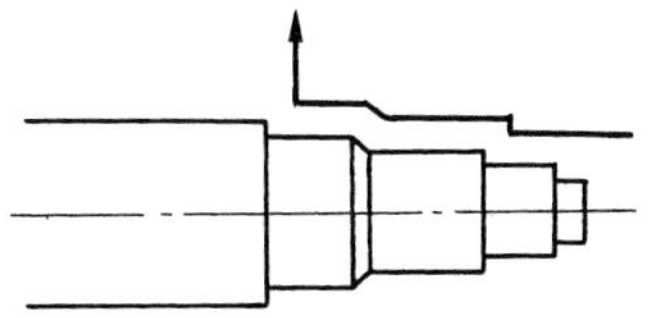

종래의 코팅 공구에 의한 300개/날에 대하여 코팅 서멧(UP35N)은 1200개/날로 공구 수명이 대폭적으로 향상되었다. 더구나 지금까지는 서멧 재종이 습식 가공에 부적합하다는 상식을 타파하고 있다.

(자료 : 三菱 머티어리얼)

구분	항목	내용
가공재료	피삭재의 명칭	기어
	재질	SCr420
	경도	
	가공전의 열처리 상태	
사용공구	명칭	스로어웨이 바이트
	절삭날의 재종	코팅 서멧(UP35N)
	형식(메이커)	CNMG432CA(三菱 머티어리얼)
	공구의 지지 방법	
절삭조건	절삭 속도(m/min)	120
	회전수(min^{-1})	
	이송속도(mm/rev)	0.2
	절삭 깊이량(mm)	1.0
	절삭 유제(명칭)	건식 절삭
사용 기계(메이커)		NC 선반

가공부품의 형상·치수

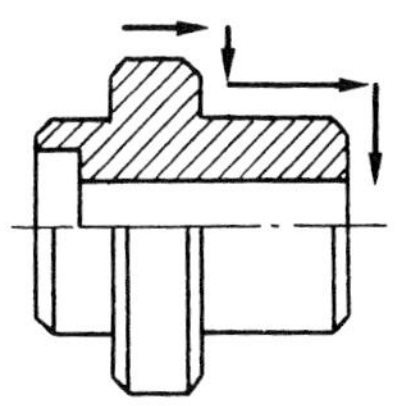

종래의 서멧 공구의 경우, 가공 개수는 500개/날인데 대하여 코팅 서멧(UP35N)은 1000개/날로 대폭적인 공구 수명 연장을 달성했다.

(자료 : 三菱 머티어리얼)

가공재료	피삭재의 명칭	터빈 샤프트
	재질	SCM415
	경도	HB200
	가공전의 열처리 상태	
사용공구	명칭	스로어웨이 바이트
	절삭날의 재종	서멧 (CT525)
	형식(메이커)	CNMG120404-MF(샌드빅)
	공구의 지지 방법	레버 클램프
절삭조건	절삭 속도(m/min)	180
	회전수(min^{-1})	
	이송속도(mm/rev)	0.2
	절삭 깊이량(mm)	0.1
	절삭 유제(명칭)	수용성(에멀션)
사용 기계(메이커)		NC선반

가공부품의 형상·치수

터빈축(SCM 415)의 선삭 가공 예이다. CT525-MF 팁은 인상시의 칩처리성에서 뛰어나, 연마 타입의 서멧 팁에 비하여 1.3 배의 공구 수명을 얻을 수 있다.

(자료 : 샌드빅)

가공재료	피삭재의 명칭	샤프트
	재질	SUS304
	경도	HB250
	가공전의 열처리 상태	
사용공구	명칭	스로어웨이 바이트
	절삭날의 재종	서멧(CT525)
	형식(메이커)	CNMG120408-MF(샌드빅)
	공구의 지지 방법	레버 클램프
절삭조건	절삭 속도(m/min)	150
	회전수(min^{-1})	
	이송속도(mm/rev)	0.2
	절삭 깊이량(mm)	2
	절삭 유제(명칭)	수용성(에멀션)
사용 기계(메이커)		NC 선반

가공부품의 형상·치수

스테인리스강의 중간 거친 가공에서 타사의 PVD 처리 TiN 코팅 재종에 비하여 2배의 공구 수명을 얻었다.

(자료 : 샌드빅)

가공재료	피삭재의 명칭	샤프트
	재질	17-4PH
	경도	
	가공전의 열처리 상태	
사용공구	명칭	스로어웨이 바이트
	절삭날의 재종	코팅(GS215)
	형식(메이커)	CNMG120404-MF(샌드빅)
	공구의 지지 방법	레버 클램프
절삭조건	절삭 속도(m/min)	50
	회전수(min^{-1})	
	이송속도(mm/rev)	0.15~0.3
	절삭 깊이량(mm)	0.5
	절삭 유제(명칭)	수용성(에멀션)
사용 기계(메이커)		NC 선반

가공부품의 형상·치수

스테인리스강의 절삭에 GC215팁을 사용한 예이다. 공구 수명이 안정되고 NC에 의한 치수 보정의 횟수가 줄었다.

(자료 : 샌드빅)

			가공부품의 형상·치수
가공재료	피삭재의 명칭	스핀들	
	재질	SCM435	
	경도	HB200	
	가공전의 열처리 상태		
사용공구	명칭	스로어웨이 바이트	
	절삭날의 재종	서멧 (CT525)	
	형식(메이커)	TNMG160404(샌드빅)	
	공구의 지지 방법	레버 클램프	
절삭조건	절삭 속도(m/min)	140	재질 SCM435 스핀들의 외경 절삭 예이다. 타사 서멧(P15 연삭 타입)에 비하여 양호한 칩처리성과 공구 수명을 얻었다. 여유면 마모도 적고 능률적인 가공이 가능해졌다.
	회전수(min^{-1})		
	이송속도(mm/rev)	0.12	
	절삭 깊이량(mm)	2	
	절삭 유제(명칭)	불수용성	
사용 기계(메이커)		NC 선반	(자료 : 샌드빅)

			가공부품의 형상·치수
가공재료	피삭재의 명칭	샤프트	
	재질	SUS316	
	경도		
	가공전의 열처리 상태		
사용공구	명칭	스로어웨이 바이트	
	절삭날의 재종	서멧(CT525)	
	형식(메이커)	TNMG160408-QF(샌드빅)	
	공구의 지지 방법	레버 클램프	
절삭조건	절삭 속도(m/min)	190	스테인리스강의 단(段)붙이 가공 예이다. 서멧의 다듬질 절삭용 팁(CT525-QF)에 의하여 공구 수명이 1.5배로 향상되고 칩처리성도 양호하였다.
	회전수(min^{-1})		
	이송속도(mm/rev)	0.15	
	절삭 깊이량(mm)	0.15	
	절삭 유제(명칭)	건식 절삭	
사용 기계(메이커)		NC 선반	(자료 : 샌드빅)

			가공부품의 형상·치수
가공재료	피삭재의 명칭	챔버 플랜지	
	재질	SUS316	
	경도		
	가공전의 열처리 상태		
사용공구	명칭	스로어웨이 바이트	
	절삭날의 재종	서멧(CT525)	
	형식(메이커)	CNMG120408-QF(샌드빅)	
	공구의 지지 방법	레버 클램프	
절삭조건	절삭 속도(m/min)	150	스테인리스강의 절삭에 있어서 CT525-QF 팁(다듬질 절삭용)으로 타사 서멧 팁(P15)의 1/3배의 공구 수명을 얻었다. 이 팁은 여유면 마모가 적고 구성 날끝이 잘 발생하지 않는 특징을 갖고 있다.
	회전수(min^{-1})		
	이송속도(mm/rev)	0.2	
	절삭 깊이량(mm)	0.2	
	절삭 유제(명칭)	수용성(에멀션)	
사용 기계(메이커)		NC 선반	(자료 : 샌드빅)

가공재료	피삭재의 명칭	압입(壓入) 자리
	재질	SCH21
	경도	HB200
	가공전의 열처리 상태	
사용공구	명칭	스로어웨이 바이트
	절삭날의 재종	서멧 (CT525)
	형식(메이커)	TNMG160408-MF(샌드빅)
	공구의 지지 방법	레버 클램프
절삭조건	절삭 속도(m/min)	180
	회전수(min^{-1})	
	이송속도(mm/rev)	0.1
	절삭 깊이량(mm)	0.3
	절삭 유제(명칭)	건식 절삭
사용 기계(메이커)		NC선반

가공부품의 형상·치수

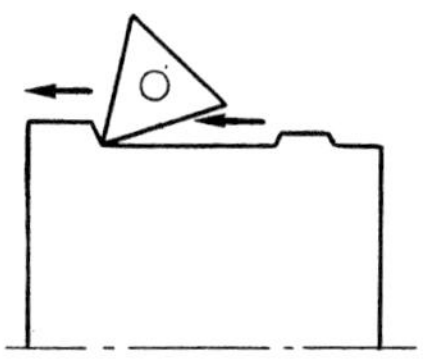

압입(壓入) 자리의 선삭 가공 예이다. 타사 서멧(P15)의 연마 타입 팁에 비하여 CT525-MF(중-다듬질 절삭용) 팁은 공구 수명이 1.5배 연장되었다. 또 팁의 교환 빈도가 저감되어 가공 능률이 대폭적으로 향상되었다.

(자료 : 샌드빅)

가공재료	피삭재의 명칭	차동기어 케이스
	재질	FCD55
	경도	
	가공전의 열처리 상태	
사용공구	명칭	스로어웨이 바이트
	절삭날의 재종	서멧(CT525)
	형식(메이커)	DNMG150408-MF(샌드빅)
	공구의 지지 방법	레버 클램프
절삭조건	절삭 속도(m/min)	250
	회전수(min^{-1})	
	이송속도(mm/rev)	0.15~0.2
	절삭 깊이량(mm)	0.7
	절삭 유제(명칭)	수용성(에멀션)
사용 기계(메이커)		NC 선반

가공부품의 형상·치수

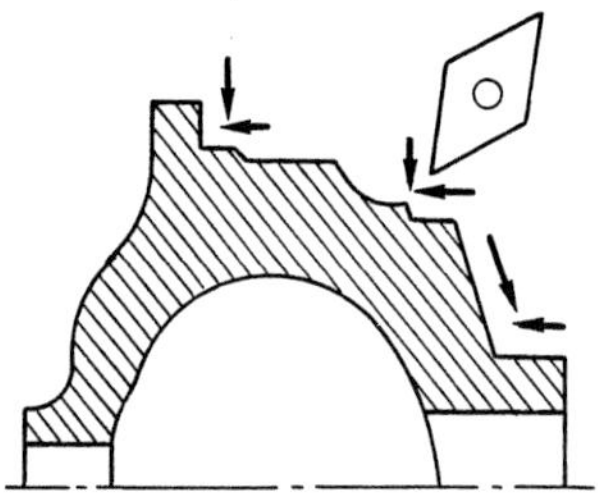

FCD55 재질의 차동 기어 케이스의 다듬질 단속 절삭에 CT 525-MF 팁을 사용한 예이다. 타사 서멧 공구에 비하여 공구 수명이 1.5배로 향상되었다.

(자료 : 샌드빅)

가공재료	피삭재의 명칭	기계 부품
	재질	S45C
	경도	HB250
	가공전의 열처리 상태	
사용공구	명칭	스로어웨이 바이트
	절삭날의 재종	서멧(CT525)
	형식(메이커)	TNMG160404-QF(샌드빅)
	공구의 지지 방법	레버 클램프
절삭조건	절삭 속도(m/min)	250
	회전수(min^{-1})	
	이송속도(mm/rev)	0.2
	절삭 깊이량(mm)	0.15
	절삭 유제(명칭)	수용성(에멀션)
사용 기계(메이커)		NC 선반

가공부품의 형상·치수

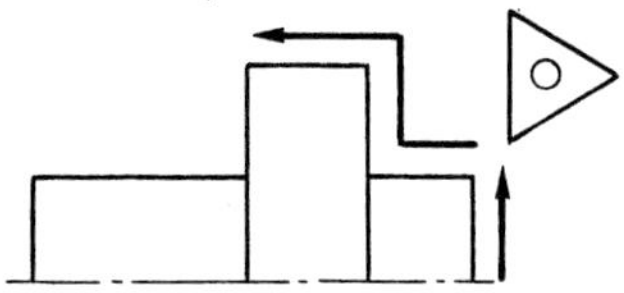

종래에는 연마 타입의 서멧을 사용하고 있었으나 갑자기 결손하는 일이 생겨 문제가 있었다. 그래서 CT 525-QF 팁으로 변경한 결과, 공구 수명이 1.3배로 향상되고 성능도 안정되어 가공 능률이 올랐다.

(자료 : 샌드빅)

			가공부품의 형상·치수
가공재료	피삭재의 명칭	기계 부품	
	재질	SUS304	
	경도	HB250	
	가공전의 열처리 상태		
사용공구	명칭	스로어웨이 바이트	
	절삭날의 재종	서멧 (CT525)	
	형식(메이커)	CNMG120408-MF(샌드빅)	
	공구의 지지 방법	레버 클램프	
절삭조건	절삭 속도(m/min)	170	스테인리스강의 다듬질 절삭에 있어서 CT525-MF 팁은 CVD 처리 TiN 코팅 재종에 비하여 공구 수명이 약 2배로 대폭적인 수명 연장을 얻는 동시에 가공 능률도 향상되었다.
	회전수(min^{-1})		
	이송속도(mm/rev)	0.1	
	절삭 깊이량(mm)	1	
	절삭 유제(명칭)	수용성(에멀션)	
사용 기계(메이커)		NC선반	(자료 : 샌드빅)

			가공부품의 형상·치수
가공재료	피삭재의 명칭	플랜지	
	재질	SUS420	
	경도		
	가공전의 열처리 상태		
사용공구	명칭	스로어웨이 바이트	
	절삭날의 재종	서멧(CT525)	
	형식(메이커)	DNMG150404-MF(샌드빅)	
	공구의 지지 방법	레버 클램프	
절삭조건	절삭 속도(m/min)	150	스테인리스강의 플랜지 가공에 CT525-MF 팁을 사용한 결과, 타사 서멧에 비하여 공구 수명이 2배로 향상되었다.
	회전수(min^{-1})		
	이송속도(mm/rev)	0.1	
	절삭 깊이량(mm)	0.1	
	절삭 유제(명칭)	수용성(에멀션)	
사용 기계(메이커)		NC 선반	(자료 : 샌드빅)

			가공부품의 형상·치수
가공재료	피삭재의 명칭	피스톤	
	재질	SK3	
	경도		
	가공전의 열처리 상태		
사용공구	명칭	스로어웨이 바이트	
	절삭날의 재종	코팅(CT525)	
	형식(메이커)	TNMG160404-QF(샌드빅)	
	공구의 지지 방법	레버 클램프	
절삭조건	절삭 속도(m/min)	180	재질 SK 3의 피스톤을 가공하는 예이다. 칩처리성을 향상시킨 이 팁은 종래의 서멧 타입에 비하여 칩이 홀더에 감기지 않을 뿐만 아니라 다듬질면 거칠기도 양호하고 가공 능률도 대폭적으로 향상시켰다.
	회전수(min^{-1})		
	이송속도(mm/rev)	0.25	
	절삭 깊이량(mm)	0.3	
	절삭 유제(명칭)	수용성(에멀션)	
사용 기계(메이커)		NC 선반	(자료 : 샌드빅)

가공재료	피삭재의 명칭	프론트 선 기어
	재질	SCr420H(단조 표면)
	경도	
	가공전의 열처리 상태	
사용공구	명칭	스로어웨이 바이트
	절삭날의 재종	코팅 (GC215)
	형식(메이커)	TNMG160408-MF(샌드빅)
	공구의 지지 방법	레버 클램프
절삭조건	절삭 속도(m/min)	150
	회전수(min^{-1})	
	이송속도(mm/rev)	0.25
	절삭 깊이량(mm)	1.5
	절삭 유제(명칭)	수용성(에멀션)
사용 기계(메이커)		NC 선반

가공부품의 형상·치수

재질 SCr420 H의 프론트 선 기어의 내경 다듬질 절삭 예이다. GC215-MF 팁은 타사제의 서멧에 비하여 2배의 공구 수명을 나타냈다.

(자료 : 샌드빅)

가공재료	피삭재의 명칭	풀리
	재질	S12C
	경도	
	가공전의 열처리 상태	
사용공구	명칭	스로어웨이 바이트
	절삭날의 재종	서멧(CT525)
	형식(메이커)	TNMG160404-QF(샌드빅)
	공구의 지지 방법	레버 클램프
절삭조건	절삭 속도(m/min)	280
	회전수(min^{-1})	
	이송속도(mm/rev)	0.08
	절삭 깊이량(mm)	0.1
	절삭 유제(명칭)	건식 절삭
사용 기계(메이커)		NC 선반

가공부품의 형상·치수

재질 S12C의 풀리에 대한 가공 예이다. CT525-QF 팁을 사용하는 것으로 타사제 연마 타입 팁에 비하여 공구 수명이 1/4배 향상되었다. 또 채터링의 발생이 없어 다듬질면도 양호하다.

(자료 : 샌드빅)

가공재료	피삭재의 명칭	아우터 레이스
	재질	SCM415
	경도	HB200
	가공전의 열처리 상태	
사용공구	명칭	스로어웨이 바이트
	절삭날의 재종	서멧(CT515)
	형식(메이커)	TNMG160404-QF(샌드빅)
	공구의 지지 방법	버 클램프
절삭조건	절삭 속도(m/min)	230
	회전수(min^{-1})	
	이송속도(mm/rev)	0.17
	절삭 깊이량(mm)	0.2
	절삭 유제(명칭)	수용성(에멀션)
사용 기계(메이커)		NC 선반

가공부품의 형상·치수

CT515-QF 팁은 칩처리에 뛰어나고 공구 수명도 연마 타입 서멧에 비해 1.4배이다.

(자료 : 샌드빅)

구분	항목	내용
가공재료	피삭재의 명칭	기어
	재질	SCM415
	경도	HB200
	가공전의 열처리 상태	
사용공구	명칭	스로어웨이 바이트
	절삭날의 재종	서멧 (CT525)
	형식(메이커)	TPMR110304-53(샌드빅)
	공구의 지지 방법	클램프 온
절삭조건	절삭 속도(m/min)	180
	회전수(min^{-1})	
	이송속도(mm/rev)	0.15
	절삭 깊이량(mm)	0.2
	절삭 유제(명칭)	수용성(에멀션)
사용 기계(메이커)		NC 선반

가공부품의 형상·치수

기어축 구멍의 내경 선삭 가공 예이다. 칩처리가 개선되고 공구 수명도 1.5배로 향상되었다. 종래품에 비하여 여유면 마모가 적고 치핑도 발생하지 않는다.

(자료 : 샌드빅)

구분	항목	내용
가공재료	피삭재의 명칭	허브
	재질	FCD45
	경도	
	가공전의 열처리 상태	
사용공구	명칭	스로어웨이 바이트
	절삭날의 재종	서멧(CT525)
	형식(메이커)	CNMG120408-MF(샌드빅)
	공구의 지지 방법	레버 클램프
절삭조건	절삭 속도(m/min)	220
	회전수(min^{-1})	
	이송속도(mm/rev)	0.1
	절삭 깊이량(mm)	0.25
	절삭 유제(명칭)	수용성(에멀션)
사용 기계(메이커)		NC 선반

가공부품의 형상·치수

FCD45의 다듬질 절삭에서 종래의 서멧 타입에 비하여 구성날끝의 발생이 적고 공구 수명도 1.3배로 향상되었다. 다듬질면도 양호하고 안정된 절삭 성능을 유지할 수 있는 것이 특징이다.

(자료 : 샌드빅)

구분	항목	내용
가공재료	피삭재의 명칭	멀티 플랜지
	재질	SUS440C
	경도	
	가공전의 열처리 상태	
사용공구	명칭	스로어웨이 바이트
	절삭날의 재종	코팅(CT525)
	형식(메이커)	DNMG150404-MF(샌드빅)
	공구의 지지 방법	레버 클램프
절삭조건	절삭 속도(m/min)	150
	회전수(min^{-1})	
	이송속도(mm/rev)	0.07
	절삭 깊이량(mm)	0.1
	절삭 유제(명칭)	수용성(에멀션)
사용 기계(메이커)		NC 선반

가공부품의 형상·치수

스테인리스강의 멀티 플랜지 가공 예이다. CT525-MF 팁은 타사제 연마 타입의 브레이커 팁에 비해 공구 수명이 2.3배로 향상되었다.

(자료 : 샌드빅)

구분	항목	내용
가공재료	피삭재의 명칭	플랜지
	재질	SUS304
	경도	HB250
	가공전의 열처리 상태	
사용공구	명칭	스로어웨이 바이트
	절삭날의 재종	서멧 (CT515)
	형식(메이커)	TNMG160412-QF(샌드빅)
	공구의 지지 방법	레버 클램프
절삭조건	절삭 속도(m/min)	300
	회전수(min^{-1})	
	이송속도(mm/rev)	0.3
	절삭 깊이량(mm)	0.5
	절삭 유제(명칭)	건식절삭
사용 기계(메이커)		NC 선반

가공부품의 형상·치수

스테인리스강의 플랜지 다듬질 가공 예이다. 공구 수명은 타사제의 서멧에 비해 2배로 대폭적인 향상을 보여주고 있다.

(자료 : 샌드빅)

구분	항목	내용
가공재료	피삭재의 명칭	캡
	재질	S35C
	경도	HB220
	가공전의 열처리 상태	
사용공구	명칭	스로어웨이 바이트
	절삭날의 재종	서멧(CT525)
	형식(메이커)	TNMG160404-MF(샌드빅)
	공구의 지지 방법	레버 클램프
절삭조건	절삭 속도(m/min)	140~260
	회전수(min^{-1})	
	이송속도(mm/rev)	0.08
	절삭 깊이량(mm)	0.3
	절삭 유제(명칭)	수용성(에멀션)
사용 기계(메이커)		NC 선반

가공부품의 형상·치수

S35C 캡의 선삭 가공 예이다. 공구 수명은 1.5배로 늘어나고 다듬질면 거칠기도 향상되었다.

(자료 : 샌드빅)

구분	항목	내용
가공재료	피삭재의 명칭	자동차 부품
	재질	SCM415
	경도	HB180
	가공전의 열처리 상태	풀림
사용공구	명칭	스로어웨이 바이트
	절삭날의 재종	코팅(GC225)
	형식(메이커)	N151.2-300-25-4G(샌드빅)
	공구의 지지 방법	RF151.22-2525-25
절삭조건	절삭 속도(m/min)	150
	회전수(min^{-1})	
	이송속도(mm/rev)	0.2
	절삭 깊이량(mm)	홈폭 3×홈깊이 1.5
	절삭 유제(명칭)	수용성(에멀션)
사용 기계(메이커)		NC 선반

가공부품의 형상·치수

종래에는 2코너 사용의 홈입 팁을 사용하고 있었으나 「Q 커트」로 바꾼 결과, 반복 정밀도가 향상되고 NC에 의한 치수 보정이 불필요하게 되었다. 또 팁의 강성이 높아지고 공구 수명도 늘었다. 또한, 종래의 팁에 비하여 경제성의 면에서 유리하다.

(자료 : 샌드빅)

구분	항목	내용
가공재료	피삭재의 명칭	크랭크 샤프트
	재질	FCD70(거친 가공 후)
	경도	HB250
	가공전의 열처리 상태	
사용공구	명칭	스로어웨이 바이트
	절삭날의 재종	세라믹스(HC6)
	형식(메이커)	(자료 : 日本 특수 도업)
	공구의 지지 방법	클램프 온
절삭조건	절삭 속도(m/min)	300
	회전수(min^{-1})	
	이송속도(mm/rev)	0.070
	절삭 깊이량(mm)	0.25
	절삭 유제(명칭)	불수용성(박토라 No. 2)
사용기계	명칭	트랜스퍼 머신
	형식(메이커)	豊田 공기
	기계 출력(kW)	
	NC 장치(축의 수)	

가공부품의 형상·치수

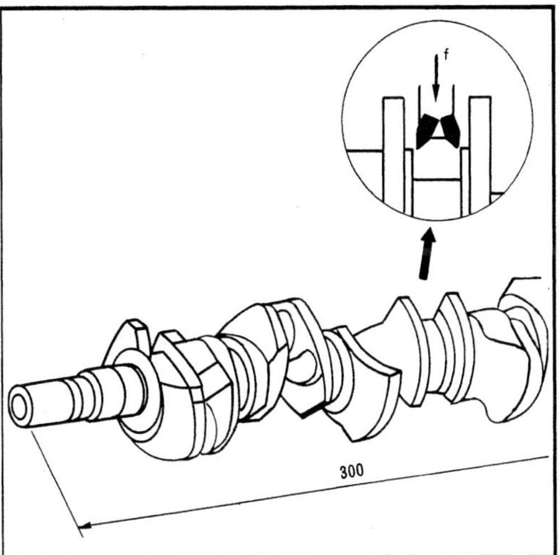

요구정밀도			
진원도	0.005mm	평면도	
진직도	0.005mm	직각도	
원통도			
평행도	0.03mm	다듬질면 거칠기	12.5z

가공의 목적은 세라믹 공구에 의한 사이클 타임의 삭감과 공구 수명의 연장이다. 종래에는 절삭 속도 150mm/min, 이송 0.07mm/min, 절삭 깊이 0.25mm의 습식 절삭으로, 사용 공구는 서멧, 수명은 60개/날이었고 표면 거칠기도 좋지 않았다. 사이클 타임을 짧게 하기 위해 절삭 속도를 150에서 300m/min으로 올리려면 종래 공구로는 마모의 진행이 빨라 사용할 수 없으므로 덕타일 주철의 다듬질 가공에 최적인 세라믹 재종(HC6)을 사용했다. 그 결과, 사이클 타임은 1/2로, 수명은 약 2배(100개/날)로 늘었다.

(자료 : 日本 특수 도업)

구분	항목	내용
가공재료	피삭재의 명칭	차동기어 케이스
	재질	FCD45(거친 가공 후)
	경도	HB180
	가공전의 열처리 상태	
사용공구	명칭	스로어웨이 바이트
	절삭날의 재종	서멧(T 15), 세라믹스(HC6)
	형식(메이커)	DNMA433, TNMA432(日本 특수도업)
	공구의 지지 방법	레버 로크, 클램프 온
절삭조건	절삭 속도(m/min)	①가공 133(T15), DNMA433
		②가공 133~165(T15), TNMA432
		③가공 399(T15), DNMA433
		④가공 399~572(HC6), TNMA432
		⑤가공 133~165(T15), TNMA432
		⑥가공 133(T15), DNMA433
	이송속도(mm/rev)	0.25
	절삭 깊이량(mm)	0.5
	절삭 유제(명칭)	불수용성(박토라 No. 2)
사용 기계		단능기

가공부품의 형상·치수

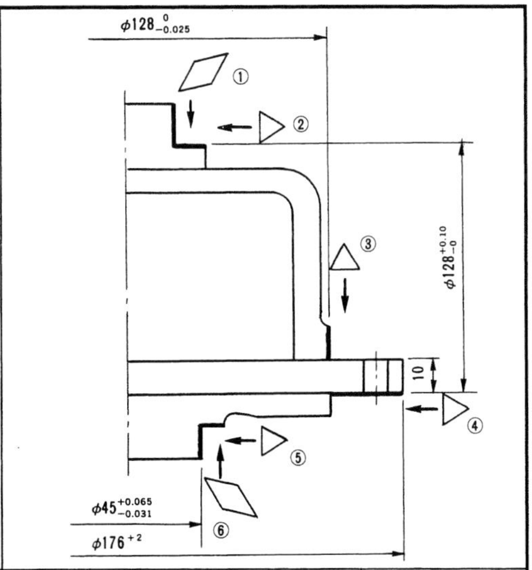

요구정밀도			
진원도		평면도	
진직도		직각도	
원통도			
평행도		다듬질면 거칠기	R_a=4.0μm이하

종래에는 A사의 코팅 초경팁을 사용하고 있었으나 서멧 및 세라믹스 팁으로 바꾼 결과, 1.5~4배의 수명 연장을 실현했다.

(자료 : 日本 특수 도업)

			가공부품의 형상·치수
가공재료	피삭재의 명칭	커버 플레이트	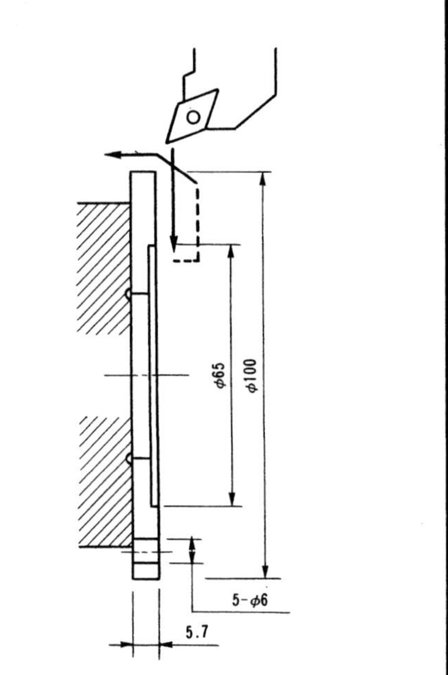
	재질	S10C	
	경도		
	가공전의 열처리 상태	풀림	
사용공구	명칭	스로어웨이 바이트	
	절삭날의 재종	알루미나 코팅 초경(KC950)	
	형식(메이커)	CNMG432P(神戶 게나메탈)	
	공구의 지지 방법	□25 외경용 홀더	
절삭조건	절삭 속도(m/min)	376	
	회전수(min^{-1})	1200	
	이송속도(mm/rev)	0.35	
	절삭 깊이량(mm)	0.2~0.3	
	절삭 유제(명칭)	수용성	
사용기계	명칭	NC 선반	
	형식(메이커)	LB10(오꾸마)	
	기계 출력(kW)	7.5	
	NC 장치(축의 수)	OSP(2)	

종래의 절삭조건은 절삭속도 188m/min, 이송 0.35 mm/rev로 가공하고 1일의 생산량은 약 400개이었다. 그래서 500개/일을 목표로 가공 능률을 향상시키고 가공 코스트의 절감을 도모하기로 했다. 이를 위하여 고속 절삭용 코팅팁(P15 상당)을 사용, 이 공정의 절삭 속도를 배로 증가하고 가공 시간의 단축을 지향했다. 사용한 고속 절삭용 팁 KC950은 종래의 2배의 절삭 속도(375m/min)로 가공할 수 있고 이 공정의 가공 시간을 1/2로 단축시킴과 동시에, 종래의 공구 수명 200개를 500개/날까지 연장시켰다.

이 개선에 의한 효과는 1일 7000엔(円)강으로 평가되었다.

(자료 : 神戶 게나메탈)

		바이트(거친 가공)	바이트(다듬질)	가공부품의 형상·치수
가공재료	피삭재의 명칭	플라스틱 렌즈		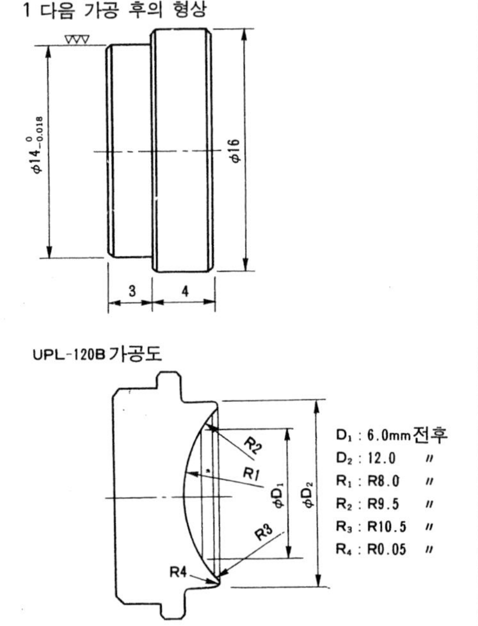
	재질	PMMA(폴리메틸 메타 클리레이트)		
	경도			
	가공전의 열처리 상태			
사용공구	명칭	바이트(거친 가공)	바이트(다듬질)	
	절삭날의 재종	소결 다이아몬드	단석(單石)다이아몬드	
	날끝 형상	R0.2	R0.5	
	공구의 지지 방법			
절삭조건	절삭 속도(m/min)			
	회전수(min^{-1})	6000	6000	
	이송속도(mm/rev)	0.0333 (200mm/min)	0.0167 (100mm/min)	
	절삭 깊이량(mm)	0.5	0.1	
	절삭 유제(명칭)			
사용기계	명칭	초정밀 CNC 선반		
	형식(메이커)	UPL-120B(理硏 제강)		
	기계 출력(kW)	0.1		
	NC 장치(축의 수)	FANUC 15T(3)		

소(小)직경 플라스틱 렌즈의 양산 가공기로서 개발된 CNC 선반(UPL-120B)을 사용하여 콘택트 렌즈의 베이스 커브를 가공한 것. 1차 가공한 소재에서 렌즈의 베이스 커브를 다듬질했다.

가공물의 재질은 PMMA(폴리메틸 메타 클리레이트)이며, 가공은 R_1, R_2의 베이스 커브와 R_4의 에지 R을 1회 처킹으로 한다. 가공 프로그램은 커스텀 매크로에 의하여 구성되는데 여기에서는 수종류를 필요 개수, 무인 운전으로 생산 가능하다. 가공 시간은 80초, 가공 정밀도는 0.2μm 이내, 표면 거칠기는 0.03~0.05μmR_{max}를 얻을 수 있다.

(자료 : 理硏 제강)

구분	항목	내용
가공재료	피삭재의 명칭	기계 부품
	재질	SCM
	경도	
	가공전의 열처리 상태	담금질
사용공구	명칭	스로어웨이 바이트
	절삭날의 재종	CBN
	형식(메이커)	
	공구의 지지 방법	
절삭조건	절삭 속도(m/min)	100
	회전수(min^{-1})	
	이송속도(mm/rev)	0.1
	절삭 깊이량(mm)	0.05
	절삭 유제(명칭)	건식 절삭
사용기계	명칭	CNC 선반
	형식(메이커)	MALC-8A(三菱 중공업)
	기계 출력(kW)	AC7.5/11
	NC 장치(축의 수)	MELDAS(2)

가공부품의 형상·치수

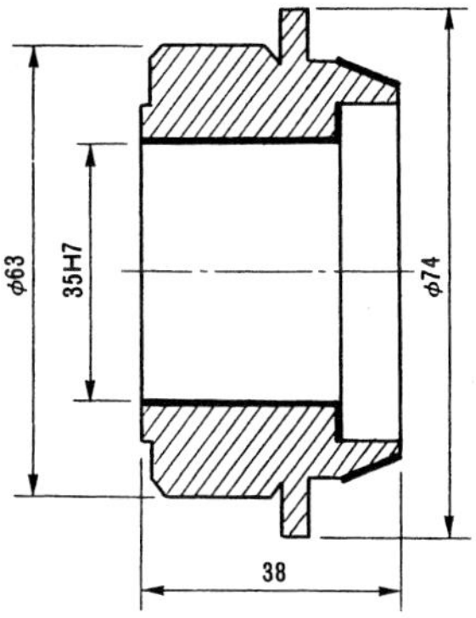

요구정밀도			
진원도	1.7μm(내경)	평면도	
진직도		직각도	
원통도		다듬질면 거칠기	2.2μm(외경)
평행도			1.5μm(내경)

담금질강의 시험 가공 예이다. 다듬질면은 3.2S로 연삭 리스 가공이 가능하다. 또, 본기는 6/10000의 슬로테이퍼 가공이나 1급 나사 절삭 기능도 갖추고 있다. 급속 이송 속도는 12→15m/min, 터릿 분할 1.2→0.6S로 고속화 하고 있다.

(자료 : 三菱 중공업)

구분	항목	거친 가공	다듬질
가공재료	피삭재의 명칭	쇼트 피니언	
	재질	SCM	
	경도		
	가공전의 열처리 상태		
사용공구	명칭	스로어웨이 바이트 (거친 가공)	스로어웨이 바이트 (다듬질)
	절삭날의 재종	코팅 초경	서멧
	형식(메이커)		
	공구의 지지 방법		
절삭조건	절삭 속도(m/min)	180	200
	회전수(min^{-1})		
	이송속도(mm/rev)	0.3	0.15
	절삭 깊이량(mm)	1.5	0.15
	절삭 유제(명칭)	건식 절삭	
사용기계	명칭	수직형CNC선반	
	형식(메이커)	M-L6A-V(三菱중공업)	
	기계 출력(kW)	AC7.5	
	NC 장치(베어링)	MELDAS(2)	

가공부품의 형상·치수

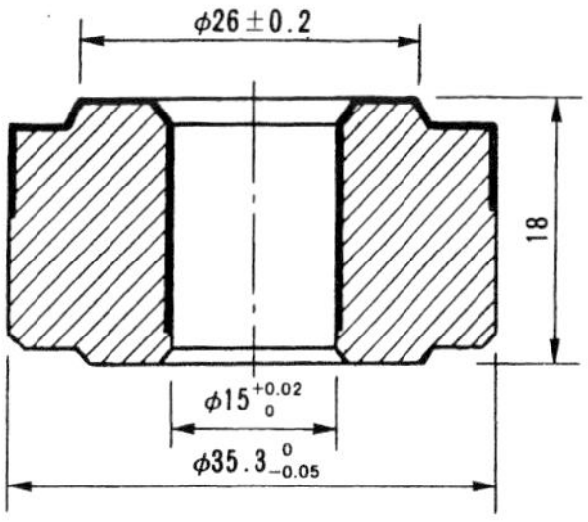

요구정밀도			
진원도		평면도	
진직도		직각도	
원통도			
평행도		다듬질면 거칠기	

기어 블랭크의 시범 가공 예이다. 재질은 SCM, φ30mm로 편차는 21μm(H7급)의 정밀도이다. 기계의 급속 이송은 20m/min, 가공물 교환 시간은 3S로 양산 가공에 대응한 고속성을 갖는다.

(자료 : 三菱 중공업)

가공재료			사용기계		
	피삭재의 명칭	플랜지		명 칭	대향 주축 터닝 센터
	재질	S45C-D(봉재)		형식(메이커)	LT15-M(오꾸마)
	경도	HB170		기계 출력(kW)	VAC15/11×2주축
	가공전의 열처리 상태			NC장치(축의 수)	OSP5020L(7)

가공부품의 형상·치수

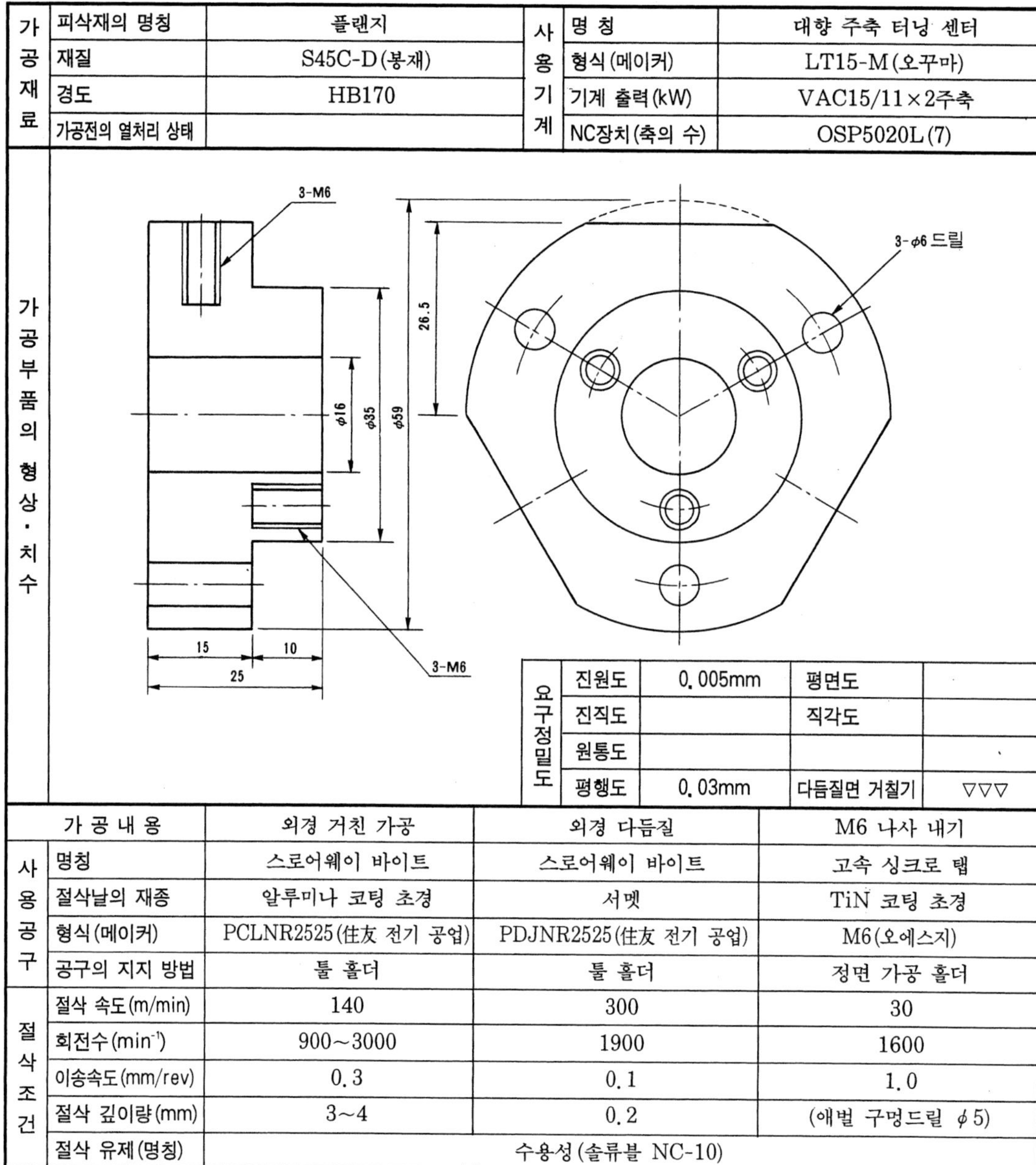

요구정밀도			
진원도	0.005mm	평면도	
진직도		직각도	
원통도			
평행도	0.03mm	다듬질면 거칠기	▽▽▽

	가 공 내 용	외경 거친 가공	외경 다듬질	M6 나사 내기
사용공구	명칭	스로어웨이 바이트	스로어웨이 바이트	고속 싱크로 탭
	절삭날의 재종	알루미나 코팅 초경	서멧	TiN 코팅 초경
	형식(메이커)	PCLNR2525(住友 전기 공업)	PDJNR2525(住友 전기 공업)	M6(오에스지)
	공구의 지지 방법	툴 홀더	툴 홀더	정면 가공 홀더
절삭조건	절삭 속도(m/min)	140	300	30
	회전수(min^{-1})	900~3000	1900	1600
	이송속도(mm/rev)	0.3	0.1	1.0
	절삭 깊이량(mm)	3~4	0.2	(애벌 구멍드릴 φ5)
	절삭 유제(명칭)	수용성(솔류블 NC-10)		

중소 로트 부품에 대한 가공의 합리화와 사이클 타임의 삭감을 노린 것이다. 종래 1, 2공정의 사이클 타임에 언밸런스가 있었으나 좌우의 주축에 대하여 자유로이 가공 밸런스를 잡을 수 있는 대향 주축 터닝 센터를 사용함으로써 사이클 타임을 최소한으로 억제할 수 있게 되었다.

또 복합 가공으로서 탭가공을 하고 있으나 이것은 종래의 플로팅 태퍼를 사용하지 않고 새로운 탭 기술인 동기 탭 기능을 채택했다. 이것으로 가공 시간이 종래의 1/3이하로 단축되고 동기 제어에 의하여 산(山)형상의 정밀도가 향상되었다. 또 고가의 태퍼 유닛이 불필요하게 되었다.

(자료 : 오꾸마)

구분	항목	내용	
가공재료	피삭재의 명칭	터릿	
	재질	SCM415	
	경도	HB250(침탄 담금질 전)	
	가공전의 열처리 상태	불림	
사용공구	명칭	스로어웨이 바이트 (거친 가공)	5″ 정면 밀링커터
	절삭날의 재종	T알루미나 코팅	서멧
	형식(메이커)	PCLNR3232 (東芝 텅갈로이)	TGD5405R (東芝 텅갈로이)
	공구의 지지 방법	툴 홀더	정면 밀링 아버 (BT50)
절삭조건	절삭 속도(m/min)	120	150
	회전수(min^{-1})	125~250	400
	이송속도(mm/rev)	0.6	0.4
	절삭 깊이량(mm)	8	2.5(절삭폭 110)
	절삭 유제(명칭)	수용성(솔류블 NC-10)	
사용기계	명칭	터닝 센터	
	형식(메이커)	LR45-MATC-Y(오꾸마)	
	기계 출력(kW)	VAC45/37(30분/연속)	
	NC 장치(축의 수)	OSP5020L(7)	

가공부품의 형상·치수

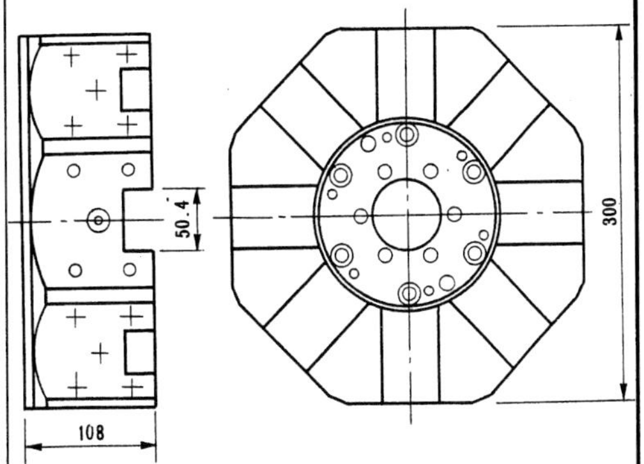

요구정밀도			
진원도		평면도	
진직도	0.02mm/150mm	직각도	
원통도			
평행도	0.04	다듬질면 거칠기	▽, ▽▽

가공의 목적은 대형의 부가 가치가 높은 부품에 대하여 공정을 집약함으로써 가공의 합리화를 도모하는 데 있다. 종래의 선삭과 복합 가공을 분할한 가공 방법에서 강력한 복합·Y축 기능과 ATC(자동 공구 교환 장치)를 갖는 대형 터닝 센터를 사용하여 공정을 집약 가공하는 것으로 가공의 합리화뿐만 아니라 가공 정밀도의 향상과 장시간의 무인 운전을 실현했다.

(자료 : 오꾸마)

구분	항목	내용
가공재료	피삭재의 명칭	샘플 워크
	재질	SCM415
	경도	
	가공전의 열처리 상태	
사용기계	명칭	정밀 CNC 선반
	형식(메이커)	RNL-60(理研 제강)
	기계 출력(kW)	2.2/3.7
	NC 장치(축의 수)	FANUC 0T (2)
정밀도	다듬질면 거칠기	선삭 ▽▽
		연삭 ▽▽▽

가공부품의 형상·치수

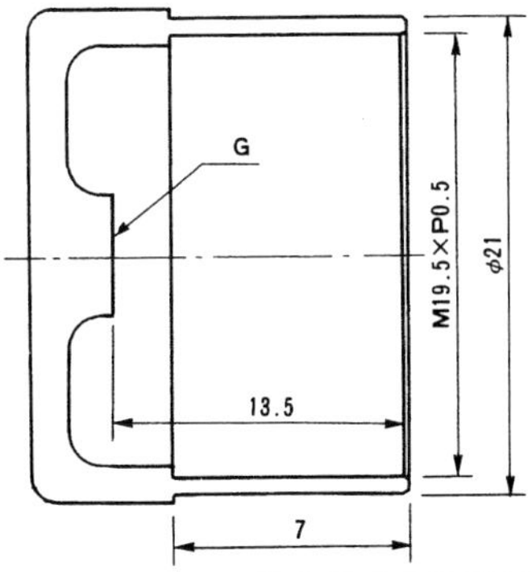

가공 내용		외경·단면 가공	내경 나사 가공	내경 단면 가공	단면 연삭 가공
공구	명칭	스로어웨이 바이트	스로어웨이 바이트	스로어웨이 바이트	전착 숫돌
	절삭날의 재종	서멧 (N308)	서멧 (N308)	서멧 (NX33)	CBN #140
절삭조건	회전수(min^{-1})	2200	1500	3000	500
	이송속도(mm/rev)	0.2	0.5	0.04	0.04
	절삭 깊이량(mm)	0.25	0.1(거친), 0.05(다듬질)	1.0	0.04 0.002/1회
	절삭 유제(명칭)	수용성(존슨 JE260)			

동일 기계에 의하여 거친 가공을 선삭, 다듬질 가공을 연삭으로 하는 예이다. 또 자동 계측에 의한 인프로세스 제어를 가하여 무인 운전에도 대응하고 있다.

CNC 선반을 복합 가공기로 함으로써 가공 오차를 줄이고 가공물의 착탈 시간을 단축시키며 공정 관리의 간소화를 도모하고 있다.

가공 시간은 마포스 자동 계측까지 포함하여 약 60s이다.

(자료 : 理研 제강)

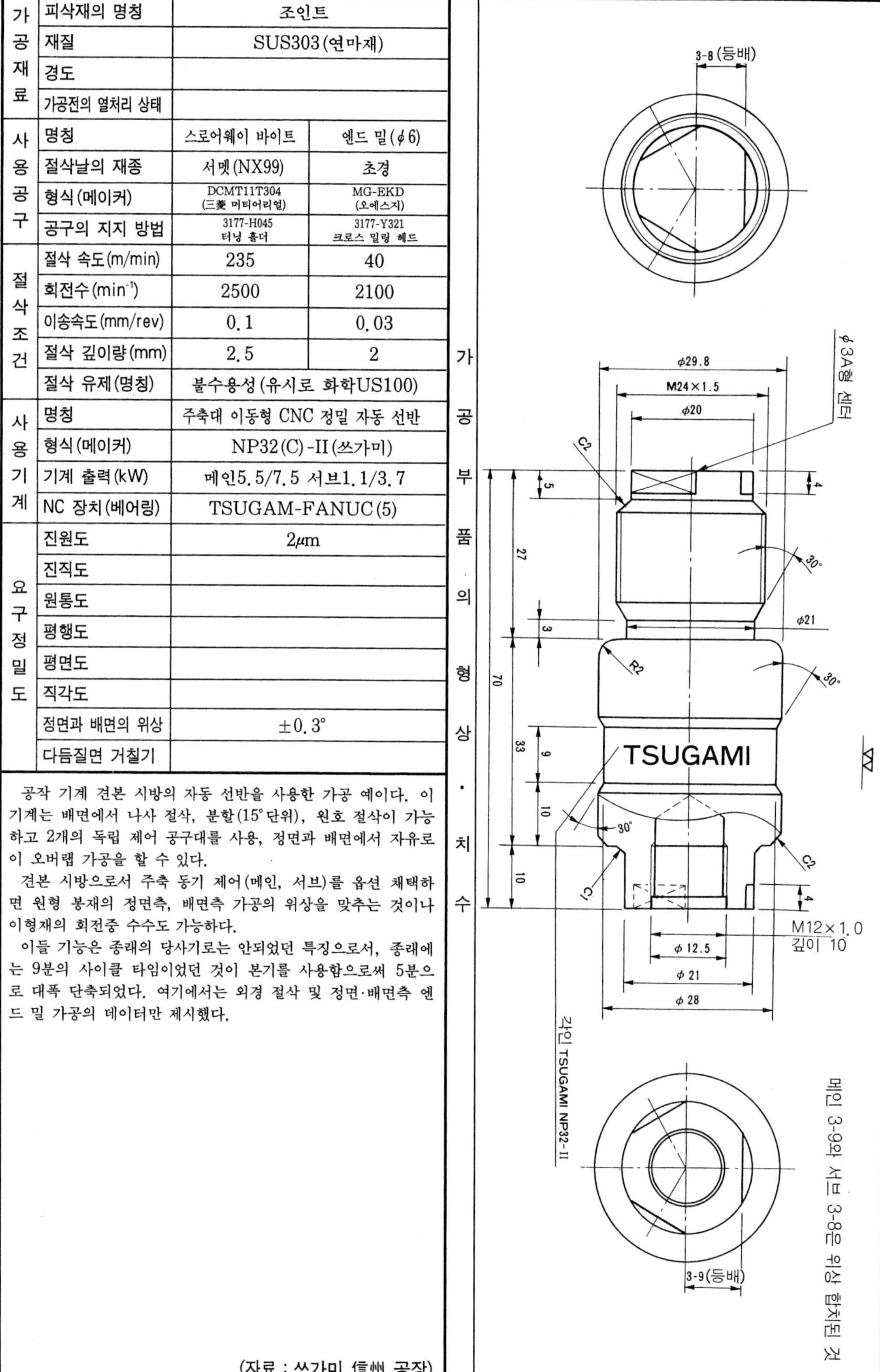

가공재료	피삭재의 명칭	조인트	
	재질	SUS303(연마재)	
	경도		
	가공전의 열처리 상태		
사용공구	명칭	스로어웨이 바이트	엔드 밀(ϕ6)
	절삭날의 재종	서멧(NX99)	초경
	형식(메이커)	DCMT11T304 (三菱 머티어리얼)	MG-EKD (오에스지)
	공구의 지지 방법	3177-H045 터닝 홀더	3177-Y321 크로스 밀링 헤드
절삭조건	절삭 속도(m/min)	235	40
	회전수(min^{-1})	2500	2100
	이송속도(mm/rev)	0.1	0.03
	절삭 깊이량(mm)	2.5	2
	절삭 유제(명칭)	불수용성(유시로 화학US100)	
사용기계	명칭	주축대 이동형 CNC 정밀 자동 선반	
	형식(메이커)	NP32(C)-II(쓰가미)	
	기계 출력(kW)	메인5.5/7.5 서브1.1/3.7	
	NC 장치(베어링)	TSUGAM-FANUC(5)	
요구정밀도	진원도	2㎛	
	진직도		
	원통도		
	평행도		
	평면도		
	직각도		
	정면과 배면의 위상	±0.3°	
	다듬질면 거칠기		

공작 기계 견본 시방의 자동 선반을 사용한 가공 예이다. 이 기계는 배면에서 나사 절삭, 분할(15°단위), 원호 절삭이 가능하고 2개의 독립 제어 공구대를 사용, 정면과 배면에서 자유로이 오버랩 가공을 할 수 있다.

견본 시방으로서 주축 동기 제어(메인, 서브)를 옵션 채택하면 원형 봉재의 정면측, 배면측 가공의 위상을 맞추는 것이나 이형재의 회전중 수수도 가능하다.

이들 기능은 종래의 당사기로는 안되었던 특징으로서, 종래에는 9분의 사이클 타임이었던 것이 본기를 사용함으로써 5분으로 대폭 단축되었다. 여기에서는 외경 절삭 및 정면·배면측 엔드 밀 가공의 데이터만 제시했다.

(자료 : 쓰가미 信州 공장)

가공 부품의 형상·치수

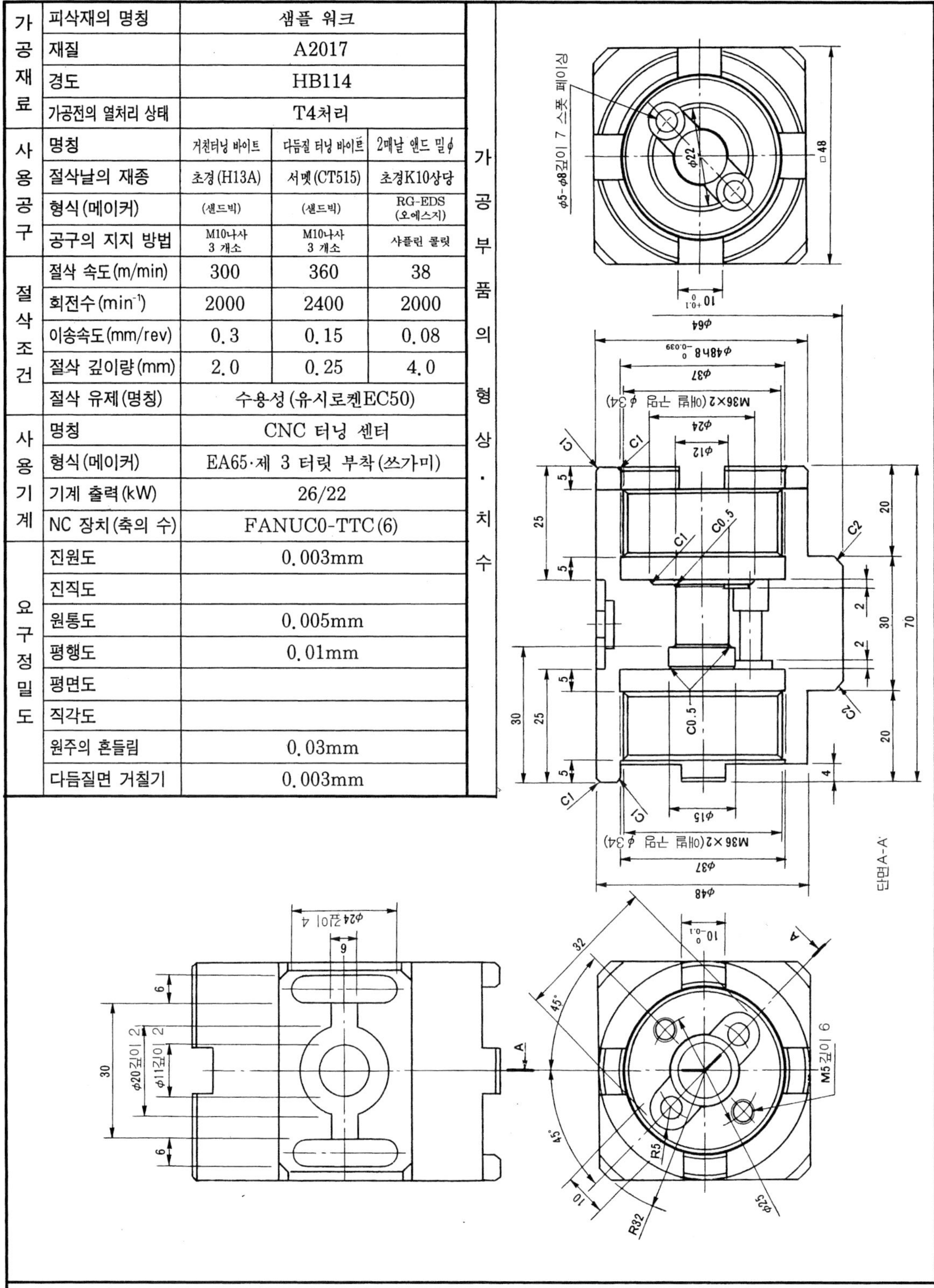

가공재료	피삭재의 명칭	샘플 워크		
	재질	A2017		
	경도	HB114		
	가공전의 열처리 상태	T4처리		
사용공구	명칭	거친터닝 바이트	다듬질 터닝 바이트	2매날 앤드 밀 φ
	절삭날의 재종	초경(H13A)	서멧(CT515)	초경K10상당
	형식(메이커)	(샌드빅)	(샌드빅)	RG-EDS (오에스지)
	공구의 지지 방법	M10나사 3 개소	M10나사 3 개소	샤플린 콜릿
절삭조건	절삭 속도(m/min)	300	360	38
	회전수(min^{-1})	2000	2400	2000
	이송속도(mm/rev)	0.3	0.15	0.08
	절삭 깊이량(mm)	2.0	0.25	4.0
	절삭 유제(명칭)	수용성(유시로켄EC50)		
사용기계	명칭	CNC 터닝 센터		
	형식(메이커)	EA65·제 3 터릿 부착(쓰가미)		
	기계 출력(kW)	26/22		
	NC 장치(축의 수)	FANUC0-TTC(6)		
요구정밀도	진원도	0.003mm		
	진직도			
	원통도	0.005mm		
	평행도	0.01mm		
	평면도			
	직각도			
	원주의 흔들림	0.03mm		
	다듬질면 거칠기	0.003mm		

국제 공작 기계 전시장에서의 터닝 센터에 의한 정면, 배면의 복합 시범 가공 예이다. 정면, 배면측의 복합 가공부의 위상 맞추기와 주축·서브스핀들의 동기 회전(주축 회전수의 기동, 강하를 포함), Z축, Y축면의 원호 밀링 가공 등이 포인트이다.

이들에 의하여 가공 범위가 크게 넓어져 상당히 복잡한 형상의 부품 가공도 가능하게 되었다. 주축 속도의 가감속시에도 주축·서브스핀들의 동기 회전이 가능하게 되어 이형재의 수수도 할 수 있게 되었다.

(자료 : 쓰가미·信州 공장)

가공재료			사용기계		
	피삭재의 명칭	브랜디 컵		명칭	터닝 센터
	재질	SUS304(프랑스·유진사)		형식(메이커)	NR23(日立정기)
	경도	HB300		기계 출력(kW)	12
	가공전의 열처리 상태	담금질 뜨임		NC 장치(축의 수)	YASNAC(4)

가공 부품의 형상·가공 공정

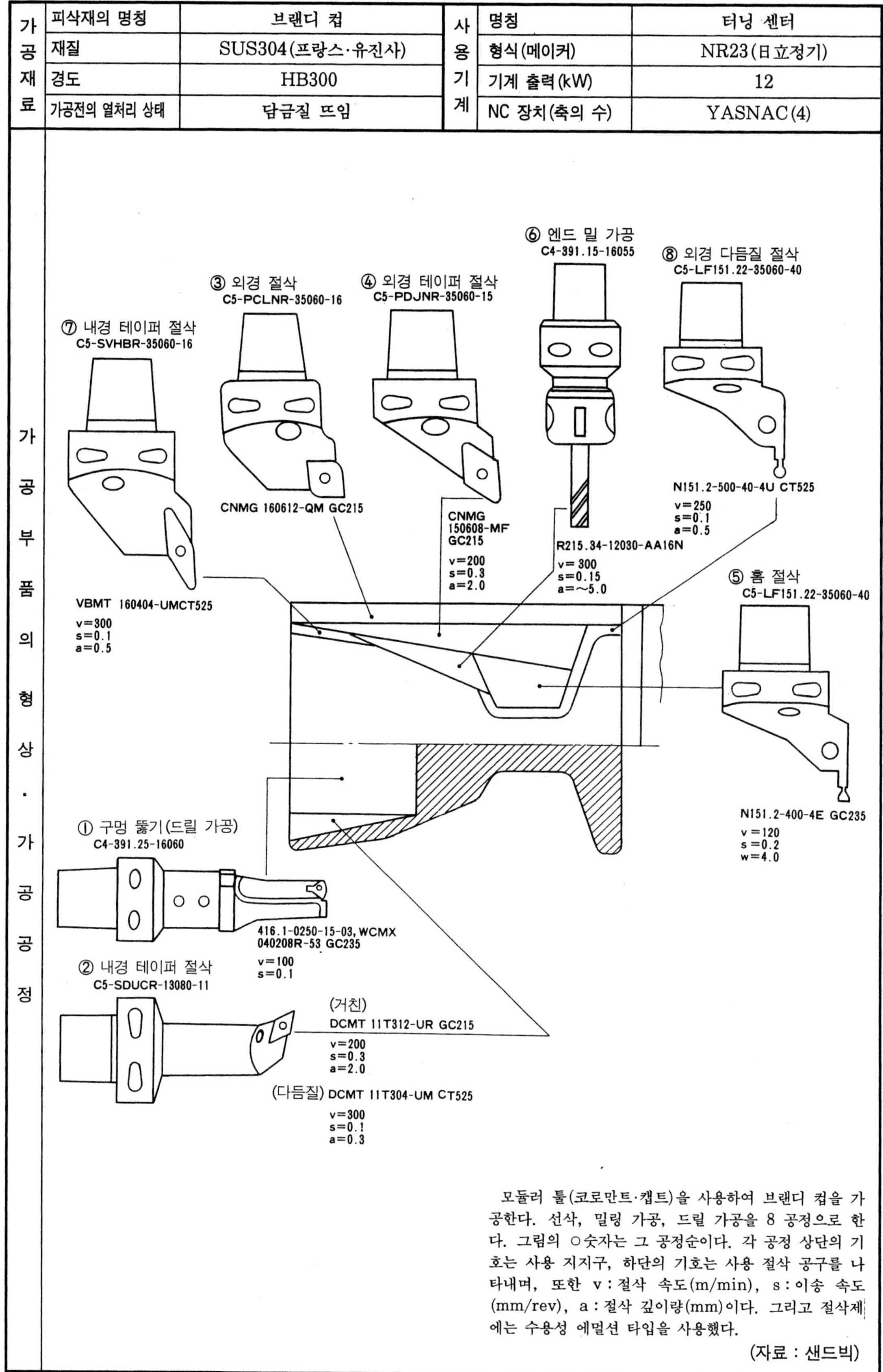

모듈러 툴(코로만트·캡트)을 사용하여 브랜디 컵을 가공한다. 선삭, 밀링 가공, 드릴 가공을 8 공정으로 한다. 그림의 ○숫자는 그 공정순이다. 각 공정 상단의 기호는 사용 지지구, 하단의 기호는 사용 절삭 공구를 나타내며, 또한 v : 절삭 속도(m/min), s : 이송 속도(mm/rev), a : 절삭 깊이량(mm)이다. 그리고 절삭제에는 수용성 에멀션 타입을 사용했다.

(자료 : 샌드빅)

가공재료	피삭재의 명칭	테스트 피스
	재질	FC-T8(A6061상당)
	가공전의 열처리 상태	ϕ39×2.5m(봉재)
사용기기	명칭	대향형 2주축 NC선반
	형식(메이커)	TW-20MM(中村 留 정밀 공업)
	기계출력(kW)	좌5.5/7.5 우3.7/5.5
	NC장치(축의 수)	FANUC 07-C(6)
요구정밀도	진원도	0.01mm
	평행도	0.05mm(공정 ⑥의 2면폭)
	다듬질면 거칠기	12.5 ▽▽

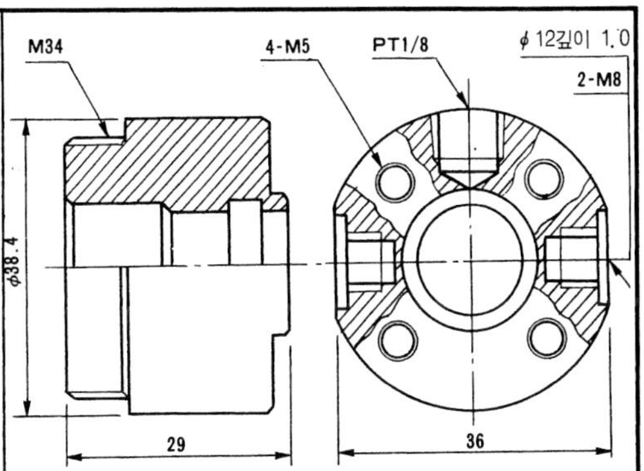

가공 부품 형상·치수

M34 4-M5 PT1/8 ϕ12깊이 1.0 2-M8 ϕ38.4 29 36

좌측 가공 공정 ① 바 스토퍼 ② 외경 다듬질	공구(메이커)	스미다이야 DA 150 (住友 전기 공업)	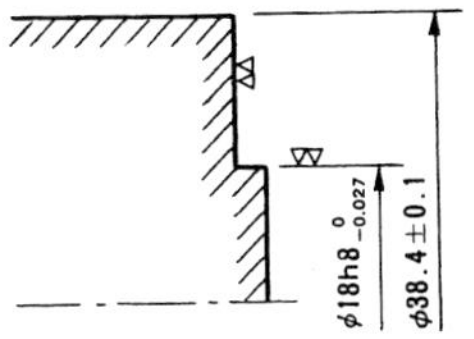
	공구 지지 방법	클램프 온	
	절삭속도(m/min)	360	
	회전수(min^{-1})	3000	
	이송속도(mm/rev)	0.1~0.15	
좌측 가공 공정 ③ 내경 다듬질	공구(메이커)	TPGB110304 스미다이야(住友 전기 공업)	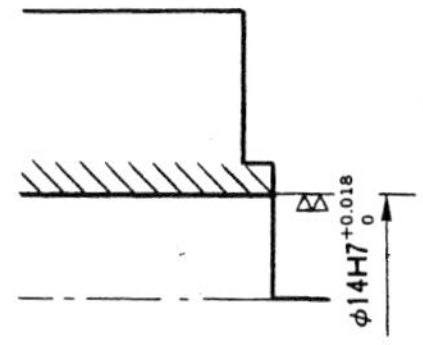
	공구 지지 방법	스크루 온	
	절삭속도(m/min)	180	
	회전수(min^{-1})	3000	
	이송속도(mm/rev)	0.1~0.2	
좌측 가공 공정 ④ 내경 홈가공 ⑤ C축 결합	공구(메이커)	초경 총형 바이트	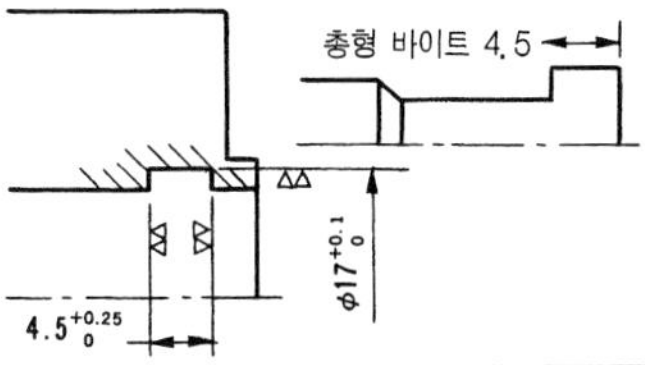
	공구 지지 방법		
	절삭속도(m/min)	180	
	회전수(min^{-1})	3000	
	이송속도(mm/rev)	0.06	
좌측 가공 공정 ⑥ 2면폭 가공	공구(메이커)	4매날 쇼트형 초경 엔드 밀(ϕ10)	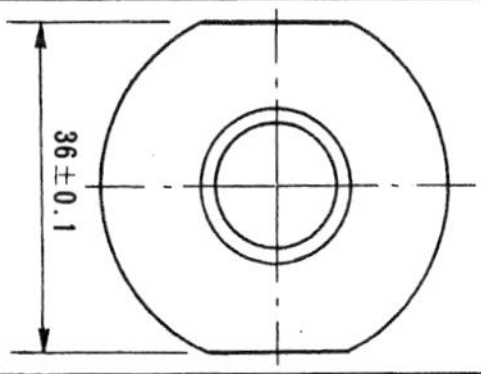
	공구 지지 방법	콜릿 AR20-10(알프스 툴)	
	절삭속도(m/min)	79	
	회전수(min^{-1})	2500	
	이송속도(mm/rev)	600	
좌측 가공 공정 ⑦ M8 애벌 구멍·모떼기 드릴 ⑩ M5 애벌 구멍·모떼기 드릴	공구(메이커)	하이스 총형 드릴(M8)	하이스 총형 드릴(M5)
	공구 지지 방법		
	절삭속도(m/min)	75	57
	회전수(min^{-1})	3600	3600
	이송속도(mm/rev)	720	720
좌측 가공 공정 ⑧ 스폿 페이싱	공구(메이커)	초경 엔드 밀($\phi 12^{+0.03}$ 오에스지)	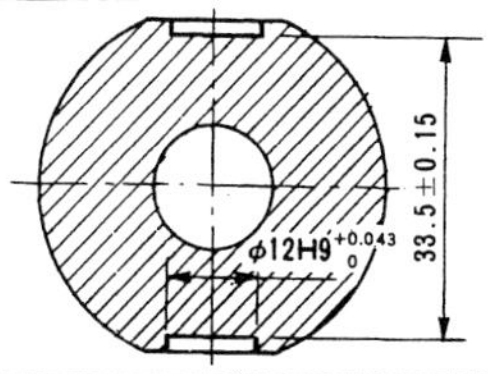
	공구 지지 방법	콜릿 AR20-12(알프스 툴)	
	절삭속도(m/min)	94	
	회전수(min^{-1})	2500	
	이송속도(mm/rev)	250	

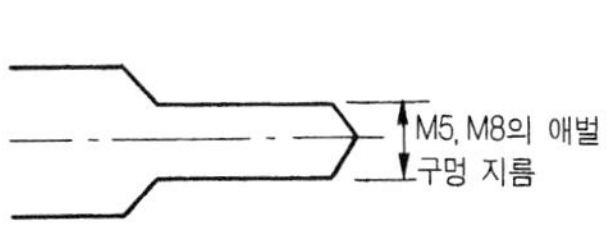

$\phi 18h8^{\,0}_{-0.027}$ $\phi 38.4\pm0.1$

$\phi 14H7^{+0.018}_{\,0}$

총형 바이트 4.5 $\phi 17^{+0.1}_{\,0}$ $4.5^{+0.25}_{\,0}$

36 ± 0.1

M5, M8의 애벌 구멍 지름

$\phi 12H9^{+0.043}_{\,0}$ 33.5 ± 0.15

대향 2 주축 NC 선반을 사용한 복합 가공 예이다. 알루미늄의 봉재에서 선삭과 밀링 가공(엔드 밀 가공, 구멍 뚫기 가공, 태핑)으로 전가공을 종료한다.

최대의 포인트는 정밀도를 확보하되 사이클 타임의 단축으로서 좌우(L, R) 양쪽에 공정을 배당하여 가공 시간을 균일화한 것이다.

L측 가공 종료 후(절단 전)에 L, R 및 회전축(C축)을 결합, 위치 맞추기를 하고 L, R 모두 가공물을 처킹한 다음, 주축을 회전시켜 절단 가공을 한다. 이 결과, 가공 공정의 사이클 타임이 2 분 26초로 단축되었다.

본 가공에 필요한 주축 동기 시스템은 자사 개발의 옵션이다.

공정	항목	내용	비고
좌측 가공 공정 ⑨ M8 탭가공	공구(메이커)	AL-HTM8 SKH재 탭(오에스지)	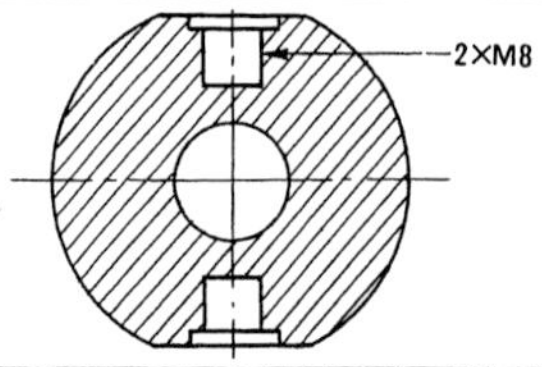 2×M8
	공구 지지 방법		
	절삭속도(m/min)	10	
	회전수(min^{-1})	400	
	이송속도(mm/rev)	400	
좌측 가공 공정 ⑪ M5 탭가공)	공구(메이커)	AL-HTM5 SKH재 탭(오에스지)	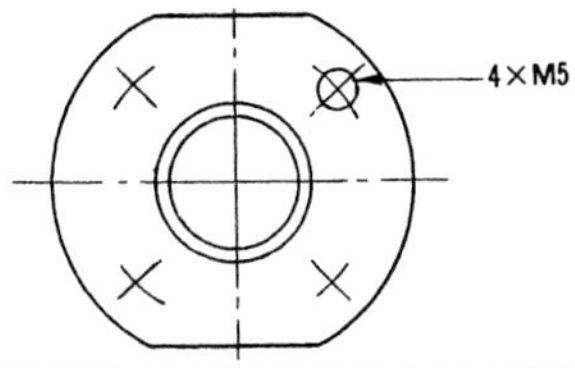 4×M5
	공구 지지 방법		
	절삭속도(m/min)	6	
	회전수(min^{-1})	410	
	이송속도(mm/rev)	328	
좌측 가공 공정 ⑫ 절단	공구(메이커)	TC54 절단 바이트 (京세라)	
	공구 지지 방법	셀프 그립	
	절삭속도(m/min)	230	
	회전수(min^{-1})	2000	
	이송속도(mm/rev)	0.15	
우측 가공 공정 ① 공작물 인수 ② 외경 다듬질	공구(메이커)	스미다이야 DA150(住友전기공업)	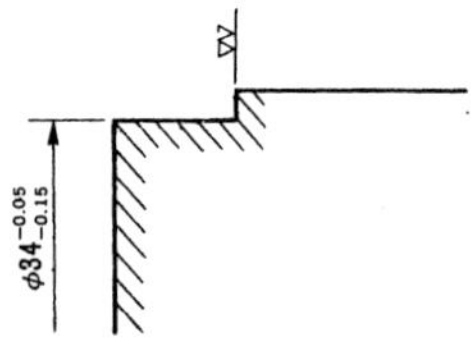 $\phi 34^{-0.05}_{-0.15}$
	공구 지지 방법	클램프 온	
	절삭속도(m/min)	360	
	회전수(min^{-1})	3000	
	이송속도(mm/rev)	0.08~0.15	
우측 가공 공정 ③ 내경 다듬질	공구(메이커)	TPGB110304스미다이야(住友전기공업)	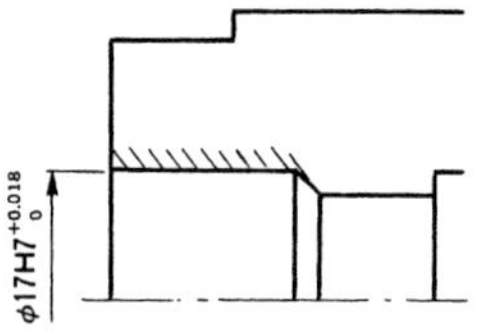 $\phi 17H7^{+0.018}_{0}$
	공구 지지 방법	스크루 온	
	절삭속도(m/min)	125	
	회전수(min^{-1})	2500	
	이송속도(mm/rev)	0.08	
우측 가공 공정 ④ 외경 나사절삭 ⑤ 버 제거 ⑥ 외경 나사 다듬질 ⑦ C축 결합	공구(메이커)	다이아몬드 납땜 바이트	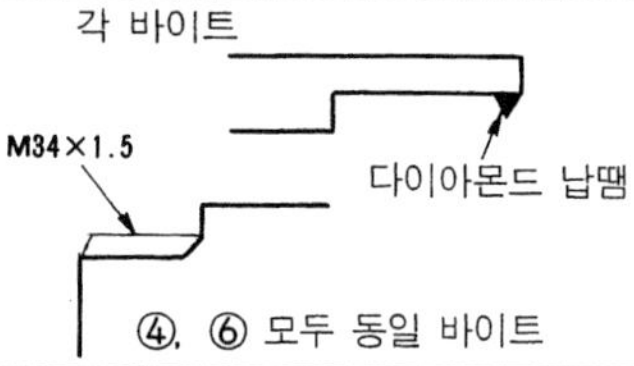 각 바이트 M34×1.5 다이아몬드 납땜 ④, ⑥ 모두 동일 바이트
	공구 지지 방법		
	절삭속도(m/min)	213	
	회전수(min^{-1})	2000	
	이송속도(mm/rev)	1.0	
우측 가공 공정 ⑧ PT 1/8 애벌 구멍 가공	공구(메이커)	하이스 총형 드릴	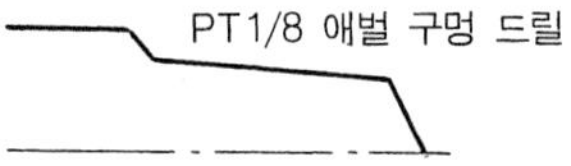 PT1/8 애벌 구멍 드릴
	공구 지지 방법	콜릿	
	절삭속도(m/min)	52	
	회전수(min^{-1})	2000	
	이송속도(mm/rev)	300	
우측 가공 공정 ⑨ PT1/8 탭가공 ⑩ 공작물 배출	공구(메이커)	SKT-S-TPT1/8 SKH재 탭(오에스지)	
	공구 지지 방법	탭 콜릿	
	절삭속도(m/min)	12	
	회전수(min^{-1})	400	
	이송속도(mm/rev)	36.3	

또한, 절삭 유제에는 불수용성의 AW-10(日本 석유)을 사용하고 있다.

(자료 : 中村留정밀공업)

밀링 가공의 동향과 가공 데이터의 활용

최근의 밀링 가공의 특징

최근의 공작 기계의 역할은 지금까지의 기계 부품을 가공하는 단체(單體)로서의 기계에서 종합 생산 시스템에 있어서의 금속 가공기로 그 위상이 달라지고 있다.

오늘날에도 기계 부품을 가공한다는 점에서는 기본적으로는 다름이 없으나 전후의 가공과 시스템의 적합성이 보다 중요하게 된 것이다. 예를 들어, 가공의 빠르기, 가공물의 핸들링, 가동 시간(가동률) 또는 트러블 대책 등의 면에서 체계적으로 대응할 필요가 생긴 것이다.

최근의 공작 기계는 가공 능률의 향상에 대하여 적극적인 개선이 도모되어 왔다. 1950년대는 모방 가공 방식의 공작 기계가 보급되고 1970년대의 후반부터는 NC화된 선반과 밀링 머신 또는 연삭기 등이 대표적인 기계가 되었다.

생산 현장에서는 NC 공작 기계가 적극적으로 도입되어 근래에 현저한 노동력 부족과 제품 정밀도의 향상 및 다품종 소량 생산에의 대응이 도모되었다.

이에 대응하여 절삭 속도도 그림 1과 같이 비약적으로 고속화 되었다. 이 그림은 절삭 속도의 변화 정도를 한 눈으로 알 수 있도록 항공기의 순항 속도의 변천과 대비하여 그려져 있다. 이것을 보면 알 수 있는 것처럼 절삭 속도의 변화는 매우 심하다.

한편, NC 공작 기계를 도입하더라도 생산 활동 그 자체가 시스템화 되어 있지 않은 경우에는 도입에 의한 효과를 정확히 평가할 수 없다는 문제도 대두되고 있다. 즉 NC 공작 기계의 도입에 의한 종합 생산에서의 생산 시간의 단축이나 이것을 실현하는 것으로 얻어지는 생산 코스트의 절감과 같은 평가를 간단히 할 수 없다는 것이다. 특히 중소규모의 기업에서는 그 경향이 현저하다고 생각된다.

또 생산 코스트를 절감해야 한다는 사회적 요구는 메이커에 대하여 더욱 준엄해지고 있다. 그래서 이 니즈(needs)에 부응하기 위한 가공 공정의 자동화가 검토되고 개발되었다. 그 대표적인 예가 FMC (플렉시블 가공 셀)와 FMS (플렉시블 생산 시스템)이다.

이러한 생산 시스템의 변화에 따라서 공작 기계의 기능과 가공 방식도 달라졌다. 밀링 머신도 예외가 아니다. 이전의 밀링 머신은 크게 나누어 전용 밀링, 범용 밀링, 만능 밀링 및 특수 밀링머신으로 분류되었다.

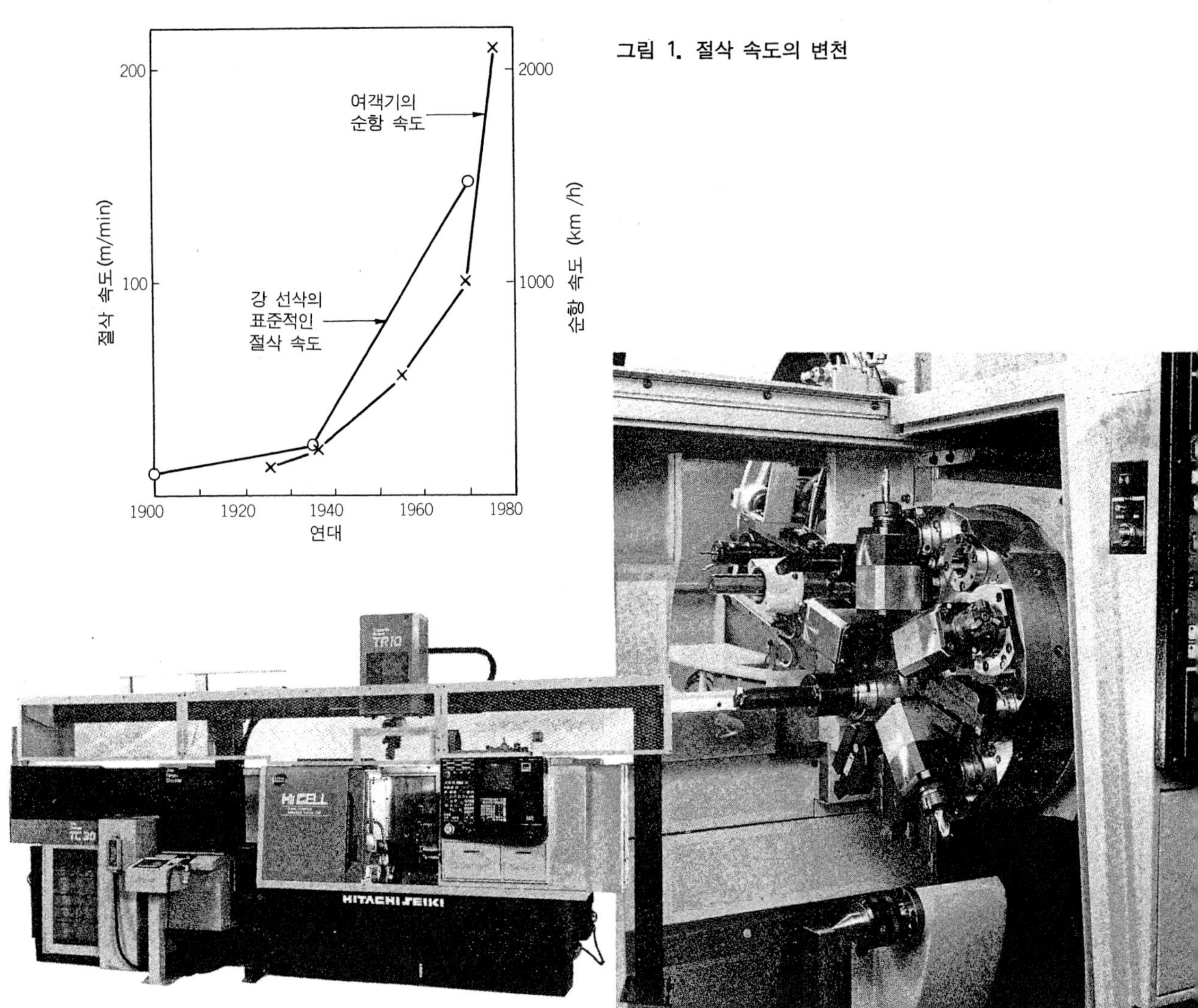

그림 1. 절삭 속도의 변천

사진 1. 선삭 공구와 회전 공구를 장비한 복합 공작 기계의 한 예 (日立 정기, 하이셀)

또 밀링에 의한 가공의 종류는 각 밀링 머신의 기능에 따른 길이 방향 절삭, 스플라인 절삭, 홈 가공(엔드 밀 가공을 포함), 평면 가공, 나사 절삭이 주류였다.

그러나 가공 시스템의 변화에 따라서 공작 기계의 기능도 증대하여 종래 기(機)의 복수대의 기능을 갖는 기계, 즉 사진 1에 제시하는 것과 같은 복합 공작 기계가 등장했다. 예를 들어, 본래의 선삭 기능에다 구멍 뚫기 기능이나 밀링 가공 기능을 갖춘 터닝 센터 등은 그 대표적인 기계라 할 수 있을 것이다.

이러한 관점에서 본다면 MC는 밀링 머신의 변형이라 볼 수 있다. 즉, 종래의 밀링 머신의 기능에다 효율적인 구멍 뚫기 기능과 보링 기능을 장비한 것이라 할 수 있다.

종래의 수직형 밀링 머신과 MC의 가장 큰 차이는, 밀링 머신은 1 개의 공구밖에 장착할 수 없는 데 대하여 MC는 공구 스토커를 장비하는 것으로 수백 개의 공구를 격납할 수 있게 된 것이다. 또 여러 개의 공구에 의한 동시 가공도 가능하게 되었다.

MC는 가공 가능한 종류가 많아, 구멍 뚫기용 드릴이나 정면 밀링, 보링용 보링바, 구멍 다듬질

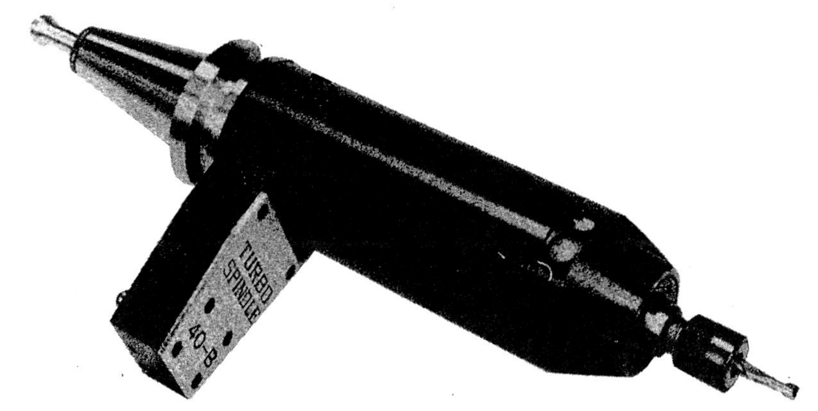

사진 2. MC 용 고속 회전 주축의 예 (OKK · 터보 스핀들)

용 리머, 성형 가공용 엔드 밀 그리고 나사 절삭 탭 등을 탑재할 수 있다.

뿐만 아니라 공구를 식별하고 공구 교환을 효과적으로 할 수 있는 시스템도 개발되어 있다. 또 사진 2와 같은 고속 회전축을 사용하여 소(小)경 구멍 뚫기 가공이나 내경의 연삭 가공도 할 수 있게 되었다.

MC에 사용되는 척이나 공구의 성능 향상에는 특히 괄목할만한 것이 있다. 또 MC를 운전, 제어하기 위한 소프트웨어의 개발도 비약적으로 진보하고 있다.

절삭 가공 데이터를 어떻게 읽는가?

여기에서는 저자가 지금까지 경험해 온 가공 데이터를 읽는 방법에 대하여 소개하기로 한다. 세상에 나와 있는 가공 데이터에는 크게 나누어 다음과 같은 것이 있다.

① 공구 메이커가 제공해 주는 것(철강 메이커 등 소재 메이커가 제공해 주는 것을 포함)

② 현장 데이터로서 공표되어 있는 것(자동차 메이커 등 이른바 유저가 제공해 주는 것)

③ 연구자, 기술자가 공표한 실험 데이터(학회나 협회 등이 발표한 것)

이들 중에서도 생산 현장에서 가장 많이 사용되고 있는 데이터는 ①과 ②일 것이다. 그래서 여기에서는 이 2종류의 데이터에 대하여 읽는 법과 이용상의 포인트에 대하여 해설한다.

(1) 공구 메이커의 데이터를 읽는 법

생산 현장에서 가공 데이터를 가장 필요로 하는 경우는 여러 가지 피삭재에 대한 가공 조건, 즉 절삭 속도, 적합한 공구 재종, 공구의 날끝 형상 등을 설정할 때이다.

생산 현장에서의 가공 조건의 결정은 공구 메이커의 카탈로그를 참고로 대개는 생산 기술 관리자나 작업자가 직접 하는 일이 많을 것이다. 이 때 하는 일의 순서를 가장 일반적인 예를 들어 검토해 보기로 한다.

가령, 예를 들어, 기계 구조용 강(S45C)을 절삭 가공한다고 하자. 이 경우, 부품 형상의 관계로 1회의 절삭에 의하여 다듬질하는 것으로 하고 그 절삭량(절삭 깊이량)을 1mm 전후로 한다.

그리고 가공 조건은 공구 메이커의 카탈로그를 참고로 하여 정하기로 한다. 작업자는 카탈로그에 따라 공구 재종은 초경 (P20), 절삭 속도는 100~220mm/min을 고른다. 이 경우는 건식 절삭으로 한다.

그런데, 일반적으로 공구 메이커의 카탈로그에 제시되어 있는 절삭 속도의 데이터는 100~220과 같이 어떤 범위로 표시되어 있다. 그러나 현장에서는 고정된 값을 설정할 필요가 있다. 곤란해진 작업자는 이전에 메이커의 어떤 사람으로부터 「절삭 속도를 높이면 공구 수명이 짧아진다」는 말을 들은 일이 있음을 생각하고 지시되어 있는 속도 범위의 최저인 100mm/min으로 설정했다.

이 경우, 선정 조건으로 가공된 제품의 표면 성상이나 공구 수명을 제쳐놓고서라도 이 선정 방법에는 석연치 않은 점이 있다. 그것은 무엇인가? 즉,

① 공구 재종의 선정에 있어서 공구 메이커의 카탈로그에 표시되어 있는 기준에만 의존하고 피삭재 및 가공 방법에 대한 공구의 열적(熱的), 기계적 특성을 검토하지 않았다.

② 절삭 속도와 공구 마모 관계의 잘못된 해석, 즉 "기억"만으로 저속측으로 설정했다.

③ 날끝 형상을 검토하지 않았다.

등이다. 만약 절삭 기술을 잘 이해하고 있는 기술자가 공구 재종과 절삭 속도를 선정한다면 다음의 순서를 거칠 것이다.

① 피삭 재질에 맞는 공구의 날끝 형상(각도)을 검토한다.

피삭재에 적합한 공구 재종은 직접적으로는 공구의 마모에 영향을 주나 그 피삭재가 절삭 가능한가의 문제는 공구의 날끝 형상이 문제된다. 따라서 먼저 날끝 형상을 검토하는 일이 중요하다.

② 가공물의 폭과 절삭 깊이량으로 절삭량을 계산한다. 그리고 이 가공에서 공구 마모에 대한 열의 영향과 기계적인 영향의 어느쪽이 더 지배적인가를 추측한다.

만약 열적 영향이 크다는 것이 추측되면 P종을 고르고 기계적 영향이 크다고 추측된다면 강(鋼) 절삭이라도 K종을 고르는 것이 타당할 것이다. 이 경우, 당연히 절삭 속도가 영향을 미치므로 카탈로그에 제시되어 있는 고속측을 검토한다.

③ 절삭 속도는 카탈로그에 제시되어 있는 고속측을 설정한다.

왜냐하면 밀링 가공에서 절삭 속도가 낮으면 공구가 파손될 염려가 있기 때문이다. 단속 절삭 가공중에 공구가 파손되면 가공 표면의 형상을 현저히 나쁘게 할 뿐만 아니라 커터 보디까지도 손상시키는 경우가 있다.

한편, 고속 영역에서의 공구의 손상은 주로 절삭열에 의한 용해이므로 피삭재 등을 심하게 손상시키는 일이 적다.

따라서 어느 절삭 가공에서도 절삭 속도는 카탈로그에 제시되어 있는 상한값으로 일단 시험 절삭을 하고 현실에 맞는 속도를 설정함이 현명하다.

이와 같이 본다면 비교적 간단한 가공 조건의 설정 예에서도 공구 메이커의 카탈로그를 주의 깊게 읽어야(문자를 읽는 것이 아니라 내용의 본질을 파악하는) 효율적이고 안정된 조건을 설정할 수 있다.

이런 이야기가 있다. 어떤 유저가 「공구 메이커의 카탈로그를 참고로 하여 절삭 속도를 설정했더니 공구가 결손되었다. 그래서 이것을 방지하기 위하여 절삭 유제를 뿜었더니 공구의 결손이 더 심해졌다. 공구 메이커의 카탈로그를 어떻게 신용할 수 있는가?」 라고 화가 나서 필자에게 전화를 건 것이다.

여기에서 필자가 무엇이라고 대답했는가는 적을 필요가 없으나 이 해답은 물론, 메이커의 카탈로그에 포함되어 있다는 것은 두말할 나위가 없다.

생산 기술자가 금속 재료나 공구 재종의 기본적 지식과 기술을 충분히 습득하고 공구 메이커의 카탈로그의 가공 데이터를 주의 깊게 읽는다면 높은 수준의 가공 조건을 설정할 수 있을 것으로 생각한다.

특히 공구 날끝의 형상은 자사에서의 가공에 적합한 조건을 개발하고 그 형상을 공구 메이커에게 발주하여 사내의 표준 규격으로 하는 일이 중요하다.

(2) 현장 데이터를 읽는 법

공표되어 있는 현장 데이터에는 각종의 데이터 베이스가 있으나 일본에서 국가적 규모의 데이터 뱅크는 기계 진흥 협회 기술 연구소가 소유하고 있다.

이 데이터 뱅크가 보유하고 있는 가공 데이터는 실제의 생산 현장에서 사용되고 있는 것으로서 이른바 산학관의 협력 체제 아래 수집된 것이다. 이와 같은 현장 데이터를 이용할 경우에는 다음과 같은 점에 유의할 필요가 있다.

① 데이터가 수집된 기계의 종류(전용기, 범용기 또는 자동기)와 그 공작 기계가 가동하고 있는 시스템(라인내인가, 아닌가)의 체크.

② 데이터가 수집된 기계 강성의 체크(실제로 정확한 강성을 안다는 것은 어려운 일이므로 제조 시기나 형식으로 판단한다).

③ 피삭재와 공구계 강성의 체크(실제로는 공구의 사이즈와 가공물의 치수로 판단한다).

④ 데이터가 수집된 시기의 체크(데이터의 유효성을 추측할 수 있다).

이들의 체크가 끝나면 주어진 현장 데이터를 자사용으로 어레인지할 필요가 있다. 이 작업은 음악의 세계에서 말한다면 편곡에 해당한다. 현장 데이터는 편곡자에 의하여 재편집되어 그 기업에서의 표준 가공 조건으로서 이용되는 셈이다.

이 작업에는 풍부한 경험과 전문 지식(기술)이 필요하다. 또한, 데이터를 재편성하기 위해서는 기업내에서의 변수(기계의 능력, 가공 효율, 기계의 가동률, 기술이나 기능의 수준, 설비의 종류와 능력 및 작업량 등)를 알아둘 필요가 있다.

만약, 기업내에 이런 일에 적합한 사람이 없는 경우에는 이 기술자를 육성할 필요가 있다. 그 방법으로서는 외부에서 지도자를 초빙하는 방법도 생각할 수 있으나 이것은 당장을 모면하는 즉효약의 역할에 지나지 않는다.

현장 데이터를 어레인지하는 기술자를 기업내에서 육성하기 위해서는 어레인지된 데이터를 현장에서 평가한 다음, 피드백할 필요가 있다. 왜냐하면 생산 현장에서 평가되지 않은 데이터는 생산 기술의 향상에 이어지지 않기 때문이다. 동시에 이 때의 평가 기준은 공평하고도 사내의 기준에 적합해야 한다.

이 경우, 한번 시험한 데이터는 반드시 평가를 하고 그것을 집적하여 다음의 조건 설정에 참고로 하는 일이 중요하다. 즉, 다음 기회의 산 데이터로서 사용하는 일이 중요하다. 이 방법은 전근대적으로 생각될지 모르나 생산 기술자로서의 힘을 확실하게 기르는 최선의 길이라는 것을 명심해야 한다.

지금까지 보아 온 것처럼 가공 데이터 파일에는 많은 현장 정보를 널리 이용할 수 있도록 데이터가 준비되어 있다. 그러나 이 데이터를 자사에 적합하게 하기 위해서는 데이터를 어레인지할 수 있는 기술자의 능력이 크게 영향을 미친다는 것은 물론이다.

또 유저가 이 국가 규모의 데이터를 효율적으로 이용하기 위해서는 데이터 뱅크 기구내에서의 기술자 양성도 중요하고 필요하다고 생각한다.

가공법별의 공구 사용법

여기에서는 특히 MC를 중심으로 한 밀링 가공에서의 가공 방법과 공구의 사용법을 알아 보기로 한다. 일반적으로 MC의 대표적인 가공법에는 다음과 같은 것이 있다.

- 정면 밀링 커터에 의한 평면 가공
- 엔드 밀에 의한 성형 가공
- 드릴에 의한 구멍 뚫기 가공
- 보링 바에 의한 내경 가공(보링)
- 탭에 의한 내경 나사 절삭 가공

그러나 이들 가공법에 있어서의 공구의 사용법은 그 상황에 따라서 달라진다. 여기에서는 MC로 가장 많이 가공되는 평면 가공과 엔드 밀 가공 및 드릴 가공의 경우에 대하여 해설한다.

(1) 정면 밀링 커터에 의한 평면 가공

이 가공법은 MC 가공에서도 가장 많은 것인데 그만큼 트러블도 많다고 여겨진다. 그 하나가 날끝 각도의 문제이다. 정면 밀링 커터를 사용한 가공에서는 밀링 커터의 형상 특성으로 단속 절삭 가공이 된다.

단속 절삭에서는 공구가 피삭재에 돌입할 때에 공구의 날끝에 큰 충격력이 작용한다. 그래서 「날끝에 결손이 일어나기 쉬우므로 이 결손을 방지하기 위하여 날끝은 둔각으로 하여 사용하고 있다」는 말을 생산 현장에서 아직도 들을 수 있다.

이것은 "잘 들지 않는" 날끝 형상으로 깎기 때문에 공구가 피삭재에 돌입할 때에 날끝에 큰 충격

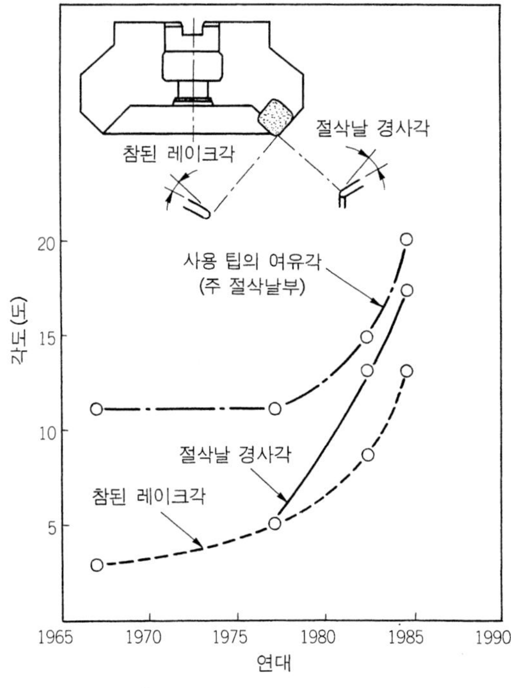

그림 2. 정면 밀링 커터의 날끝 각도의 변천

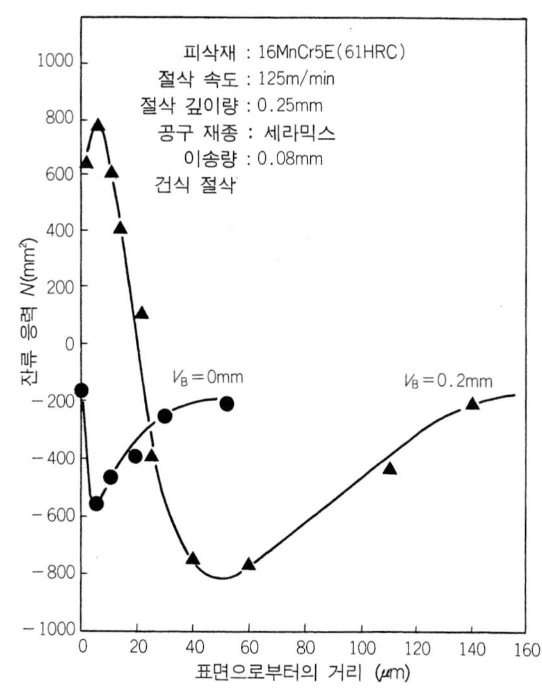

그림 3. CBN 공구로 가공한 경우의 가공물 표면의 잔류 응력

력이 작용하여 날끝이 결손되는 것이다. 밀링 가공에서의 공구 절삭날의 결손은 공구가 피삭재에서 빠질 때에도 발생하는 경우가 있다.

여하튼, 정면 밀링 커터의 레이크각은 하이 레이크화 되고 있다. 그림 2는 정면 밀링 커터의 날끝 각도의 변천을 보여주고 있다. 진정한 레이크각이 1970년경은 4°정도이었던 것이 1985년경에는 13°정도로 커지고 있다는 것을 알 수 있다.

레이크각을 크게 하면 칩이 생성될 때에 그 전단각이 커져 절삭 저항이 감소한다는 것은 절삭 이론으로서 잘 알려지고 있는 사실이다.

한편 레이크각과 절삭칩 두께의 관계는 레이크각이 커짐에 따라서 칩의 두께가 감소한다는 것도 잘 알려져 있다. 칩 두께가 감소하면 피삭재에 유입하는 절삭열의 비율이 작아져, 피삭재의 변형이 적어진다. 또 절삭 저항이 감소하면 다음과 같은 이점이 생긴다.

· 공작 기계나 가공계의 강성이 낮은 경우에도 비교적 안정된 절삭이 가능해진다.

· 기계의 부담이 적어지고 피삭재나 공구의 진동이 감소하여 가공 정밀도가 향상된다.

정면 밀링 커터를 사용한 평면 가공에서 안정된 절삭을 위하여 가장 중요한 것은 되도록 하이 레이크의 공구를 사용하되 가능한 한 고속으로 가공하는 일이다.

또 정면 밀링 커터 가공의 건식 절삭에서는 가공물 위에 고온의 절삭칩이 퇴적하는데 이 열에 의하여 가공물이 변형하는 일이 있다. 이런 경우에는 고속 절삭의 효과가 오히려 제품 정밀도를 저하시키고 만다.

그래서 절삭칩을 진공 흡인 장치에 의하여 흡취하거나 사진 3과 같은 처리 기능을 갖는 정면 밀링 커터 등을 이용하여 칩을 곧 배제할 필요가 있다.

최근에는 금형 등과 같은 담금질된 고경도 재료를 MC로 가공하기도 한다. 이것은 연삭 코스트보다도 절삭 코스트가 낮기 때문이지만 단속 절삭에 강한 밀링 가공용 CBN 공구가 개발된 것이 최대의 이유이다.

사진 3. 절삭칩 흡인 장치를 장비한 정면 밀링 커터(三菱 머티어리얼)

CBN 공구로 가공한 금형의 수명은 연삭 가공한 것에 비하여 길다는 말을 흔히 들을 수 있다. 그 이유는 아직 명확히 밝혀지지 않고 있으나 예를 들어, 그림 3과 같이 CBN 공구로 가공한 표면의 잔류 응력(압축 방향)이 다른 공구로 가공한 경우보다 크다는 것이 보고되고 있다.

이와 같은 가공후의 표면 성상의 차이가 금형의 수명에 영향을 미치는 것으로 생각된다.

(2) 엔드 밀에 의한 성형 가공

MC에서의 성형 가공에는 엔드 밀을 사용하는 것이 일반적이다. 엔드 밀의 재종은 하이스와 초경이 주류이나 가공 능률상으로 보면 초경의 엔드 밀을 사용하는 것이 유리하다고 생각된다.

최근, 담금질재(HRC 60 정도)의 가공에는 많은 경우 CBN 엔드 밀 공구가 사용되고 있는데 날끝 형상을 연구한 초경 엔드 밀(예를 들어, 日立 툴의 「하드 스타」)도 흥미를 끌고 있다.

가공 방법으로서는 기계 강성이 높은 경우의 거친 가공에서는 x-y 평면의 가공보다도 z축 방향을 이동시키는 가공법의 가공 능률이 뛰어나다. 이 경우, 가공중의 엔드 밀에 절삭 저항이 밸런스 좋게 작용하도록 하는 것이 안정된 절삭을 위하여 중요하다.

3mm 이하의 소직경 엔드 밀 가공에도 초경 엔드 밀을 사용하기에 이르렀다. 그 이유는 3~4만 회전이라는 고속 회전에 견디는 주축이 개발되었기 때문인데, 또 하나의 큰 이유는 툴링(구체적으로는 콜릿 척)의 회전 정밀도가 향상된 것이다.

본래, 소직경 엔드 밀의 재종은 하이스보다 강성이 높은 초경이 유리하다는 것은 주지하는 사실이다. 그러나 척의 회전 정밀도가 높지 않았기 때문에 초경 엔드 밀을 사용하는 엔드 밀이 피삭재에 접촉하는 절삭 개시시에 공구가 순간적으로 절손되어 현장에서는 별로 사용되지 않았던 것이다.

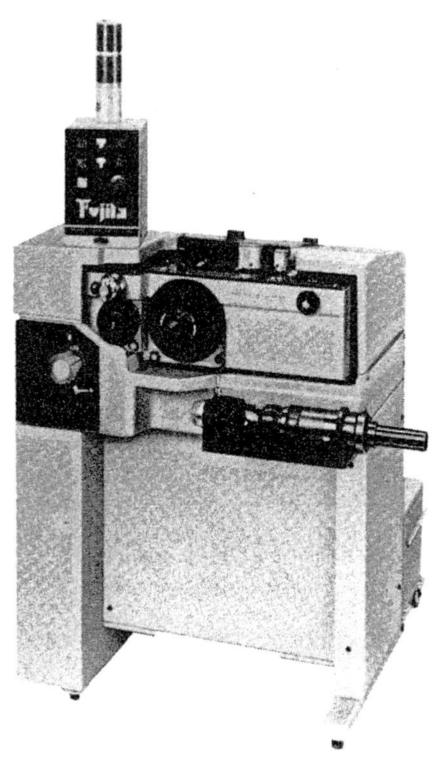

사진 4. 크로스 시닝된 드릴

사진 5. 자동 드릴 연삭기의 한 예 (藤田 제작소)

최근의 척의 회전 정밀도의 향상은 소직경 초경 엔드 밀의 가공을 가능케 했다. 앞으로 더욱 넓은 이용의 확대가 기대되고 있다.

엔드 밀 가공에서도 고속 절삭을 지향할 필요가 있다. 또 고속 절삭 조건의 설정이나 고속 절삭에도 견디는 공구 재종의 선정이 중요하다.

엔드 밀 가공에서는 공구의 절손 방지나 가공 정밀도를 향상시키기 위해서도 공구의 돌출량은 되도록 적게 하는 것이 좋다. 또 절삭칩의 배출을 되도록 유연하게 하는 가공 조건을 고르는 것도 중요하다.

한편, 각종 피삭재나 절삭 조건에 맞는 공구 재종을 고르기 위해서는 각 공구 메이커가 제공하는 풍부한 가공 데이터를 참고로 할 필요가 있다.

(3) 드릴에 의한 구멍 뚫기 가공

MC로 가공하는 종류로 말한다면 드릴을 사용하는 구멍 뚫기도 가장 많은 가공법의 하나라 할 수 있다.

최근, MC 용의 각종 강력 드릴이 등장하고 있다. 이 강력 드릴은 웨이브를 두껍게 하고 있기 때문에 그 형상 특성으로 치즐 부분에 데드 포인트가 생긴다. 이 치즐부는 절삭날로서 작용하지 않으므로 이 부분을 시닝(thinning) 하여 절삭날로서 작용시킬 필요가 있다(사진 4).

종래, 이 시닝은 수동 작업으로 하고 있었기 때문에 작업자의 직감력과 숙련이 필요했다. 그래서 성형 정밀도가 별로 좋지 않았고 충분한 가공 정밀도를 얻는 것이 쉽지 않았다.

최근, 이 시닝 성형을 자동적으로 하는 연삭기가 개발되었다. 그 한 예가 사진 5이다. 이 연삭기를 사용하면 드릴의 여유면을 평면으로 연삭할 수 있다. 또 공구의 형상 정밀도의 향상으로 이 드릴로 가공한 제품의 형상 정밀도(진원도, 원통도, 확대 여유 등)도 향상되었다.

드릴 가공중의 공구 절손은 칩의 배출 불량이 주원인이다. 따라서 칩처리에는 각별한 연구를 할 필요가 있다. 그림 4는 드릴 가공에서의 칩처리에 대한 개선 예이다. 이 방법은 드릴의 절삭날부에 닉(nick)을 파넣음으로써 칩의 폭이 작아지고 칩의 겉보기 두께가 증가한다. 그러면 칩이 컬(curl) 되지 않고 배출성이 좋아지는 것이다.

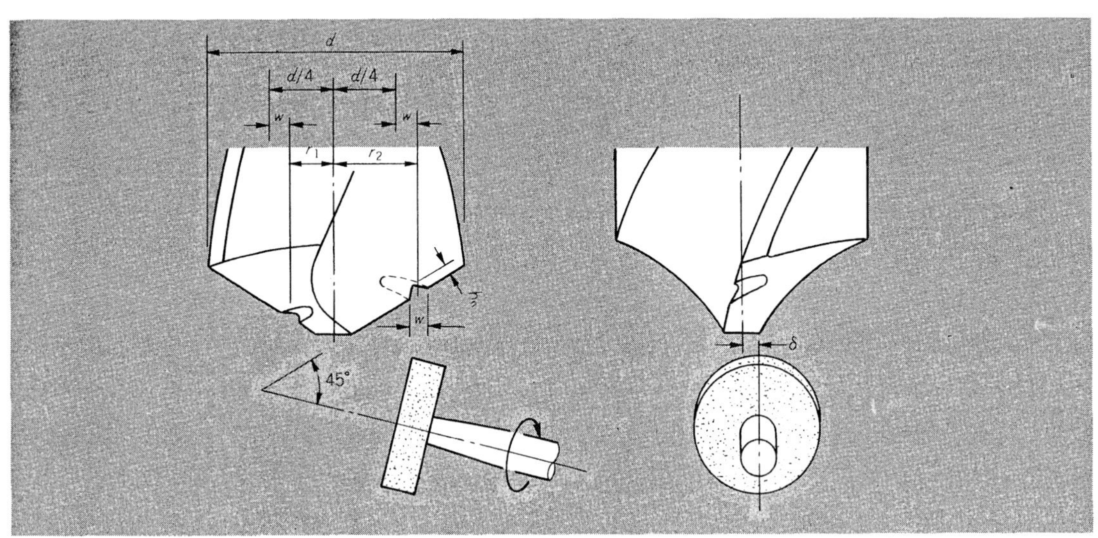

그림 4. 절삭칩 처리를 향상시키는 닉 붙이 드릴

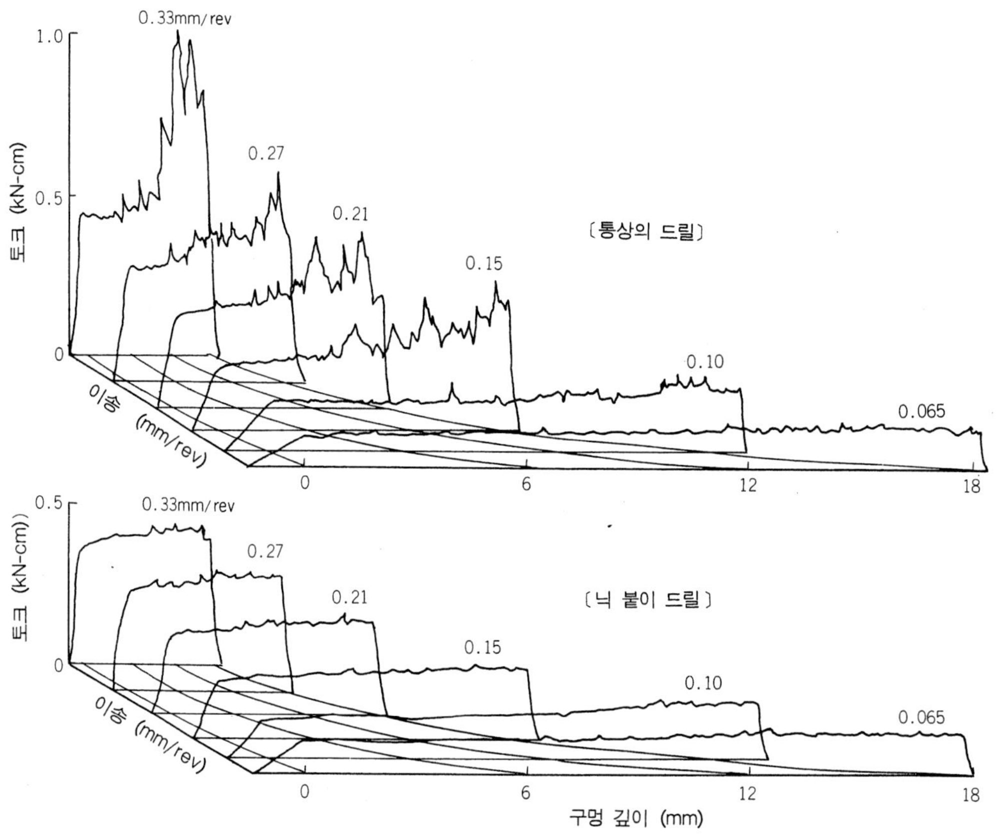

그림 5. 닉붙이 드릴의 효과 (절삭 저항의 저감)

그 효과의 한 예가 그림 5이다. 그림과 같이 닉붙이 드릴로 가공할 경우, 통상의 드릴로 가공할 경우에 비하여 절삭 저항이 낮아진다는 것을 알 수 있다. 또 이 연구에서는 닉붙이 드릴로 가공하면 가공 표면 성상도 좋아진다는 보고가 있다.

이와 같이 드릴 가공에서는 그 날끝 형상을 정확히 성형하는 일이 가장 중요하나 돌출량을 필요 이상으로 길게 하지 않는 것도 매우 중요하다.

드릴 가공에 대한 공구 메이커의 이송 속도의 권장값은 생산 현장에서 사용되고 있는 조건보다 약간 낮다고 생각된다. 특히 소직경 드릴 가공에서는 그 경향이 강하므로 실제로 사용할 때는 메이커의 권장값보다 약간 높여서 가공하기 바란다.

피삭재는 어떻게 달라지고 있는가?

공업 제품에 대한 다양화, 고급화라는 수요는 새로운 기술과 공업 재료의 개발을 촉진하고 있다. 자동차 산업을 예로 들면 주행 속도의 고속화를 위하여 강하고 가벼운 재료가 사용되고 있다.

예를 들어, 엔진에는 알루미늄 합금이, 커넥팅로드에는 티탄합금이 사용되고 있다. 또 태핏이나 터보 과급기의 블레이드에는 세라믹스가, 보디에는 강화 플라스틱이 사용되고 있다. 또한 특수한 부분에는 비결정질 합금까지 사용되며 이제는 소결 금속의 사용은 상식으로 되고 있다.

또 가전 제품을 비롯한 전기 기기에는 복수의 금속을 조합한 복합 금속이 사용됨에 따라 절삭이나 연삭 가공을 더욱 복잡하게 하고 있다.

이제까지의 공업 재료는 철계 금속이 주류였으나 여러 가지 신소재가 짧은 기간에 개발되면 이들 재료를 가공하는 기술이나 적합한 공구의 개발이 재료 개발의 스피드를 따라 잡지 못하는 사례도 발생한다.

그러나 신소재를 요구하는 시방대로 가공하고 세상에 내놓는 것은 생산 기술자의 책무이다. 그래서 생산 기술자는 현재 세상에 나와 있는 공구의 기계적 특성이나 화학적 특성, 나아가서는 열적 특성 등을 충분히 이해하고 연구하여 이들에 대처할 필요가 있다.

이를 위해서도 공구 메이커가 제공하는 각종 카탈로그나 기술 자료의 가공 조건 등의 숫자만을 참고로 할 것이 아니라 물리, 화학적 의미를 파악하는 일이 중요하다.

여하튼, 급속한 기세로 개발되는 신소재의 가공 기술을 확립하는 것은 여러분 자신인 것이다.

가공의 고속화에의 대응

가공 코스트의 절감이나 제품 정밀도의 향상을 실현하기 위해서는 고속 절삭이 필요하고 그것에 대응하기 위해서는 다음과 같은 요소의 개발이 요망되고 있다.

① 고속 주축을 갖는 강성이 높은 공작 기계

② 고속 회전에 적합한 척

③ 높은 내열성과 내열 충격성을 갖는 공구

현재, 4만 회전이 가능한 주축을 장비한 MC 도 등장하고 있다. ②에서 문제되는 것은 고속 회전을 할 때의 척의 흔들림에 의한 언밸런스와 콜릿의 풀림이다.

그림 6은 주축 회전수와 콜릿 풀림의 관계를 나타낸 것이다. 이 그림으로 주축 회전수가 3000 min^{-1} 일 때의 척의 파악력은 주축이 정지하고 있을 때의 1/3 정도로 감소된다는 것을 알 수 있다. 이것으로 고속 회전에서도 감소하지 않는 기구를 갖는 콜릿과 척의 개발이 시급하다는 것을 알 수 있다.

또 회전중의 척의 흔들림은 가공 정밀도를 저하시킬 뿐만 아니라 절삭 공구의 파손 원인이 되기도 한다. 또 척의 풀림은 안정된 연속 가공을 할 수 없게 하고 경우에 따라서는 공구가 척에서 빠져 작업자에게 위해를 주게 된다.

③은 이미 각 공구 메이커가 개발하고 있다. 그림 7은 강의 밀링 가공에서의 절삭 속도와 공구

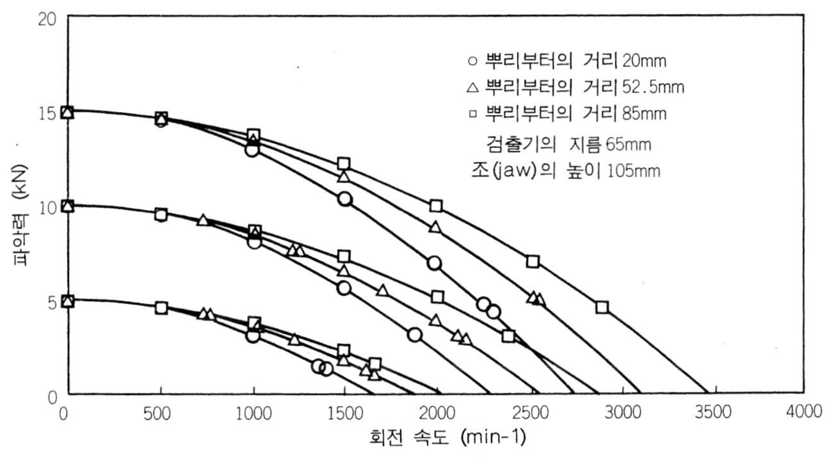

그림 6. 주축 회전수와 콜릿 척의 파악력의 관계

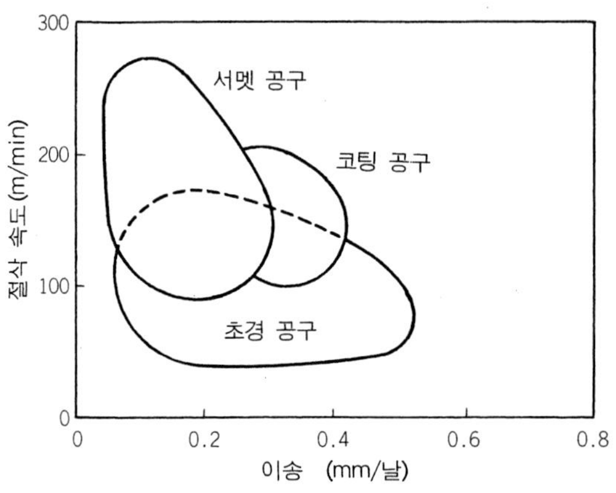

그림 7. 강의 밀링 가공에 있어서의 절삭 속도와 공구 재종

재종의 관계를 나타낸 예이다. 그림으로 고속 절삭에 가장 적합한 공구는 서멧이라는 것을 알 수 있다. 그래도 절삭 속도는 280m/min이다.

가까운 장래에 생산 시간을 단축하기 위하여 강을 1000m/min으로 가공할 요구가 나올 것으로 예상되고 있다. 이에 대응하는 현재의 공구 재종은 열적 또는 화학적 특성으로 보아 세라믹스 공구밖에 없다고 생각된다.

이런 상황으로 각 공구 메이커에게는 현재보다 더욱 고속 절삭에 적합한 절삭 공구의 개발을 요망한다. 고속 절삭을 실현하는 데는

- ·지능 공구와 툴링
- ·절삭 상황의 센싱과 감시 시스템
- ·절삭칩의 처리 시스템
- ·최적 절삭 유제의 공급 시스템

등의 개발이 필요하게 될 것이다. 여하튼 절삭의 고속화는 생산량의 확대나 가공 코스트의 절감만을 목적으로 하는 것이 아니라 종합적인 노동 시간의 단축, 즉 기업의 "여유 시간"을 만들어낼 것으로 기대한다.

[参考文献]

1) 中山一雄：「切削加工論」，コロナ社，p3
2) たとえば「加工技術データファイル追補 00-78」機械振興協会技術研究所
3) 機械振興協会技術研究所発行の「加工技術データファイル」
4) 狩野勝吉：「難削材の加工技術」，工業調査会，p62
5) 中山一雄：「切削加工論」，コロナ社，p110
6) 新井　実：「切りくず処理に関する研究」，学位論文，p83
7) 中山一雄：「切削熱により加工物の温度上昇について」，精密機械，22，6（4956）272
8) W. Konig, M. Llinger and R. Link : Machining Hard Materials with Geometrically defined Cutting Edge, Annals of the CIRP Vol. 39/1/1990, p61
9) 小川　誠，中山一雄：「ニックによるドリル性能の向上」，精密機械，50，10（1984）130,132
10) 堤　正臣，上野　滋，朴泰圓：「三つ爪パワーチャックの高速回転下における緩みに関する研究」，1991 年精密工学会春季大会講演論文集，p1091
11) 三菱マテリアルカタログ

밀링 절삭 공구의 수명 판정

공구의 마모나 결손이 가공하는 제품의 품질에 직접 영향을 주는 것은 물론이다. 최근과 같이 가공의 자동화가 진전하고 또 생산성을 중시하는 상황에서는 공구 수명을 어떻게 적절히 판단하고 관리하는가가 중요한 문제가 된다.

MC 가공의 공구에는 엔드 밀, 정면 밀링커터, 드릴, 탭, 리머 등이 있으나 일반적으로는 공구 수명의 판정에 사용되고 있는 항목으로서는 어떤 공구에 있어서나「표면 거칠기」,「정수(가공 개수나 시간 등)」,「마모」가 그 대부분을 차지하고 있다.

기타의 항목으로서는「절삭음」,「버」,「채터링」,「진동」,「결손」,「치수」 등이 있으며 앞에서 든 3개 항목과 같이 사용되고 있다.

공구 수명을 판정하는 검출 항목으로서 공구의 절손이나 결손을 자동적으로 판단하는 예는 아직 적지만 이것은 공구 절손과 같은 순간적인 현상에 대응할 수 있는 고신뢰성의 센서가 아직은 보급되지 않고 있기 때문이다.

엔드 밀의 경우, 금형 등 정밀도가 높은 가공에 사용되는 케이스가 버의 발생이나 치수 정밀도에 의한 판정이 다른 공구에 비하여 높다. 또 엔드 밀의 강성은 비교적 낮기 때문에 채터링에 의한 판정도 비율이 높다.

드릴은 재연삭하여 사용하는 경우가 많기 때문에 특히 수명 판정을 엄하게 하고 재연삭 간격을 좁히는 경향이 있다. TiN 코팅 드릴의 경우, 재연삭을 하면 처리층이 제거되어 수명이 신품의 60~70% 정도밖에 안되는 것으로 알려지고 있다. 그래도 처리하지 않은 공구보다 4~7배 수명이 길다.

드릴의 경우, 양산 가공에서는 치수 정밀도나 표면 거칠기를 정수 관리하는 외에 그 형상적인 특징으로 절손이나 마모가 판정 항목이 되고 있다.

이러한 수명 판정은 무작위 추출법이나 눈, 귀로 판단하는 작업자의 직감력과 경험에 의존하는 방법이 여전히 강하다고 여겨진다. 최근, 공구 홀더에 IC를 내장하고 절삭 시간(절삭 길이)을 기록하는 것도 등장하고 있는데 센서나 컴퓨터의 이용이 더욱 진전한다면 앞으로는 이와 같은 판정 방법이 일반화될 것이다.

구분	항목	내용
가공재료	피삭재의 명칭	덧살붙임 플레이트(거친 가공)
	재질	SUS 304
	경도	HB120
	가공전의 열처리 상태	풀림
사용공구	명칭	정면 밀링 커터
	절삭날의 재종	세라믹스(HC6)
	형식(메이커)	TiN 코팅(T260)
	공구의 지지 방법	
절삭조건	절삭 속도(m/min)	102
	회전수(min^{-1})	130
	이송속도(mm/rev)	200
	절삭 깊이량(mm)	2
	절삭 유제(명칭)	건식 절삭
사용기계	명칭	플래노밀러
	형식(메이커)	HFS4.5/3.5(월드리히·지겐)
	기계 출력(kW)	75
	NC 장치(축의 수)	

가공부품의 형상·치수

요구정밀도			
진원도		평면도	
진직도		직각도	
원통도			
평행도		다듬질면 거칠기	25S

(자료 : 東芝·京浜 사업소)

구분	항목	내용
가공재료	피삭재의 명칭	덧살붙임 플레이트(다듬질 가공)
	재질	SUS 304
	경도	HB 120
	가공전의 열처리 상태	풀림
사용공구	명칭	정면 밀링 커터
	절삭날의 재종	초경 (M10 상당)
	형식(메이커)	MS10R(東芝 텅걸로이)
	공구의 지지 방법	
절삭조건	절삭 속도(m/min)	102
	회전수(min^{-1})	130
	이송속도(mm/rev)	300
	절삭 깊이량(mm)	0.02
	절삭 유제(명칭)	건식 절삭
사용기계	명칭	플래노밀러
	형식(메이커)	東芝 기계
	기계 출력(kW)	90
	NC 장치(축의 수)	

가공부품의 형상·치수

요구정밀도			
진원도		평면도	0.01mm/m
진직도		직각도	
원통도			
평행도		다듬질면 거칠기	3.2S

(자료 : 東芝·京浜 사업소)

가공재료	피삭재의 명칭	플레이트	
	재질	SS 41	
	경도	HB 120	
	가공전의 열처리 상태	풀림	
사용공구	명칭	정면 밀링커터(중절삭)	정면 밀링커터(다듬질)
	절삭날의 재종	초경(P30상당)	서멧
	형식(메이커)	R260.7-250 (샌드빅)	MS10R (東芝 텅걸로이)
	공구의 지지 방법	로케이터에 의한 나사 조임·BT50 홀더	
절삭조건	절삭 속도(m/min)	235	188
	회전수(min^{-1})	300	240
	이송속도(mm/rev)	750	800
	절삭 깊이량(mm)	2~3	0.01~0.02
	절삭 유제(명칭)	건식 절삭	
사용기계	명칭	플래노밀러	
	형식(메이커)	東芝 기계	
	기계 출력(kW)	90	
	NC 장치(축의 수)		

가공부품의 형상·치수

요구정밀도			
진원도		평면도	0.01mm/m
진직도		직각도	
원통도			
평행도		다듬질면 거칠기	3.2S

(자료 : 東芝·京浜 사업소)

가공재료	피삭재의 명칭	플레이트
	재질	SUH 600(내열 합금강)
	경도	HB 320
	가공전의 열처리 상태	
사용공구	명칭	정면 밀링 커터
	절삭날의 재종	초경 (TU40=M40상당)
	형식(메이커)	THF5410R(東芝 텅걸로이)
	공구의 지지 방법	
절삭조건	절삭 속도(m/min)	60
	회전수(min^{-1})	76
	이송속도(mm/rev)	100
	절삭 깊이량(mm)	4
	절삭 유제(명칭)	건식 절삭
사용기계	명칭	수직형 생산 밀링 머신
	형식(메이커)	33SMV(東芝 기계)
	기계 출력(kW)	11
	NC 장치(축의 수)	

가공부품의 형상·치수

요구정밀도			
진원도		평면도	
진직도		직각도	
원통도			
평행도		다듬질면 거칠기	25S

(자료 : 東芝·京浜 사업소)

가공재료	피삭재의 명칭	테스트 피스	
	재질	FC20	S45C
	경도		
	가공전의 열처리 상태		
사용공구	명칭	정면 밀링 커터	
	절삭날의 재종	초경 (G10E=K종)	알루미나 코팅 (AC330)
	형식(메이커)	DPG4100R8406(住友 전기 공업)	
	공구의 지지 방법	BT40-FMA31.75-45	
절삭조건	절삭 속도(m/min)	110	110
	회전수(min^{-1})	350	350
	이송속도(mm/rev)	525	263
	절삭 깊이량(mm)	7	6
	절삭 유제(명칭)	수용성(유시론EC50)	
사용기계	명칭	수평형 고속 정밀 MC	
	형식(메이커)	FMA3(쓰가미)	
	기계 출력(kW)	5.5/7.5	
	NC 장치(축의 수)	FANUC 0M-C (4)	

가공부품의 형상·치수

φ100
80

요구정밀도			
진원도		평면도	
진직도		직각도	
원통도			
평행도		다듬질면 거칠기	

BT40의 수평형 MC(고속 주축 최고 10000rpm)로 안정된 중(重)절삭의 가능 여부를 테스트했다. 종래의 기어 구동(고저속 2단 변환) 주축에 비하여 이번에 채택한 광역 정출력 빌트 인 모터는 주축 구동 효율과 모터 앰프의 성능 향상으로 135 % 부하 이내에서의 절삭이 가능해졌다.

(자료 : 쓰가미·長岡 공장)

가공재료	피삭재의 명칭	플레이트
	재질	FCD60(덕타일 주철)
	경도	HB250
	가공전의 열처리 상태	
사용공구	명칭	정면 밀링 커터
	절삭날의 재종	코팅(T380)
	형식(메이커)	TMD4106RI(東芝 텅걸로이)
	공구의 지지 방법	정면 밀링 아버
절삭조건	절삭 속도(m/min)	160
	회전수(min^{-1})	320
	이송속도(mm/rev)	500
	절삭 깊이량(mm)	3
	절삭 유제(명칭)	건식 절삭
사용기계	명칭	수직형 MC
	형식(메이커)	
	기계 출력(kW)	11
	NC 장치(축의 수)	

가공부품의 형상·치수

104

요구정밀도			
진원도		평면도	
진직도		직각도	
원통도			
평행도		다듬질면 거칠기	▽▽

정면 밀링커터를 사용한 덕타일 주철의 저진동 가공 예이다. 사용한 정면 밀링 커터(TMD4100I 시리즈)는, 종래의 정면 밀링 커터에서는 채터링 진동이 발생하는 경우에라도, 절삭 저항이 낮기 때문에 그 발생을 억제할 수 있다. 또 주철의 밀링 가공 전용으로 개발된 코팅 재종(T380)은 종래 재종의 2배의 수명을 갖는다. 또 종래의 초경 팁에서는 FCD60에 대하여 절삭 속도 100m/min 정도밖에 사용할 수 없었으나 T380은 160m/min 까지 대응할 수 있는 것이 특징이고 가공 능률은 1.6배로 향상되었다.

(자료 : 東芝 텅걸로이)

구분	항목	내용
가공재료	피삭재의 명칭	플레이트
	재질	SUS304
	경도	HB180
	가공전의 열처리 상태	
사용공구	명칭	정면 밀링 커터(둥근 팁)
	절삭날의 재종	초경(TU40=P40)
	형식(메이커)	ERF6063R(東芝 텅걸로이)
	공구의 지지 방법	밀링척
절삭조건	절삭 속도(m/min)	80
	회전수(min^{-1})	404
	이송속도(mm/rev)	485(3mm/날)
	절삭 깊이량(mm)	3
	절삭 유제(명칭)	수용성(유시론EC-200)
사용기계	명칭	수직형 MC
	형식(메이커)	
	기계 출력(kW)	11
	NC 장치(축의 수)	FANUC 12M(3)

가공부품의 형상·치수

50

요구정밀도			
진원도		평면도	
진직도		직각도	
원통도			
평행도		다듬질면 거칠기	

난삭재 전용 하이 레이크 둥근 정면 밀링 커터(ERF6000시리즈)에 의한 스테인리스강의 가공 예이다. 종래는 곤란했던 스테인리스강의 습식 절삭 (수용성)이 가능하게 되고 건식에 비하여 가공 변형이 작아졌다. 팁재종(TU40)은 스테인리스강의 습식 절삭에 대응할 수 있는 유일한 재종이다. 이것으로 공구 수명도 50% 향상되었다.

(자료 : 東芝 텅걸로이)

구분	항목	내용
가공재료	피삭재의 명칭	플레이트
	재질	SUS304
	경도	HB180
	가공전의 열처리 상태	
사용공구	명칭	정면 밀링 커터(둥근 팁)
	절삭날의 재종	초경(UX30=P30)
	형식(메이커)	TRF6006RI(東芝 텅걸로이)
	공구의 지지 방법	정면 밀링 아버
절삭조건	절삭 속도(m/min)	200
	회전수(min^{-1})	398
	이송속도(mm/rev)	955(0.3mm/날)
	절삭 깊이량(mm)	3
	절삭 유제(명칭)	건식 절삭
사용기계	명칭	수직형 MC
	형식(메이커)	
	기계 출력(kW)	11
	NC 장치(축의 수)	FANUC 12M(3)

가공부품의 형상·치수

100

요구정밀도			
진원도		평면도	
진직도		직각도	
원통도			
평행도		다듬질면 거칠기	

스테인리스강의 고속 거친 가공 예이다. 난삭재 전용의 하이 레이크 둥근 팁 정면 밀링 커터(TRF 6000 I 시리즈)를 사용, 종래의 2배의 공구 수명이 얻어지며 다듬질면도 양호했다.

(자료 : 東芝 텅걸로이)

구분	항목	내용
가공재료	피삭재의 명칭	기계 부품
	재질	SCM440
	경도	HB280
	가공전의 열처리 상태	담금질·뜨임
사용공구	명칭	정면 밀링 커터
	절삭날의 재종	서멧(NS540)
	형식(메이커)	TMD4405RI(東芝 텅걸로이)
	공구의 지지 방법	정면 밀링 아버
절삭조건	절삭 속도(m/min)	150
	회전수(min^{-1})	382
	이송속도(mm/rev)	345
	절삭 깊이량(mm)	2~3
	절삭 유제(명칭)	건식 절삭
사용기계	명칭	수직형 MC
	형식(메이커)	VMC-55(東芝 기계)
	기계 출력(kW)	15
	NC 장치(축의 수)	트리플7^3(3)

가공부품의 형상·치수

요구정밀도

진원도		평면도	
진직도		직각도	
원통도			
평행도		다듬질면 거칠기	

MC용 정면 밀링 커터(TMD4400I 시리즈)에 의한 공구의 장수명화를 지향한 것이다. 밀링 가공 전용 서멧 재종(NS 540)에 의하여 공구 수명의 연장과 다듬질면의 향상을 실현했다.

(자료 : 東芝 텅걸로이)

구분	항목	내용
가공재료	피삭재의 명칭	모터케이스
	재질	ADC12(알루미늄 합금 주물)
	경도	
	가공전의 열처리 상태	
사용공구	명칭	정면 밀링 커터
	절삭날의 재종	소결 다이아몬드(DA200)
	형식(메이커)	스미다이아 커터 ϕ160(住友 전기 공업)
	공구의 지지 방법	
절삭조건	절삭 속도(m/min)	2200
	회전수(min^{-1})	4500
	이송속도(mm/rev)	8700
	절삭 깊이량(mm)	0.15
	절삭 유제(명칭)	수용성
사용기계	명칭	전용기
	형식(메이커)	(森정기)
	기계 출력(kW)	
	NC 장치(축의 수)	

가공부품의 형상·치수

요구정밀도

진원도		평면도	
진직도		직각도	
원통도			
평행도		다듬질면 거칠기	6.3S

가공의 목적은 공구의 장수명화와 다듬질면 거칠기의 안정화이다. 종래는 초경(K10) 팁으로 가공했는데 2만개 정도를 절삭하면 표면 거칠기 6.3S 규격을 벗어났으나 DA200(PCD)을 사용하고서는 20만개로 대폭적으로 능률이 오르고 안정된 수명을 얻었다.

(자료 : 住友 전기 공업)

구분	항목	내용
가공재료	피삭재의 명칭	베드
	재질	석출 경화형 스테인리스강15-5
	경도	HRC28～30
	가공전의 열처리 상태	
사용공구	명칭	정면 밀링 커터
	절삭날의 재종	CVD코팅(F620)
	형식(메이커)	SEEN42AFTNI(三菱 머티어리얼)
	공구의 지지 방법	BE445R0204
절삭조건	절삭 속도(m/min)	243
	회전수(min^{-1})	1550
	이송속도(mm/rev)	500
	절삭 깊이량(mm)	0.8～1.6
	절삭 유제(명칭)	건식 절삭
사용 기계(메이커)		MC

가공부품의 형상·치수

미국에서의 절삭 사례이다. 공구 수명의 연장을 목적으로 한 것으로서 종래 코팅 공구의 1.5～2배의 장수명화를 실현했다.

(자료 : 三菱 머티어리얼)

구분	항목	내용
가공재료	피삭재의 명칭	기계 부품
	재질	S45C
	경도	HB200
	가공전의 열처리 상태	
사용공구	명칭	정면 밀링 커터
	절삭날의 재종	CVD 코팅(GC-A=P25)
	형식(메이커)	TPKR2204PDR-BA(샌드빅)
	공구의 지지 방법	RA282.2-125-30
절삭조건	절삭 속도(m/min)	100
	회전수(min^{-1})	250
	이송속도(mm/rev)	260
	절삭 깊이량(mm)	2.5
	절삭 유제(명칭)	건식 절삭
사용 기계(메이커)		MC

가공부품의 형상·치수

φ100

클램프 강성이 낮은 원통형상 가공 부분을 갖는 기계 부품의 거친 가공 예이다. 종래에는 절삭 저항의 저감 효과를 얻기 위하여 어깨(shoulder) 절삭용 커터를 사용하고 있었으나 절삭 저항이 낮은 삼각형상의 뉴웨이브 팁(CVD 코팅, GC-A)을 사용한 결과, 그때까지의 플랫한 S6(P40) 팁에 비하여 공구 수명이 대폭적으로 향상되었다.

(자료 : 샌드빅)

구분	항목	내용
가공재료	피삭재의 명칭	겹친 강판
	재질	SCM440상당
	경도	HB220
	가공전의 열처리 상태	
사용공구	명칭	정면 밀링 커터
	절삭날의 재종	CVD코팅(GC-A=P25)
	형식(메이커)	LNCX1806AZR-11(샌드빅)
	공구의 지지 방법	스프링 클램프
절삭조건	절삭 속도(m/min)	100
	회전수(min^{-1})	160
	이송속도(mm/rev)	360～860
	절식 깊이량(mm)	축 방향 3～5, 지름 방향 120～160
	절삭 유제(명칭)	건식 절삭
사용 기계(메이커)		MC

가공부품의 형상·치수

520

1080

폭치수가 일정하지 않은 강판을 일정하게 하기 위한 거친 가공 예이다. 종래에는 T-MAX 커터와 코로만트 고인성 초경 재종 S6(P40)을 사용하고 있었으나 새로운 밀링용의 범용 CVD 코팅 재종 GC-A(P25)를 채택한 결과, 수명이 대폭적으로 연장되었다. S6에 의한 공구 수명은 84분/날이었으나 GC-A에서는 144분/날로 1.7배로 되었다.

(자료 : 샌드빅)

구분	항목	내용
가공재료	피삭재의 명칭	플레이트
	재질	S25C 상당
	경도	HB120
	가공전의 열처리 상태	
사용공구	명칭	정면 밀링 커터(날수 20)
	절삭날의 재종	서멧(CT520=P15)
	형식(메이커)	SPKN1203EDR(샌드빅)
	공구의 지지 방법	
절삭조건	절삭 속도(m/min)	270
	회전수(min^{-1})	270
	이송속도(mm/rev)	700
	절삭 깊이량(mm)	0.7
	절삭 유제(명칭)	건식 절삭
사용기계	명칭	MC
	형식(메이커)	
	기계 출력(kW)	75
	NC 장치(축의 수)	

가공부품의 형상·치수

φ315
260
5000

요구정밀도			
진원도		평면도	
진직도		직각도	
원통도			
평행도		다듬질면 거칠기	12S 이내

저탄소강의 대형 플레이트재의 다듬질 절삭 예이다. 용착하기 쉬운 저탄소강을 가공하기 위하여 서멧 재종을 사용했다.
지금까지는 다른 서멧을 사용했으나 CT520을 사용한 결과, 공구 수명이 종래의 260분에서 450분으로 1.7배 향상되었다.

(자료 : 샌드빅)

구분	항목	내용
가공재료	피삭재의 명칭	기계 부품
	재질	SS41 상당
	경도	
	가공전의 열처리 상태	
사용공구	명칭	정면 밀링 커터
	절삭날의 재종	CVD 코팅(GC-A=P25)
	형식(메이커)	SEMN1204AZ(샌드빅)
	공구의 지지 방법	웨지 클램프
절삭조건	절삭 속도(m/min)	150
	회전수(min^{-1})	300
	이송속도(mm/rev)	400~500
	절삭 깊이량(mm)	축방향 2~4, 지름 방향 130
	절삭 유제(명칭)	건식 절삭
사용기계	명칭	MC
	형식(메이커)	
	기계 출력(kW)	20
	NC 장치(축의 수)	

가공부품의 형상·치수

1050
1200
1050

요구정밀도			
진원도		평면도	
진직도		직각도	
원통도			
평행도		다듬질면 거칠기	12.5S

저탄소강의 용접 구조재 (SS41 상당)의 정면 밀링 커터 가공 예이다. 종래는 45°의 하이 레이크 커터를 사용했으나 CVD 코팅 재종 GC-A(P25)를 채택한 결과, 타사의 같은 양식의 제품에 비하여 공구 수명이 3배로 향상되었다(50분/날 →150분/날).
팁의 두께는 일반 하이 레이크 타입에 비해 1.5mm 두껍고 높은 절삭날 강도를 갖고 있다. 따라서 코팅 재종과 서멧 재종을 병용하면 양호한 절삭 성능을 발휘한다. 또 평행 랜드폭이 2.0mm로 넓기 때문에 고속 이송 절삭에서도 다듬질면이 양호하다.

(자료 : 샌드빅)

구분	항목	내용
가공재료	피삭재의 명칭	테스트피스
	재질	S50C
	경도	HB200
	가공전의 열처리 상태	담금질·뜨임
사용공구	명칭	정면 밀링 커터
	절삭날의 재종	서멧(CH550)
	형식(메이커)	FEM45-4100R(日立 툴)
	공구의 지지 방법	
절삭조건	절삭 속도(m/min)	150
	회전수(min⁻¹)	477
	이송속도(mm/rev)	360
	절삭 깊이량(mm)	축방향 3, 지름 방향 2
	절삭 유제(명칭)	건식 절삭
사용기계	명칭	수직형 MC
	형식(메이커)	VK65(日立 정기)
	기계 출력(kW)	11
	NC 장치(축의 수)	(3)

가공부품의 형상·치수

φ100

요구정밀도			
진원도		평면도	
진직도		직각도	
원통도			
평행도		다듬질면 거칠기	

큰 포켓 모양의 가공을 능률적으로 할 목적으로 종래의 소형 공구(엔드 밀)보다 능률적인 대형 정면 밀링 커터(α45 밀)를 사용, Z방향의 파기 가공, 넓힘 가공이 가능하다는 것을 실증했다.

(자료 : 日立 툴·成田 공장)

구분	항목	내용
가공재료	피삭재의 명칭	테스트피스
	재질	S50C
	경도	HB220
	가공전의 열처리 상태	담금질·뜨임
사용공구	명칭	정면 밀링 커터
	절삭날의 재종	서멧(CH550)
	형식(메이커)	FEM45-4100R(日立 툴)
	공구의 지지 방법	
절삭조건	절삭 속도(m/min)	180
	회전수(min⁻¹)	573
	이송속도(mm/rev)	580
	절삭 깊이량(mm)	1.2
	절삭 유제(명칭)	건식 절삭
사용기계	명칭	수직형MC
	형식(메이커)	VK65(日立 정기)
	기계 출력(kW)	11
	NC 장치(축의 수)	(3)

가공부품의 형상·치수

1.2

요구정밀도			
진원도		평면도	
진직도		직각도	
원통도			
평행도		다듬질면 거칠기	

정면 밀링 커터이면서도 가공물의 벽 구석까지 접근하여 어깨 절삭 가공이 가능하다는 것을 실증했다. 또한 커터 보디의 중량을 경감하여 MC의 툴 포스트를 유효하게 이용할 수 있는 이점이 있다.

(자료 : 日立 툴·成田 공장)

구분	항목	내용
가공재료	피삭재의 명칭	실린더 블록 (거친 가공)
	재질	FC23(흑피)
	경도	HB230
	가공전의 열처리 상태	
사용공구	명칭	정면 밀링 커터
	절삭날의 재종	Si_3N_4계 세라믹스(SX_8)
	형식(메이커)	(日本 특수 도업)
	공구의 지지 방법	웨지식 클램프
절삭조건	절삭 속도(m/min)	108
	회전수(min^{-1})	129
	이송속도(mm/rev)	0.3
	절삭 깊이량(mm)	2.0
	절삭 유제(명칭)	건식 절삭
사용기계	명칭	트랜스퍼 머신
	형식(메이커)	(豊田공기)
	기계 출력(kW)	
	NC 장치(축의 수)	

가공부품의 형상·치수

요구정밀도			
진원도		평면도	
진직도		직각도	
원통도			
평행도		다듬질면 거칠기	

세라믹 공구를 사용하여 공구 수명의 연장을 도모한 예이다. 코팅 초경 공구를 사용할 때는 800개/날에서 실린더 보어부 및 가공물 측면에 결손이 발생하여 수명이 다됐다. 그래서 내마모성이 높고 강도면에서도 종래의 세라믹 공구보다 월등히 뛰어난 Si_3N_4(질화규소) 공구를 채택하여 수명의 향상(결손 방지)을 도모했다.

그 결과, 800개에서 2000개/날로 공구 수명이 연장되고 가공 공수 및 팁의 교환 공수가 격감되었다.

(자료 : 日本 특수 도업)

구분	항목	내용	
가공재료	피삭재의 명칭	하우징	
	재질	FC25	
	경도		
	가공전의 열처리 상태		
사용공구	명칭	정면 밀링 커터	
	절삭날의 재종	시알론계 세라믹스(KYON3000)	
	형식(메이커)	TPKN2204PDTR(神戶 게나메탈)	
	공구의 지지 방법	쐐기식 팁 클램프	
절삭조건	절삭 속도(m/min)	600(거친 가공)	704 (다듬질)
	회전수(min^{-1})	1200～1400	1200～1400
	이송속도(mm/rev)	0.15mm/날	1100
	절삭 깊이량(mm)	1.5～3	1.5～3
	절삭 유제(명칭)	건식 절삭	
사용기계	명칭	수평형MC	
	형식(메이커)	HC500(日立 정기)	
	기계 출력(kW)	15	
	NC 장치(축의 수)	YASNAC	

가공부품의 형상·치수

요구정밀도			
진원도		평면도	
진직도		직각도	
원통도			
평행도		다듬질면 거칠기	

지금까지는 일반적인 가공법인 K10 상당의 초경 팁을 사용하여 절삭 속도 126～178m/min(다듬질), 이송 0.12～0.19mm/날(다듬질)의 표준적인 조건으로 가공하고 있었다.

그래서 가공 시간을 단축, 생산량을 올리고 가공 코스트 다운을 도모할 목적으로 시알론계 세라믹스 팁을 사용하여 고속으로 가공하기로 했다.

종래와 같은 형상의 세라믹스 팁(KYON 3000)을 5배의 절삭 속도(거친 : 600m/min, 다듬질 : 700m/min)로 한 결과, 이 공정의 가공 시간을 1/4 강으로 단축시키고 또 공구 수명은 종래와 동수를 확보했다. 가공 시간의 단축에 의한 효과는 2만엔(円)/일로 평가되었다.

(자료 : 神戶 게나메탈)

구분	항목	내용
가공재료	피삭재의 명칭	테스트 피스
	재질	SX105V(화염 담금질강)+FC30
	경도	HB217이하(SX105V)
	가공전의 열처리 상태	풀림
사용공구	명칭	볼 엔드 밀(φ40)
	절삭날의 재종	CBN+초경
	형식(메이커)	TBB2400(東芝 텅걸로이)
	공구의 지지 방법	밀링 척
절삭조건	절삭 속도(m/min)	628
	회전수(min^{-1})	5000
	이송속도(mm/rev)	2000
	절삭 깊이량(mm)	0.5(적0.5)
	절삭 유제(명칭)	건식 절삭
사용기계	명칭	수평형MC
	형식(메이커)	MC-600H(오꾸마)
	기계 출력(kW)	22/15(30분/연속)
	NC 장치(축의 수)	OSP5020M(3)

가공부품의 형상·치수

요구정밀도			
진원도		평면도	
진직도		직각도	
원통도			
평행도		다듬질면 거칠기	

CBN 공구에 의한 3차원 형상의 고속, 고정밀도 절삭 가공 예이다. 3차원 형상 부품을 능률적으로 가공하기 위해서는 OSP 5020M(Hi²-NC)을 사용하되, 가공시에 지정하는 허용 오차를 바탕으로 특히 코너 부분에서의 속도를 제어하여 고속 이송과 동시에 고정밀도 가공을 실현한다.

코너 부분에서는 약간 이송 속도가 저하하나 결과적으로 공구 그 자체에 걸리는 부하를 경감하는 셈이 된다. 절삭 시간은 5시간 30분이고 가공 후 절삭날의 결손과 같은 이상 손상은 전혀 볼 수 없고 주물과 강재의 이음매 부분의 단차(短差)도 거의 찾아 볼 수 없다. 팁의 마모는 CBN부에는 거의 없고 초경부에서 0.05~0.3mm 정도이었다.

(자료 : 오꾸마)

구분	항목	거친 가공	다듬질
가공재료	피삭재의 명칭	하우징	
	재질	SS41	
	경도	HB120	
	가공전의 열처리 상태		
사용공구	명칭	라핑 엔드 밀(거친 가공)	6매날 엔드 밀(φ40)(다듬질)
	절삭날의 재종	하이스(SKH56)	하이스(SKH56)
	형식(메이커)	(오에스지)	(오에스지)
	공구의 지지 방법	돌출 길이 100mm	
절삭조건	절삭 속도(m/min)	25	25
	회전수(min^{-1})	200	200
	이송속도(mm/rev)	50	150
	절삭 깊이량(mm)	2	0.1
	절삭 유제(명칭)	건식 절삭	
사용기계	명칭	수평형 보링 머신	
	형식(메이커)	BSF-32/29(東芝 기계)	
	기계 출력(kW)	60	
	NC 장치(축의 수)		

가공부품의 형상·치수

요구정밀도			
진원도		평면도	
진직도		직각도	
원통도			
평행도		다듬질면 거칠기	50S(거친) 12.5S

(자료 : 東芝·京浜 사업소)

구분	항목	내용
가공재료	피삭재의 명칭	탕구(湯口)
	재질	SKD11
	경도	HRC47
	가공전의 열처리 상태	담금질
사용공구	명칭	스로어웨이 엔드 밀
	절삭날의 재종	초경
	형식(메이커)	(세꼬 툴)
	공구의 지지 방법	사이드 록 홀더(BT50)
절삭조건	절삭 속도(m/min)	55
	회전수(min^{-1})	875
	이송속도(mm/rev)	105
	절삭 깊이량(mm)	6.5×ϕ20
	절삭 유제(명칭)	건식 절삭
사용기계	명칭	수평형MC
	형식(메이커)	HN50B(新潟 철공소)
	기계 출력(kW)	15
	NC 장치(축의 수)	FANUC 15M(3)

가공부품의 형상·치수

공정③ (당공정)
공정②
공정①
공정④
6.5

요구정밀도			
진원도		평면도	
진직도		직각도	
원통도			
평행도		다듬질면 거칠기	

가공물에 대해서는 담금질후의 가공이 가능할지와 가공 시간을 확인하는 일이 중요하다.

가공 공정은 ①강력 엔드 밀, ②초경 오일 홀 드릴, ③강력 엔드 밀 (당공정), ④볼 엔드 밀이다.

가공 시간은 약 2시간, 절삭 여유로서는 중(重)절삭은 아니나 높은 기계 강성이 요구된다.

(자료 : 新潟 철공소)

구분	항목	내용
가공재료	피삭재의 명칭	곡면상의 격자 모양 깊은 리브
	재질	NAK55(大同 흥업)
	경도	HRC43
	가공전의 열처리 상태	
사용공구	명칭	깊은 리브용 엔드 밀(ϕ2)
	절삭날의 재종	초경
	형식(메이커)	리브스타(日立 툴)
	공구의 지지 방법	
절삭조건	절삭 속도(m/min)	62.8
	회전수(min^{-1})	10000
	이송속도(mm/rev)	500
	절삭 깊이량(mm)	0.05
	절삭 유제(명칭)	불수용성(出光 HS2)
사용기계	명칭	2 스핀들 수직형 MC
	형식(메이커)	B-10V500TH(靜岡 철공소)
	기계 출력(kW)	메인 : 11, 서브 : 3.2
	NC 장치(축의 수)	YASNAC MX-Ⅲ(3)

가공부품의 형상·치수

리브 폭 2mm
깊이 8mm

요구정밀도			
진원도		평면도	
진직도		직각도	
원통도			
평행도		다듬질면 거칠기	

NT50(20~5000rpm)의 강력 스핀들과 NT25(5000~20000rpm)의 고속 스핀들을 갖는 2축 MC로서 최초에는 라핑 엔드 밀로 거친 가공을 하고 다음에는 볼 엔드 밀로 곡면의 다듬질을 한 다음, 고속 스핀들측에서 이 깊은 리브 가공을 했다.

3개의 깊은 리브 엔드 밀을 ATC로 교환하고 가공 상황을 테스트한 결과, 양호한 다듬질 정밀도를 얻었다.

이번에는 주축 회전수 10000rpm으로 4시간 연속해서 하는 가공이지만 20~30 시간의 연속 운전에 의하여 복잡한 리브 가공이나 서멧 볼 엔드 밀 등에 의한 연마 가공에서도 아무런 문제가 없다는 것을 확인했다.

(자료 : 靜岡 철공소)

구분	항목	내용
가공재료	피삭재의 명칭	키홈
	재질	S45C
	경도	HV200
	가공전의 열처리 상태	
사용공구	명칭	엔드 밀(ϕ8)
	절삭날의 재종	초경
	형식(메이커)	
	공구의 지지 방법	레고 척
절삭조건	절삭 속도(m/min)	25.1
	회전수(min^{-1})	1000
	이송속도(mm/rev)	0.04
	절삭 깊이량(mm)	4
	절삭 유제(명칭)	수용성(하이솔메)
사용기계	명칭	주축 고정형 NC 선반
	형식(메이커)	CINCOM GL30(시티즌 시계)
	기계 출력(kW)	공구 주축0.75
	NC 장치(축의 수)	FANUC 0T-C(3)

가공부품의 형상·치수

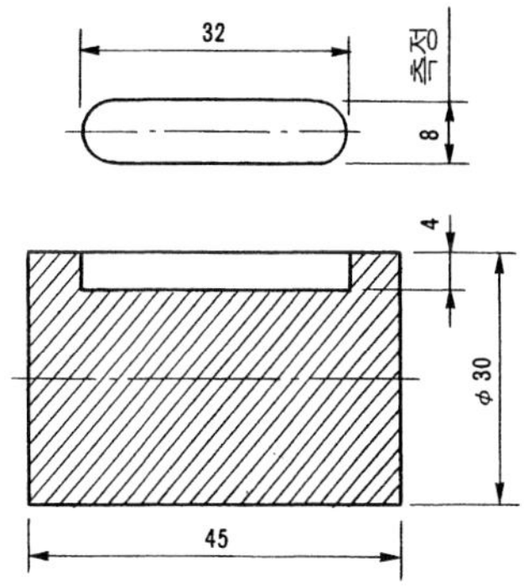

요구정밀도			
진원도		평면도	
진직도		직각도	
원통도			
평행도		다듬질면 거칠기	

가공 능력을 검사하기 위하여 실시한 결과, 키홈폭에 대하여 공구 파들기측에서 7.966μm, 공구 빼내기측에서 8.001 μm의 정밀도를 얻었다.

(자료 : 시티즌 시계)

구분	항목	내용
가공재료	피삭재의 명칭	기계 소형 부품
	재질	S45C
	경도	HV200
	가공전의 열처리 상태	
사용공구	명칭	엔드 밀(ϕ10)
	절삭날의 재종	초경
	형식(메이커)	
	공구의 지지 방법	레고 척
절삭조건	절삭 속도(m/min)	31.4
	회전수(min^{-1})	1000
	이송속도(mm/rev)	0.04
	절삭 깊이량(mm)	6
	절삭 유제(명칭)	수용성(하이솔메)
사용기계	명칭	주축 고정형 NC 선반
	형식(메이커)	CINCOM GL30(시티즌 시계)
	기계 출력(kW)	공구 주축0.75
	NC 장치(축의 수)	FANUC 0T-C(3)

가공부품의 형상·치수

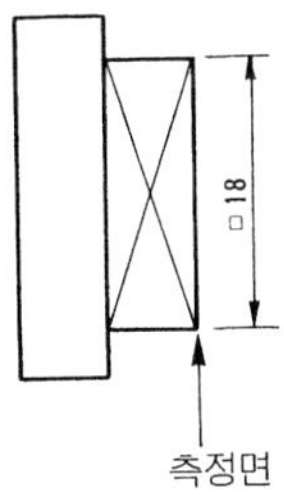

요구정밀도			
진원도		평면도	
진직도		직각도	
원통도			
평행도		다듬질면 거칠기	

다듬질면 거칠기 R_{max} 0.48μm의 고정밀도를 얻었다.

(자료 : 시티즌 시계)

가공재료	피삭재의 명칭	방전 가공용 전극(바이크 프론트 카울링)	
	재질	그라파이트	
	경도		
	가공전의 열처리 상태		
사용공구	명칭	스로어웨이 볼 엔드 밀	
	절삭날의 재종	소결 다이아몬드	
	형식(메이커)	DBL-R5.0(石井정밀공업)	
	공구의 지지 방법	CTH20-60(溝口철공소)	
절삭조건	절삭 속도(m/min)	471	
	회전수(min⁻¹)	15000	
	이송속도(mm/rev)	3000	
	절삭 깊이량(mm)	0.5	
	절삭 유제(명칭)	건식 절삭	
사용기계	명칭	그라파이트 가공기	
	형식(메이커)	SNC64-A15(牧野 후라이스 제작소)	
	기계 출력(kW)	AC3.7/2.2(15분/연속)	
	NC 장치(축의 수)	YASNAC-MX3(3)	

가공부품의 형상·치수

610×360×250mm

요구정밀도			
진원도		평면도	
진직도		직각도	
원통도			
평행도		다듬질면 거칠기	

방전 가공기에 의한 그라파이트 전극의 가공 예이다. 가공의 목적으로서는 다이아몬드 볼 엔드 밀을 사용하는 것으로 공구 수명의 향상을 도모했다. 이 결과, 초경 공구에 대하여 5배 이상의 공구 수명 연장을 실현했다.

(자료 : 牧野 후라이스 제작소)

가공재료	피삭재의 명칭	테스트 피스	
	재질	S50C	
	경도	HB210	
	가공전의 열처리 상태	풀림	
사용공구	명칭	스로어웨이 엔드 밀	
	절삭날의 재종	초경(UX30=P30)	
	형식(메이커)	EVP1025R(東芝 텅걸로이)	
	공구의 지지 방법	밀링 척	
절삭조건	절삭 속도(m/min)	100	
	회전수(min⁻¹)	1273	
	이송속도(mm/rev)	0.05(파들기) 0.07(홈절삭)	
	절입량(mm)	15	
	절삭 유제(명칭)	건식 절삭	
사용기계	명칭	수직형MC	
	형식(메이커)	Vertimac-C(碌碌산업)	
	기계 출력(kW)	11	
	NC 장치(베어링)	FANUC 15M(3)	

가공부품의 형상·치수

15

요구정밀도			
진원도		평면도	
진직도		직각도	
원통도			
평행도		다듬질면 거칠기	

종래는 드릴로 애벌 구멍을 뚫고 엔드 밀로 홈 절삭을 했었으나 바닥날을 갖는 스로어웨이 엔드 밀로 변경한 결과, 이것만으로도 구멍 뚫기와 홈 가공을 할 수 있게 되었다.

또 외주 절삭날 길이가 길어(공구지름 ϕ25mm, 외주 날길이 15mm) 어깨 절삭이나 홈 절삭에서 깊은 절삭 깊이의 가공이 가능해져 능률이 높아졌다.

(자료 : 東芝 텅걸로이)

구분	항목	내용
가공재료	피삭재의 명칭	테스트 피스
	재질	S50C
	경도	HB250
	가공전의 열처리 상태	담금질·뜨임
사용공구	명칭	스로어웨이 엔드 밀
	절삭날의 재종	초경(UX30=P30)
	형식(메이커)	ELD3040R(東芝 텅걸로이)
	공구의 지지 방법	밀링 척
절삭조건	절삭 속도(m/min)	100
	회전수(min^{-1})	796
	이송속도(mm/rev)	0.15
	절삭깊이량(mm)	축방향 40, 지름 방향 15
	절삭 유제(명칭)	
사용기계	명칭	수직형 범용 밀링 머신
	형식(메이커)	4MK(日立 정기)
	기계 출력(kW)	22.5
	NC 장치(축의 수)	

가공부품의 형상·치수

요구정밀도			
진원도		평면도	
진직도		직각도	
원통도			
평행도		다듬질면 거칠기	

가공에 사용한 공구는 절삭날이 4열로 다수의 스로어웨이 팁을 지그재그로 배열하고 있기 때문에 절삭시의 기계 진동이 적고 절삭음이 작다. 또 공구의 강성이 충분히 높고 공구의 채터링도 전혀 발생하지 않는다.

절삭날은 이상적인 레이크각으로 설정되어 절삭성이 양호하다. 또 절삭칩은 컬되어 배출성이 좋았다.

(자료 : 東芝 텅걸로이)

구분	항목	내용
가공재료	피삭재의 명칭	금형
	재질	S55C
	경도	HB230
	가공전의 열처리 상태	담금질·뜨임
사용공구	명칭	스로어웨이 엔드 밀
	절삭날의 재종	서멧(NS540)
	형식(메이커)	ESD2020R(東芝 텅걸로이)
	공구의 지지 방법	밀링 척 홀더
절삭조건	절삭 속도(m/min)	120
	회전수(min^{-1})	1900
	이송속도(mm/rev)	380
	절삭깊이량(mm)	3
	절삭 유제(명칭)	건식 절삭
사용기계	명칭	수직형 MC
	형식(메이커)	
	기계 출력(kW)	11
	NC 장치(축의 수)	FANUC 15M(3)

가공부품의 형상·치수

요구정밀도			
진원도		평면도	
진직도		직각도	
원통도			
평행도		다듬질면 거칠기	▽▽

엔드 밀 가공에서의 팁의 스로어웨이화를 도모하기 위하여 서멧 팁의 소직경 엔드 밀을 사용하여 공구의 재연삭을 없앴다.

서멧(NS540)은 내마모성, 내결손성이 높고 종래 공구 수명의 2~3배에 달하는 성능을 갖는다.

(자료 : 東芝 텅걸로이)

구분	항목	내용
가공재료	피삭재의 명칭	금형
	재질	S55C
	경도	HB230
	가공전의 열처리 상태	담금질·뜨임
사용공구	명칭	스로어웨이 엔드 밀
	절삭날의 재종	초경(UX30=P30)
	형식(메이커)	ESD5040R(東芝 텅걸로이)
	공구의 지지 방법	밀링 척 홀더
절삭조건	절삭 속도(m/min)	100
	회전수(min^{-1})	796
	이송속도(mm/rev)	240
	절삭깊이량(mm)	리드 당 4
	절삭 유제(명칭)	건식 절삭
사용기계	명칭	수직형 MC
	형식(메이커)	VMC-55(東芝 기계)
	기계 출력(kW)	15
	NC 장치(축의 수)	트리플 7 (3)

가공부품의 형상·치수

요구정밀도			
진원도		평면도	
진직도		직각도	
원통도			
평행도		다듬질면 거칠기	▽▽

금형의 포켓 가공에 스로어웨이 타입의 전용 엔드 밀(슬랜트 피드 엔드 밀 ESD 5000 시리즈)을 사용하되 이송 방향을 경사지게 하여 구멍을 가공하는 새로운 방법을 취했다. 종래는 드릴 가공후에 래핑 가공을 하고 있었으나 전용 엔드 밀을 사용하면 1개의 공구로 포켓 가공을 할 수 있다.

ESD는 경사 이송시에 절삭 저항의 벨런스가 잘 되도록 설계되어 있으므로 목 아래가 길어도 채터링 진동이 발생하지 않는다.

(자료 : 東芝 텅걸로이)

구분	항목	내용
가공재료	피삭재의 명칭	테스트 피스
	재질	FC30
	경도	HB190
	가공전의 열처리 상태	
사용공구	명칭	스로어웨이 볼 엔드 밀(ϕ40)
	절삭날의 재종	CBN(BX270, P30U코팅)
	형식(메이커)	TBBB2400LS(東芝 텅걸로이)
	공구의 지지 방법	밀링 척
절삭조건	절삭 속도(m/min)	565
	회전수(min^{-1})	4500
	이송속도(mm/rev)	3500
	절삭깊이량(mm)	1
	절삭 유제(명칭)	건식 절삭
사용기계	명칭	수직형MC
	형식(메이커)	
	기계 출력(kW)	11
	NC 장치(축의 수)	FANUC 15M(3)

가공부품의 형상·치수

요구정밀도			
진원도		평면도	
진직도		직각도	
원통도			
평행도		다듬질면 거칠기	

CBN 볼 엔드 밀에 의한 곡면 가공 예이다. 초경 볼 엔드 밀에 비하여 이송 속도로 2~5배의 가공이 가능하여 금형의 다듬질 시간을 대폭적으로 단축시켰다.

또 CBN의 채택으로 공구 수명이 많이 연장되고 공구 교환 없이 대형의 금형 가공을 실현했다. 가공 시간은 7~8 시간이다.

(자료 : 東芝 텅걸로이)

구분	항목	내용
가공재료	피삭재의 명칭	테스트 피스
	재질	알루미늄(A7075 상당)
	경도	
	가공전의 열처리 상태	
사용공구	명칭	솔리드 엔드 밀
	절삭날의 재종	초경(TH10=K10)
	형식(메이커)	SEE2060-A(東芝 텅걸로이)
	공구의 지지 방법	
절삭조건	절삭 속도(m/min)	377
	회전수(min⁻¹)	20000
	이송속도(mm/rev)	1000
	절삭 깊이량(mm)	4
	절삭 유제(명칭)	건식 절삭
사용 기계(메이커)		수직형 MC

가공부품의 형상·치수

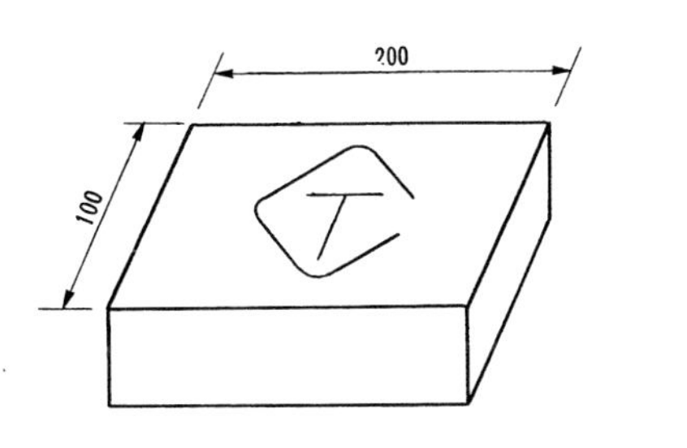

일반적인 솔리드 엔드 밀에서는 공구의 여유면, 레이크면에 용착, 압착이 발생하여 절삭칩의 배출에 문제가 있었다.

알루미늄 가공용 솔리드 엔드 밀 (SEE 2060-A)의 사용으로 건식 가공임에도 불구하고 용착이 거의 발생하지 않아 칩의 배출 상태가 매우 좋아졌다. 그 결과, 가공면의 표면 거칠기도 향상되었다.

(자료 : 東芝 텅걸로이)

구분	항목	내용
가공재료	피삭재의 명칭	금형
	재질	FCD50
	경도	HB170 ~241
	가공전의 열처리 상태	
사용공구	명칭	스로어웨이 볼 엔드 밀
	절삭날의 재종	CBN(BN200)
	형식(메이커)	BNBE2500TS(住友 전기 공업)
	공구의 지지 방법	사이드 로크
절삭조건	절삭 속도(m/min)	942
	회전수(min⁻¹)	6000
	이송속도(mm/rev)	2000, 5000
	절삭 깊이량(mm)	1.0~1.5
	절삭 유제(명칭)	건식 절삭
사용 기계(메이커)		수직형 MC

가공부품의 형상·치수

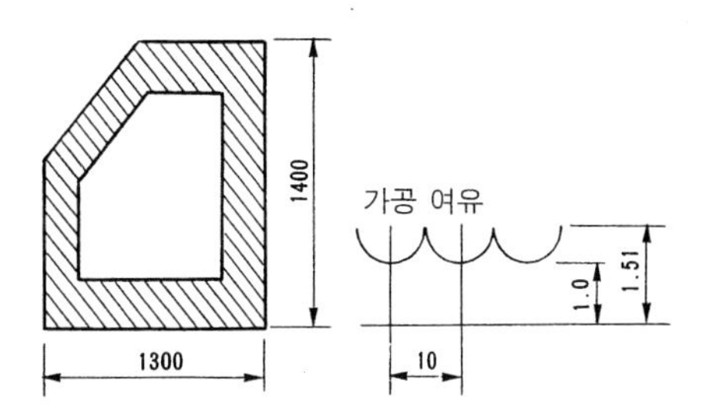

재질 FCD50의 금형을 CBN 공구로 고속 절삭 가공할 것을 목적으로 한 것이다. 그 결과, 치핑이 없어 양호한 다듬질면을 얻고 총절삭 길이 450m에서도 날끝 마모가 아주 근소하여 계속 사용이 가능한 상태였다.

(자료 : 住友 전기 공업)

구분	항목	내용
가공재료	피삭재의 명칭	금형
	재질	FC25
	경도	HB241 이하
	가공전의 열처리 상태	
사용공구	명칭	스로어웨이 볼 엔드 밀
	절삭날의 재종	CBN(BN200)
	형식(메이커)	BNBE2500TS(住友 전기 공업)
	공구의 지지 방법	사이드 로크
절삭조건	절삭 속도(m/min)	942
	회전수(min⁻¹)	6000
	이송속도(mm/rev)	2000
	절삭 깊이량(mm)	0.1~1.51
	절삭 유제(명칭)	건식 절삭
사용 기계(메이커)		수직형 MC

가공부품의 형상·치수

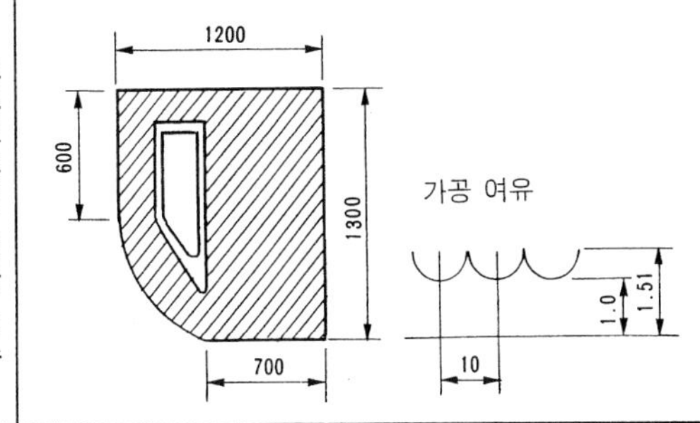

재질 FC25의 금형 가공을 CBN 공구를 사용하여 고속 가공을 한 예이다. 총절삭 길이 1800m에서도 날끝 마모는 아주 근소하여 계속 사용이 가능한 상태이고 날끝의 치핑이 없어 다듬질면이 양호했다.

(자료 : 住友 전기 공업)

구분	항목	내용
가공재료	피삭재의 명칭	블록
	재질	SKT4
	경도	HRC40~42
	가공전의 열처리 상태	담금질·뜨임
사용공구	명칭	스로어웨이 볼 엔드 밀(ϕ25)
	절삭날의 재종	초경(A30N=P계)
	형식(메이커)	BEM2250S(住友 전기 공업)
	공구의 지지 방법	밀링 척 홀더
절삭조건	절삭 속도(m/min)	61
	회전수(min^{-1})	780
	이송속도(mm/rev)	230
	절삭깊이량(mm)	축방향 3, 픽피드 4
	절삭 유제(명칭)	건식 절삭·에어블로
사용기계	명칭	수직형 MC
	형식(메이커)	V-15(야마자끼 마작)
	기계 출력(kW)	11
	NC 장치(축의 수)	

가공부품의 형상·치수

요구정밀도			
진원도		평면도	
진직도		직각도	
원통도			
평행도		다듬질면 거칠기	

단조 금형재 가공의 절삭 성능(수명)을 비교할 목적으로 테스트 가공을 실시했다. 당사는 BEM2250S, A사는 2매날 타입, B사는 여러 날 타입의 초경 스로어웨이 볼 엔드 밀을 사용했다.

그 결과, BEM2250S는 53패스째부터 빛나기 시작하고 58패스(84분)에 절삭날이 결손되어 중단했다. 한편, A사는 9패스부터 절삭면이 빛나기 시작하고 12패스째(18분)의 파들기 가공시에 중심 절삭날부가 대파하여 중단했다. 또 B사는 10패스째(14분)의 파들기 가공시에 팁이 대파하여 보디 사용이 불가능하게 되었다. 즉 BEM 2250S는 타사 제품에 비하여 5~6배 수명이 길었다.

(자료 : 住友 전기공업)

구분	항목	내용
가공재료	피삭재의 명칭	금형
	재질	SCM440(합금강)
	경도	HRC30
	가공전의 열처리 상태	담금질·뜨임
사용공구	명칭	스로어웨이 볼 엔드 밀
	절삭날의 재종	서멧
	형식(메이커)	SFB2200T(住友 전기 공업)
	공구의 지지 방법	콜릿 척
절삭조건	절삭 속도(m/min)	251
	회전수(min^{-1})	4000
	이송속도(mm/rev)	1200
	절삭깊이량(mm)	축방향 1.0, 픽 피드 0.8
	절삭 유제(명칭)	건식 절삭
사용기계	명칭	수직형 MC
	형식(메이커)	FV45 (豊田 공기)
	기계 출력(kW)	7.5
	NC 장치(축의 수)	FANUC 11M(3)

가공부품의 형상·치수

요구정밀도			
진원도		평면도	
진직도		직각도	
원통도			
평행도		다듬질면 거칠기	3S 이하

금형의 가공은 절삭 거리가 긴데다 가공면 거칠기의 요구 정밀도가 매우 엄하다. 그래서 종래의 초경 볼 엔드 밀에서 서멧 볼 엔드 밀로 바꾸는 것으로 이러한 문제점을 해결하고자 했다. 서멧은 경질이고 고온 강도가 높으며 더구나 철과의 친화성이 낮기 때문에 금형 가공에 최적으로 생각된다. 그 결과, 능률은 초경 공구의 3배, 가공면 거칠기는 반 이하인 3S를 실현했다.

(자료 : 住友 전기공업)

가공재료	피삭재의 명칭	테스트 피스
	재질	4Y32-T6 (12%Si 알루미늄 합금)
	경도	
	가공전의 열처리 상태	담금질·뜨임
사용공구	명칭	4매날 엔드 밀 (φ8)
	절삭날의 재종	다이아몬드 코팅 초경
	형식 (메이커)	(不二越)
	공구의 지지 방법	SS척 (테이퍼 콜릿 타입)
절삭조건	절삭 속도 (m/min)	628
	회전수 (min^{-1})	25000
	이송속도 (mm/rev)	5
	절삭깊이량 (mm)	축방향 15 (최대), 지름 방향 0.1
	절삭 유제 (명칭)	수용성 (다프니 밀클 AL)
사용기계	명칭	수평형 MC
	형식 (메이커)	NFS-200 (不二越)
	기계 출력 (kW)	7.5
	NC 장치 (축의 수)	NUCLEUS-NACHI (3)

알루미늄 합금의 엔드 밀 가공 예이다. 초경 엔드 밀에 다이아몬드를 코팅함으로써 공구 수명을 종래의 TiC 코팅 초경 엔드 밀의 50배로 연장시키고 다듬질면 거칠기도 초경 엔드 밀의 R_{max}2.2μm에서 R_{max}1.2μm로 향상시켰다.

(자료 : 不二越)

가공부품의 형상·치수

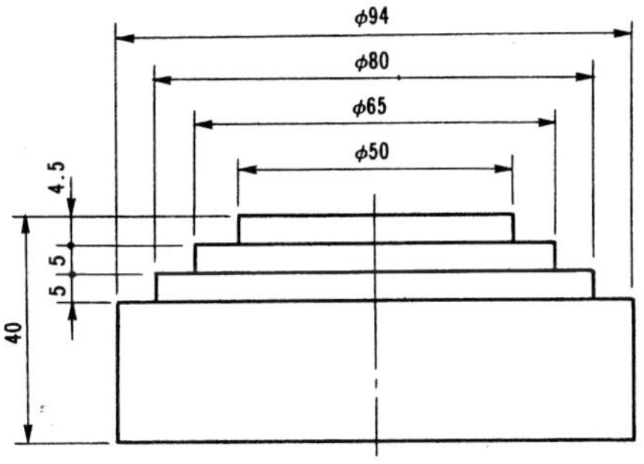

절삭시험 데이터

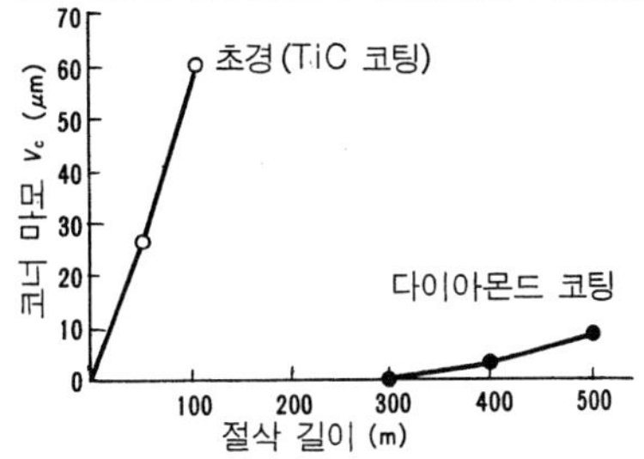

요구 정밀도	
직각도	5 μm 이하 (넘어짐을 포함)
다듬질면 거칠기	3.2S

가공재료	피삭재의 명칭	테스트 피스
	재질	A2024P (알루미늄 합금)
	경도	
	가공전의 열처리 상태	
사용공구	명칭	엔드 밀
	절삭날의 재종	초경 (RG)
	형식 (메이커)	CA-RG-EDS (오에스지)
	공구의 지지 방법	밀링 척
절삭조건	절삭 속도 (m/min)	251.33
	회전수 (min^{-1})	8000
	이송속도 (mm/rev)	1600~4000 (0.1~0.25mm/날)
	절삭깊이량 (mm)	축방향 15, 지름 방향 0.5
	절삭 유제 (명칭)	건식 절삭
사용기계	명칭	수직형 밀링 머신
	형식 (메이커)	
	기계 출력 (kW)	7.5
	NC 장치 (축의 수)	

절삭면의 넘어짐이나 기복 현상이 발생하기 쉬운 동이나 알루미늄의 다듬질 가공 전용으로 개발된 엔드 밀 (CA-RG-EDS)을 사용한 알루미늄 합금의 가공 예이다.

날끝 형상이나 여유면 형상을 연구하여 다듬질면 거칠기를 종래 타입의 반 이하로 향상시켰다.

(자료 : 오에스지 판매)

가공부품의 형상·치수

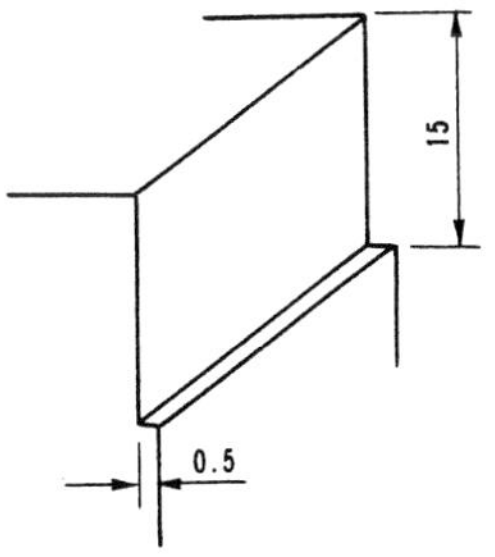

절삭시험 데이터

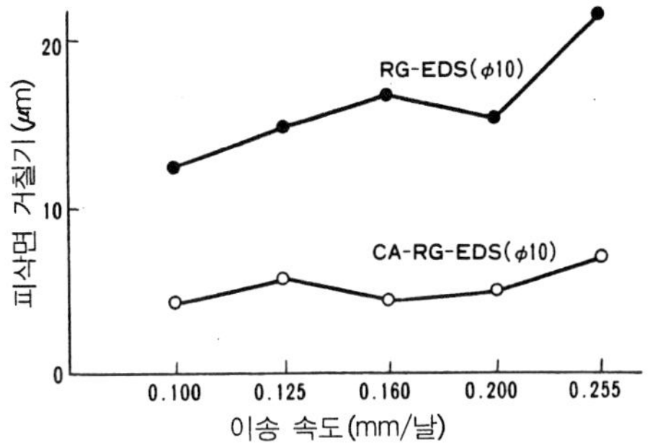

요구 정밀도	
다듬질면 거칠기	▽▽▽

가공재료	피삭재의 명칭	테스트 피스
	재질	S50C
	경도	HRB94
	가공전의 열처리 상태	
사용공구	명칭	4매날 엔드 밀(φ8)
	절삭날의 재종	TiN 코팅 분말 하이스(SXM)
	형식(메이커)	SXM-EMS(오에스지)
	공구의 지지 방법	밀링 척
절삭조건	절삭 속도(m/min)	70
	회전수(min^{-1})	2800
	이송속도(mm/rev)	650(0.06mm/날)
	절삭깊이량(mm)	축방향 12, 지름 방향 0.8
	절삭 유제(명칭)	불수용성(황염화계 유성)
사용 기계(출력·kW)		수직형 MC(11)

가공부품의 형상·치수

일반 강의 고속 절삭을 목적으로 분말 하이스에 탄화바나듐, 질화티탄을 첨가한 고경도(HRC71이상)의 신소재에 TiN을 코팅한 엔드 밀(SXM 슈퍼엑조밀)을 사용하여 절삭 속도 70m/min이라는 고능률 가공을 가능케 했다. 이 공구는 내마모성, 내열성이 높다는 특징을 갖고 있기 때문에 안정된 고속 절삭을 할 수 있다.

(자료 : 오에스지 판매)

가공재료	피삭재의 명칭	테스트 피스
	재질	SKD11
	경도	HRC60
	가공전의 열처리 상태	담금질
사용공구	명칭	납땜 엔드 밀
	절삭날의 재종	CBN
	형식(메이커)	MBOS(오에스지)
	공구의 지지 방법	밀링 척
절삭조건	절삭 속도(m/min)	100
	회전수(min^{-1})	3200
	이송속도(mm/rev)	100(0.03mm/날)
	절삭깊이량(mm)	0.5
	절삭 유제(명칭)	건식 절삭
사용 기계(출력·kW)		수직형 MC (17.5)

가공부품의 형상·치수

종래에는 연삭 가공했던 담금질강의 다듬질 가공을 절삭 가공으로 대신하여 능률을 대폭적으로 향상시켰다. 또 타사 동등품과의 비교 테스트에서 공구 수명은 3배보다도 더 길므로 장시간의 무인 운전에 대응할 수 있다는 것을 확인했다.

초경 보다는 강성이 높고 채터링이 없는 매끄러운 가공을 할 수 있고 다듬질면 거칠기도 양호하다.

(자료 : 오에스지 판매)

가공재료	피삭재의 명칭	공작 기계 테이블 베이스
	재질	FC30
	경도	
	가공전의 열처리 상태	
사용공구	명칭	스로어웨이 엔드 밀
	절삭날의 재종	초경 (K 종)
	형식(메이커)	OSG-WALTER·F2038C(오에스지)
	공구의 지지 방법	F2038+F피스용 아버
절삭조건	절삭 속도(m/min)	60
	회전수(min^{-1})	300
	이송속도(mm/rev)	210(0.35mm/날)
	절삭깊이량(mm)	3~10
	절삭 유제(명칭)	건식 절삭
사용 기계(출력·kW)		수직형 MC (22)

가공부품의 형상·치수

돌출 길이가 긴 경우의 거친 가공 예이다. 선단부를 교환할 수 있는 거친 가공용 커터(OSG-WALTER F 2038 C)의 프론트 피스를 더욱 깊은 부분을 가공할 수 있도록 개발한 전용 아버와 조합하여 지금까지는 채터링으로 가공할 수 없었던 부분의 거친 가공을 능률적으로 할 수 있게 되었다. 예를 들어, 깊은 금형의 거친 가공 공정 시간을 대폭적으로 단축시켰다.

(자료 : 오에스지 판매)

구분	항목	내용
가공재료	피삭재의 명칭	기계 부품
	재질	S45C상당
	경도	HB180
	가공전의 열처리 상태	
사용공구	명칭	엔드 밀
	절삭날의 재종	CVD코팅(GC-A=P25)
	형식(메이커)	R215.44-090208-BAM(샌드빅)
	공구의 지지 방법	R215.44-ϕ25
절삭조건	절삭 속도(m/min)	112
	회전수(min^{-1})	1420
	이송속도(mm/rev)	850
	절삭깊이량(mm)	축방향 3.5, 지름 방향 25
	절삭 유제(명칭)	건식 절삭
사용 기계(출력·KW)		MC(3.5)

가공부품의 형상·치수

엔드 밀에 의한 S45 상당재료의 홈 거친 가공의 예이다. CVD 코팅 재종(GC-A)의 뉴웨이브 팁은 절삭날 강도가 높고 공구 수명도 대폭적으로 향상되었다. 또 홈가공시의 절삭 칩 배출성도 양호하다.

(자료 : 샌드빅)

구분	항목	내용
가공재료	피삭재의 명칭	기계 부품
	재질	SCM440상당
	경도	
	가공전의 열처리 상태	
사용공구	명칭	스로어웨이 드릴 엔드 밀
	절삭날의 재종	CVD코팅(GC135=P40)
	형식(메이커)	R21612-100204(샌드빅)
	공구의 지지 방법	나사 클램프
절삭조건	절삭 속도(m/min)	80
	회전수(min^{-1})	1600
	이송속도(mm/rev)	96
	절삭깊이량(mm)	축방향 5, 지름 방향 16
	절삭 유제(명칭)	수용성 (에멀션)
사용 기계(출력·KW)		MC(5.5)

가공부품의 형상·치수

드릴 엔드 밀을 사용한 가공 예. 팁 재종은 CVD 코팅(GC 235)으로서 종래의 초경 재종(P40)에 비하여 생산성을 약 20% 향상시켰다. 또 공구 수명도 약 2배로 대폭 향상되었다.

(자료 : 샌드빅)

구분	항목	내용
가공재료	피삭재의 명칭	사출 성형기용 리드 스크루
	재질	SNCM
	경도	HB300
	가공전의 열처리 상태	
사용공구	명칭	스로어웨이 엔드 밀
	절삭날의 재종	CVD코팅(GC235=P40)
	형식(메이커)	R215.44-090208-BAM(샌드빅)
	공구의 지지 방법	R215.44, ϕ16
절삭조건	절삭 속도(m/min)	75
	회전수(min^{-1})	2000
	이송속도(mm/rev)	90
	절삭깊이량(mm)	축방향 5, 지름 방향 12
	절삭 유제(명칭)	수용성(에멀션)
사용기계(메이커)		수평형 전용기

가공부품의 형상·치수

사출 성형기용 이송 나사의 홈가공 예이다. u-MAX용 뉴웨이브 팁을 붙인 엔드 밀을 사용하여 종래의 하이스 엔드 밀에 비해 생산성을 약 4배로 향상시켰다.

팁은 고인성 코팅 재종(GC235)으로서 안정된 장수명을 얻을 수 있다. 또 절삭날 강도가 대폭적으로 개선되어 칩의 처리성도 향상되었다.

(자료 : 샌드빅)

구분	항목	내용
가공재료	피삭재의 명칭	줄
	재질	SKS8(합금 공구강)
	경도	HRC68
	가공전의 열처리 상태	담금질
사용공구	명칭	스로어웨이 엔드 밀(ϕ20)
	절삭날의 재종	코팅 초경
	형식(메이커)	日立 툴
	공구의 지지 방법	콜릿 척
절삭조건	절삭 속도(m/min)	30
	회전수(min^{-1})	480
	이송속도(mm/rev)	100
	절입량(mm)	0.1
	절삭 유제(명칭)	건식 절삭
사용기계	명칭	수직형 MC
	형식(메이커)	VK65(日立 정기)
	기계 출력(kW)	11(30분 정격)
	NC 장치(베어링)	SEICOS(3)

가공부품의 형상·치수

요구정밀도			
진원도		평면도	
진직도		직각도	5μm
원통도			
평행도		다듬질면 거칠기	4μm

고경도 담금질 재료를 가공하기 위하여 전용 엔드 밀 「하드 스타」의 성능을 알아보기 위한 시범 가공 예이다. 가공 시간은 약 5분. 홈의 측면 거칠기는 4.0μm를 클리어했다.

(자료 : 日立 툴·大阪 공장)

구분	항목	내용
가공재료	피삭재의 명칭	테스트 피스
	재질	S50C
	경도	HB220
	가공전의 열처리 상태	담금질·뜨임
사용공구	명칭	숄더 밀(스로어웨이 타입)
	절삭날의 재종	코팅 초경(HC844)
	형식(메이커)	SE90-4050(ϕ50) (日立 툴)
	공구의 지지 방법	콜릿 척(ϕ32)
절삭조건	절삭 속도(m/min)	150
	회전수(min^{-1})	955
	이송속도(mm/rev)	430
	절입량(mm)	6~8
	절삭 유제(명칭)	건식 절삭
사용기계	명칭	수직형 MC
	형식(메이커)	VK65(日立 정기)
	기계 출력(kW)	11
	NC 장치(베어링)	SEICOS(3)

가공부품의 형상·치수

max8

요구정밀도			
진원도		평면도	
진직도		직각도	
원통도			
평행도		다듬질면 거칠기	

동종의 종래형 공구에 비해 하이 레이크날이기 때문에 절삭 저항이 저감되고 칩의 처리성에 뛰어나게 설계되어 있어서, 최장 8mm 깊이의 홈가공에서도 칩에 의한 트러블 없이 가공할 수 있는 것이 특징이다.

(자료 : 日立 툴·成田 공장)

구분	항목	내용
가공재료	피삭재의 명칭	테스트 피스
	재질	S50C
	경도	HB220
	가공전의 열처리 상태	담금질·뜨임
사용공구	명칭	스로어웨이 볼 엔드 밀(ϕ25)
	절삭날의 재종	코팅 초경(HC844)
	형식(메이커)	BCF2525S32S(日立 툴)
	공구의 지지 방법	콜릿 척(ϕ32)
절삭조건	절삭 속도(m/min)	150
	회전수(min^{-1})	1910
	이송속도(mm/rev)	300
	절삭깊이량(mm)	피치 4
	절삭 유제(명칭)	건식 절삭
사용기계	명칭	수직형 MC
	형식(메이커)	VK65(日立 정기)
	기계 출력(kW)	11
	NC 장치(축의 수)	SEICOS(3)

가공부품의 형상·치수

요구정밀도			
진원도		평면도	
진직도		직각도	
원통도			
평행도		다듬질면 거칠기	

절삭날 팁의 클램프를 더블키 방식으로 한 결과, 고속 고이송 조건의 스파이럴 가공에서도 클램프 사고나 진동이 발생하지 않아 신뢰성이 크게 향상되었다.

(자료 : 日立 툴·成田 공장)

구분	항목	내용
가공재료	피삭재의 명칭	플라스틱 금형
	재질	SCM445
	경도	HB230
	가공전의 열처리 상태	담금질·뜨임
사용공구	명칭	스로어웨이 볼 엔드 밀
	절삭날의 재종	코팅 초경(HC844)
	형식(메이커)	BCF2539S32L(日立 툴)
	공구의 지지 방법	콜릿 척(ϕ32)
절삭조건	절삭 속도(m/min)	157
	회전수(min^{-1})	2000
	이송속도(mm/rev)	500
	절삭깊이량(mm)	10
	절삭 유제(명칭)	건식 절삭
사용기계	명칭	수직형 MC
	형식(메이커)	VS5A(三井 정기 공업)
	기계 출력(kW)	11
	NC 장치(축의 수)	FANUC 15MA(4)

가공부품의 형상·치수

20°
10

요구정밀도			
진원도		평면도	
진직도		직각도	
원통도			
평행도		다듬질면 거칠기	

종래품 공구에서는 가공중에 스로어웨이 팁이 어긋나 가공 정밀도에 영향을 주고 있었다.「α 볼 엔드 밀」의 경우, 더블키 클램프 방식을 채택한 결과 팁을 견고히 클램프할 수 있기 때문에 팁이 어긋나지 않아 안정된 가공 정밀도를 확보할 수 있었다.

(자료 : 日立 툴·成田 공장)

구분	항목	내용
가공재료	피삭재의 명칭	방전 가공용 전극
	재질	그라파이트 ED-3
	경도	HS65
	가공전의 열처리 상태	연마 다듬질
사용공구	명칭	4매날 스퀘어 엔드 밀(ϕ10)
	절삭날의 재종	다이아몬드 전착 하이스
	형식(메이커)	4 LC+다이아몬드 전착 (神戶 제강소)
	공구의 지지 방법	엔드 밀 척·돌출 길이 50mm
절삭조건	절삭 속도(m/min)	346
	회전수(min^{-1})	11000
	이송속도(mm/rev)	2200(0.22mm/rev)
	절삭깊이량(mm)	축방향 10, 지름 방향 1
	절삭 유제(명칭)	건식 절삭·에어블로
사용기계	명칭	그라파이트 전극 가공기
	형식(메이커)	SNC86(牧野 후라이스 제작소)
	기계 출력(kW)	3.7
	NC 장치(축의 수)	

가공부품의 형상·치수

요구정밀도			
진원도		평면도	
진직도		직각도	
원통도			
평행도		다듬질면 거칠기	

그라파이트는 절삭 저항은 작지만 흑연입자가 단단하여 어브레시브 마모를 일으키기 쉬우므로 현재는 하이스 및 초경 엔드 밀을 사용하여 가공되고 있다. 그러나 공구의 외주 마모가 크고 엔드 밀의 치수 변화(지름의 감소)가 문제되고 있었다.

이 사례는 모재에 표준 하이스 엔드 밀(4LC)을 사용, 이것에 다이아몬드를 전착한 스퀘어 엔드 밀에 의하여 가공한 예이다.

총절삭 길이는 250m로서 지금까지의 초경 엔드 밀(에어홀붙이) 2종류에 비하여 3~5배의 수명 향상을 실현했다.

(자료 : 神戶 제강소)

구분	항목	내용
가공재료	피삭재의 명칭	방전 가공용 전극
	재질	그라파이트E D-3
	경도	HS65
	가공전의 열처리 상태	연마 다듬질
사용공구	명칭	4매날 볼 엔드 밀(R8)
	절삭날의 재종	다이아몬드 전착 하이스
	형식(메이커)	K-4MB+다이아몬드 전착 (神戶제강소)
	공구의 지지 방법	엔드 밀 척·돌출 길이 50mm
절삭조건	절삭 속도(m/min)	400
	회전수(min^{-1})	8000
	이송속도(mm/rev)	2000(0.25mm/rev)
	절삭깊이량(mm)	축방향 20, 지름 방향 16
	절삭 유제(명칭)	건식 절삭·에어블로
사용기계	명칭	그라파이트 전극 가공기
	형식(메이커)	SNC86(牧野 후라이스 제작소)
	기계 출력(kW)	3.7
	NC 장치(축의 수)	

가공부품의 형상·치수

요구정밀도			
진원도		평면도	
진직도		직각도	
원통도			
평행도		다듬질면 거칠기	

다이아몬드 전착 볼 엔드 밀을 사용한 가공 예이다. 가공물은 자동차용 헤드 램프의 금형으로서 에어홀붙이 초경 볼 엔드 밀의 2.5배의 수명을 얻고 있다.

다이아몬드는 경도가 높고 그라파이트에 대한 내마모성이 극히 크므로 표준의 하이스 엔드 밀에 다이아몬드 숫돌 입자를 전착한 다이아몬드 전착 엔드 밀은 그라파이트 가공에서의 수명 연장의 효과가 크다.

다이아몬드 전착 하이스 엔드 밀은 가격적으로도 초경 엔드 밀보다 싸고 수명이 길어 장시간의 무인 운전을 할 수 있으므로 큰 경제 효과를 기대할 수 있다.

(자료 : 神戶 제강소)

구분	항목	내용
가공재료	피삭재의 명칭	하우징
	재질	SS41
	경도	HB120
	가공전의 열처리 상태	풀림
사용공구	명칭	스로어웨이 드릴
	절삭날의 재종	초경(P30 상당)
	형식(메이커)	R416.1-0550-205(샌드빅)
	공구의 지지 방법	버로크 방식 커넥터
절삭조건	절삭 속도(m/min)	112
	회전수(min^{-1})	650
	이송속도(mm/rev)	60
	절삭깊이량(mm)	
	절삭 유제(명칭)	수용성(심 쿨 400)
사용기계	명칭	플래노밀러
	형식(메이커)	(東芝 기계)
	기계 출력(kW)	90
	NC 장치(축의 수)	

가공부품의 형상·치수

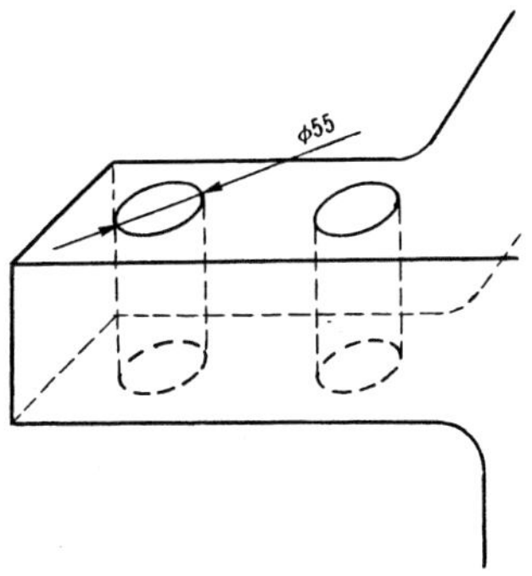

φ55

요구정밀도			
진원도		평면도	
진직도		직각도	
원통도	0~+0.3mm		
평행도		다듬질면 거칠기	25S

SS41재는 절삭칩이 이어져 공구에 감기기 쉬우므로 칩이 공구에 감기지 않도록 원패스로 가공할 수 있는 절삭 조건을 골랐다. 다만, 0.5mm 마다 스텝 피드를 할 필요가 있다.

(자료 : 東芝 京浜 사업소)

구분	항목	내용
가공재료	피삭재의 명칭	하우징
	재질	SNCM(1.25Cr-Mo-V강)
	경도	HB250
	가공전의 열처리 상태	
사용공구	명칭	이젝터 드릴·솔리드 타입
	절삭날의 재종	초경(P30 상당)
	형식(메이커)	424.9(샌드빅)
	공구의 지지 방법	BTA방식
절삭조건	절삭 속도(m/min)	55
	회전수(min^{-1})	220
	이송속도(mm/rev)	60
	절삭깊이량(mm)	
	절삭 유제(명칭)	불수용성(스페이스 커트)
사용기계	명칭	구멍 뚫기 전용기
	형식(메이커)	전용기(자사제)
	기계 출력(kW)	45
	NC 장치(축의 수)	

가공부품의 형상·치수

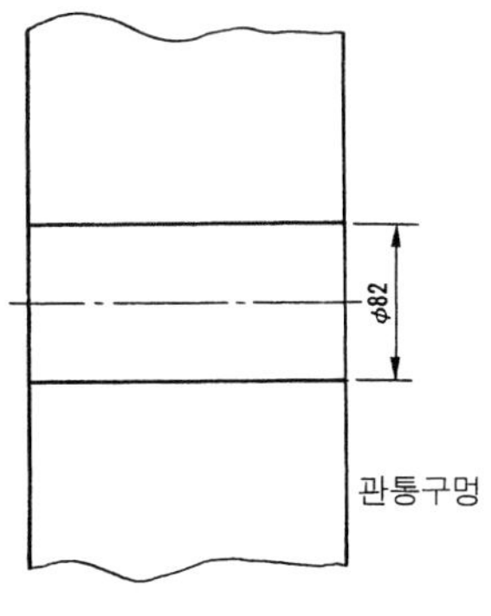

φ82

관통구멍

요구정밀도			
진원도		평면도	
진직도		직각도	
원통도			
평행도		다듬질면 거칠기	25S

(자료 : 東芝·京浜 사업소)

가공재료	피삭재의 명칭	테스트 피스
	재질	SS41
	경도	
	가공전의 열처리 상태	
사용공구	명칭	오일 구멍붙이 솔리드 드릴(φ10)
	절삭날의 재종	TiN 코팅 초경(PK56)
	형식(메이커)	DSC100L(東芝 텅걸로이)
	공구의 지지 방법	스프링 콜릿
절삭조건	절삭 속도(m/min)	120
	회전수(min^{-1})	3820
	이송속도(mm/rev)	1146
	절삭깊이량(mm)	60(구멍 깊이)
	절삭 유제(명칭)	수용성(에멀션)
사용기계	명칭	수직형 MC
	형식(메이커)	VMC-55(東芝 기계)
	기계 출력(kW)	15
	NC 장치(축의 수)	트리플 7(3)

가공부품의 형상·치수

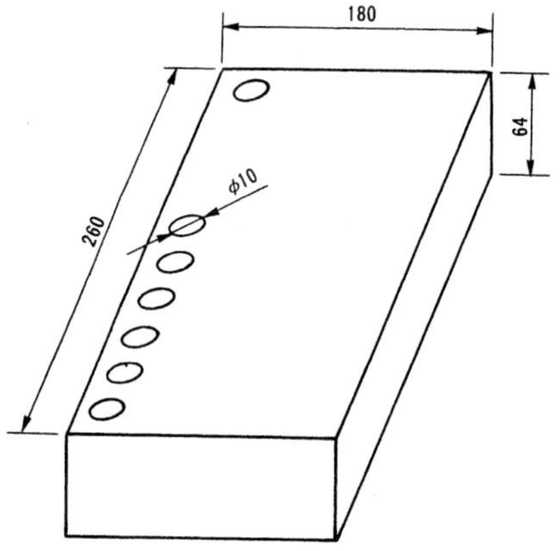

180, 64, 260, φ10

요구정밀도			
진원도		평면도	
진직도		직각도	
원통도			
평행도		다듬질면 거칠기	

초경 솔리드 드릴에 스파이럴 형상의 오일 구멍을 마련함으로써 납땜 드릴이나 오일 구멍이 없는 드릴의 2배 이상의 고능률 가공이 가능하게 되었다.

오일 구멍이 스파이럴이므로 공구를 재연삭하더라도 오일 구멍의 위치가 달라지지 않는 것도 특징이다.

(자료 : 東芝 텅걸로이)

가공재료	피삭재의 명칭	테스트 피스
	재질	S50C
	경도	HB200
	가공전의 열처리 상태	담금질·뜨임
사용공구	명칭	스로어웨이 드릴(φ14)
	절삭날의 재종	TiC코팅 초경(T553)
	형식(메이커)	TDJ-140(東芝 텅걸로이)
	공구의 지지 방법	사이드 로크·내부 급유 홀더
절삭조건	절삭 속도(m/min)	150
	회전수(min^{-1})	3410
	이송속도(mm/rev)	341
	절삭깊이량(mm)	28(구멍 깊이)
	절삭 유제(명칭)	수용성(에멀션)
사용기계	명칭	수직형 MC
	형식(메이커)	VMC-6(東芝 기계)
	기계 출력(kW)	15
	NC 장치(축의 수)	TOSNUC(3)

가공부품의 형상·치수

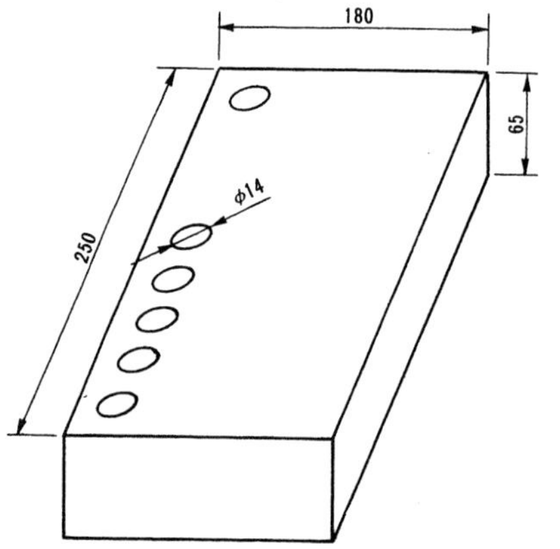

180, 65, 250, φ14

요구정밀도			
진원도		평면도	
진직도		직각도	
원통도			
평행도		다듬질면 거칠기	

드릴의 날을 스로어웨이화하는 것으로 종래의 납땜 드릴에 의한 가공에 비하여 가공 코스트를 대폭적으로 절감시켰다.

납땜 드릴급의 가공 능률을 얻을 수 있는데다 재연삭을 위한 시간과 설비가 필요치 않다. 또 코팅 팁의 채택으로 공구의 장수명화를 달성했다.

(자료 : 東芝 텅걸로이)

가공재료	피삭재의 명칭	테스트 피스		
	재질	SUS304		
	경도			
	가공전의 열처리 상태			
사용공구	명칭	연강·스테인리스용 드릴(φ26)		
	절삭날의 재종	알루미나 코팅 초경(T313W)		
	형식(메이커)	TDW-260(東芝 텅갈로이)		
	공구의 지지 방법	사이드로크 홀더(내부 급유)		
절삭조건	절삭 속도(m/min)	150		
	회전수(min^{-1})	1848		
	이송속도(mm/rev)	147		
	절삭깊이량(mm)	40		
	절삭 유제(명칭)	수용성(에멀션)		
사용기계	명칭	수직형 MC		
	형식(메이커)	VMC-55(東芝 기계)		
	기계 출력(kW)	15		
	NC 장치(축의 수)	TOSNUC(3)		

가공부품의 형상·치수

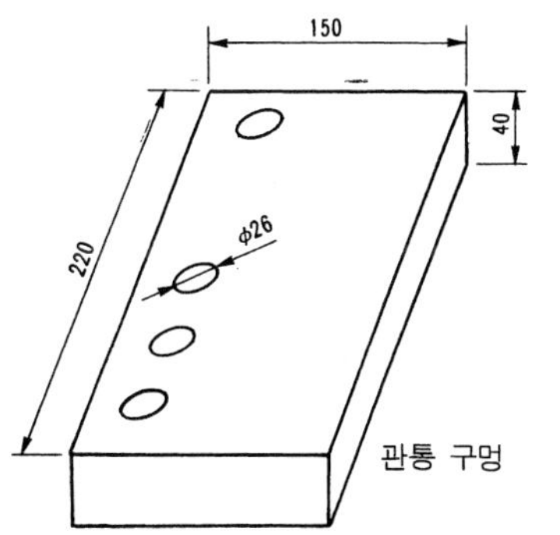

150, 40, 220, φ26, 관통 구멍

요구정밀도			
진원도		평면도	
진직도		직각도	
원통도			
평행도		다듬질면 거칠기	

절삭칩이 얽히기 쉬운 스테인리스강이나 연강의 구멍 뚫기용으로 개발된 전용 브레이커를 갖는 코팅 드릴을 사용한 예이다. 절삭 속도 150m/min 전후에서 양호한 가공이 되었다.

(자료 : 東芝 텅갈로이)

가공재료	피삭재의 명칭	테스트 피스
	재질	FC30
	경도	
	가공전의 열처리 상태	
사용공구	명칭	솔리드 드릴(φ9)
	절삭날의 재종	초경(C1F=K10)
	형식(메이커)	FDC0900L(東芝 텅갈로이)
	공구의 지지 방법	콜릿 척
절삭조건	절삭 속도(m/min)	90
	회전수(min^{-1})	3183
	이송속도(mm/rev)	955
	절삭깊이량(mm)	72
	절삭 유제(명칭)	수용성(에멀션)
사용기계	명칭	수직형 MC
	형식(메이커)	VMC-6(東芝 기계)
	기계 출력(kW)	15
	NC 장치(축의 수)	TOSNUC(3)

가공부품의 형상·치수

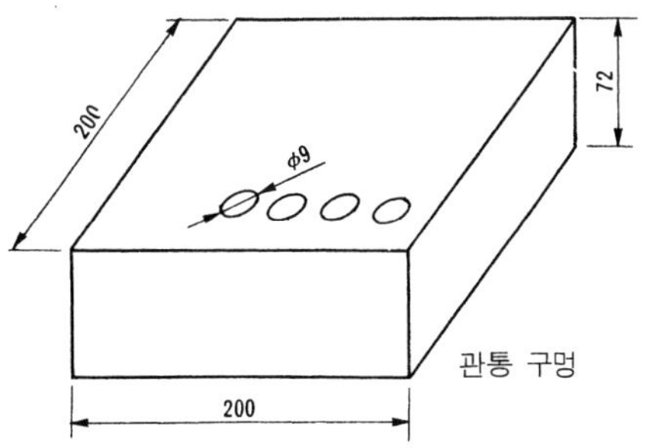

200, 72, φ9, 200, 관통 구멍

요구정밀도			
진원도		평면도	
진직도		직각도	
원통도			
평행도		다듬질면 거칠기	

공구지름의 8배의 구멍(72mm)을 스텝 이송없이 가공한 예이다. 오일 구멍이 붙어 있으므로 절삭유가 공구 날끝에 직접 공급되어 종래의 드릴에 비하여 고속, 고이송 가공이 가능하다.

(자료 : 東芝 텅갈로이)

구분	항목	내용
가공재료	피삭재의 명칭	테스트 피스
	재질	S45C
	경도	HB200
	가공전의 열처리 상태	담금질·뜨임
사용공구	명칭	강(鋼)용 드릴(ϕ10)
	절삭날의 재종	서멧(NS540)
	형식(메이커)	SFS1000-C(東芝 텅걸로이)
	공구의 지지 방법	스프링 콜릿
절삭조건	절삭 속도(m/min)	140
	회전수(min^{-1})	4456
	이송속도(mm/rev)	891
	절삭깊이량(mm)	30(구멍 깊이)
	절삭 유제(명칭)	수용성(에멀션)
사용기계	명칭	수직형 MC
	형식(메이커)	Vertmatic-C(碌夕산업)
	기계 출력(kW)	11
	NC 장치(축의 수)	FANUC(3)

가공부품의 형상·치수

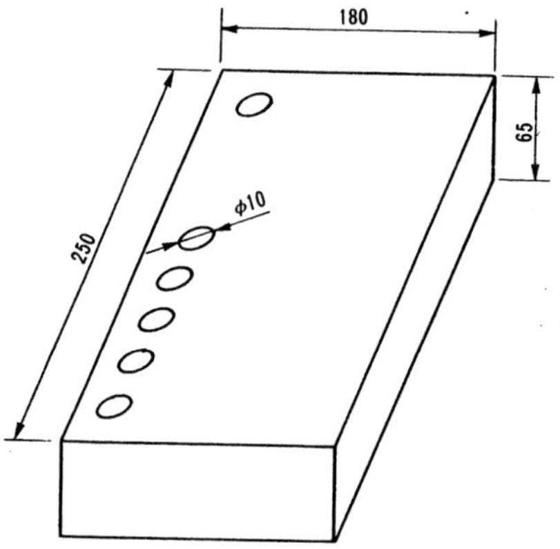

180, 65, 250, ϕ10

요구정밀도			
진원도		평면도	
진직도		직각도	
원통도			
평행도		다듬질면 거칠기	

외부 급유로 가공할 경우, 초경 코팅 드릴은 절삭 속도 140m/min에서 칩이 타서 늘어나지만 서멧 드릴은 칩처리성이 양호하고 공구 수명도 20m/(재연삭)을 얻었다.

또 코팅 드릴과는 달리 재연삭후의 코팅 처리를 하지 않아도 신품과 거의 같은 성능을 얻을 수 있다.

(자료 : 東芝 텅걸로이)

구분	항목	내용
가공재료	피삭재의 명칭	테스트 피스
	재질	S50C
	경도	HB190
	가공전의 열처리 상태	담금질·뜨임
사용공구	명칭	깊은 구멍용 스로어웨이 드릴(ϕ31)
	절삭날의 재종	TiC코팅 초경(T553)
	형식(메이커)	TDW-310SP(東芝 텅걸로이)
	공구의 지지 방법	사이드 로크 홀더(내부 급유)
절삭조건	절삭 속도(m/min)	100
	회전수(min^{-1})	1027
	이송속도(mm/rev)	144
	절삭깊이량(mm)	93(구멍 깊이)
	절삭 유제(명칭)	수용성(에멀션)
사용기계	명칭	수직형 MC
	형식(메이커)	VMC-55(東芝 기계)
	기계 출력(kW)	15
	NC 장치(축의 수)	트리플7(3)

가공부품의 형상·치수

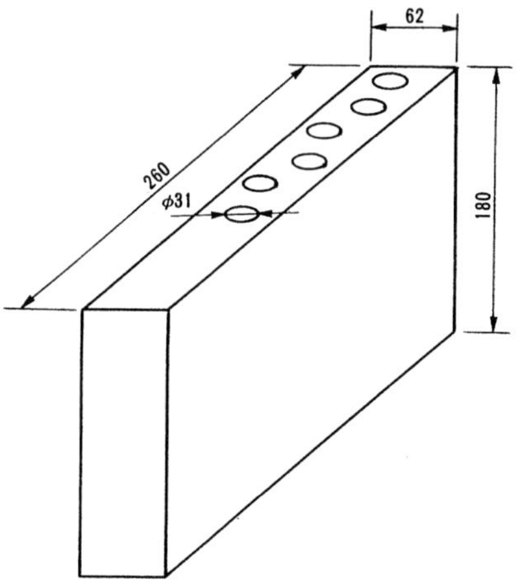

62, 260, ϕ31, 180

요구정밀도			
진원도		평면도	
진직도		직각도	
원통도			
평행도		다듬질면 거칠기	

스로어웨이 드릴로서는 비교적 깊은 구멍, 즉 공구지름의 3배의 구멍 뚫기를 안정되게 할 수 있는 가공 예이다. 강한 비틀림각을 갖는 홈에 의하여 칩의 배출도 원활하다.

(자료 : 東芝 텅걸로이)

가공재료	피삭재의 명칭	테스트 피스
	재질	S55C
	경도	HB230
	가공전의 열처리 상태	
사용공구	명칭	건 드릴(ϕ6)
	절삭날의 재종	초경(G2F=K종)
	형식(메이커)	MC용 건 드릴(東芝 텅걸로이)
	공구의 지지 방법	사이드 로크 홀더(내부 급유)
절삭조건	절삭 속도(m/min)	60
	회전수(min^{-1})	3183
	이송속도(mm/rev)	127
	절삭깊이량(mm)	100
	절삭 유제(명칭)	수용성(에멀션)
사용기계	명칭	수직형 MC
	형식(메이커)	Vertmatic-C(碌夕산업)
	기계 출력(kW)	11
	NC 장치(축의 수)	FANUC(3)

가공부품의 형상·치수

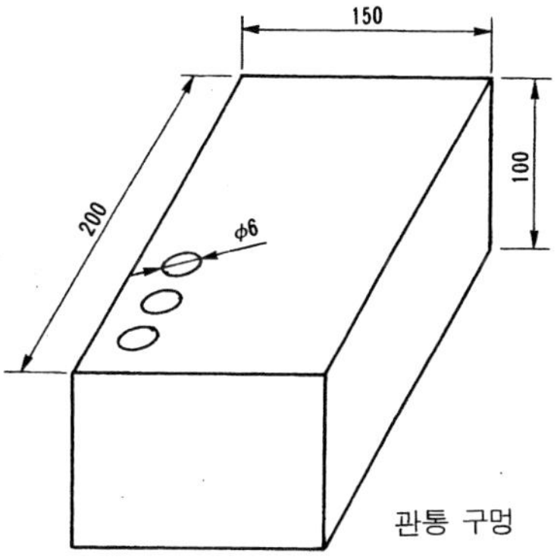

요구정밀도			
진원도		평면도	
진직도		직각도	
원통도			
평행도		다듬질면 거칠기	

종래에는 전용기가 필요했던 건 드릴 가공을 MC 로 가능케 한 예이다.

건 드릴 가공전에 가이드 구멍을 뚫어두고 이것을 가이드 부시 대신 사용하는 것으로 공구지름의 20배 정도까지의 깊은 구멍 가공도 가능하게 되었다.

절삭날의 SF 브레이커에 의하여 칩처리성이 뛰어나기 때문에 절삭 유압이 10기압 정도라도 적용이 가능하다.

(자료 : 東芝 텅걸로이)

가공재료	피삭재의 명칭	테스트 피스
	재질	SUS304L
	경도	
	가공전의 열처리 상태	
사용공구	명칭	오일 구멍붙이 스파이럴 드릴
	절삭날의 재종	Ti화합물 코팅 초경(멀티 드릴H=P30)
	형식(메이커)	MDS050LH(住友전기공업)
	공구의 지지 방법	스프링 콜릿
절삭조건	절삭 속도(m/min)	70
	회전수(min^{-1})	4456
	이송속도(mm/rev)	624(0.14mm/rev)
	절삭깊이량(mm)	18
	절삭 유제(명칭)	수용성(HDE80)
사용기계	명칭	수직형 MC
	형식(메이커)	FV45(豊田工機)
	기계 출력(kW)	5.5
	NC 장치(축의 수)	(3)

가공부품의 형상·치수

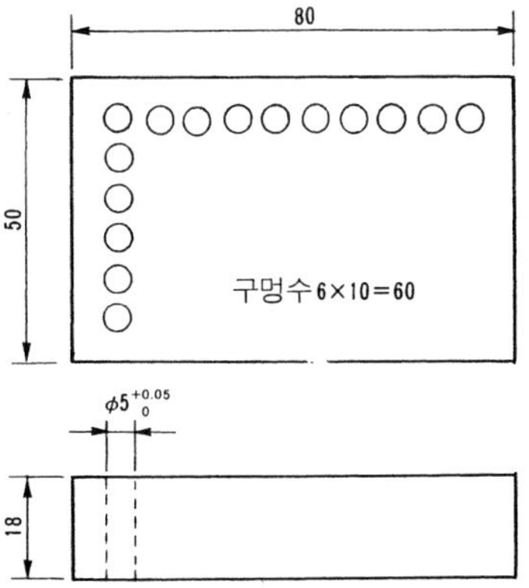

요구정밀도			
진원도		평면도	
진직도		직각도	
원통도			
평행도		다듬질면 거칠기	

소직경 깊은 구멍 가공에서 가공 구멍 정밀도를 확보할 것, 가공 능률을 향상시킬 것(1구멍 1.5분을 20초 이내로), 공구 수명을 현재의 30구멍/(재연삭)을 그 이상으로 연장시키는 것을 목적으로 했다.

그래서 종래의 하이스 드릴+리머를 초경 스파이럴 오일 볼 드릴로 바꾼 결과, 내부 급유식의 힘을 입어 회전수를 대폭적으로 올렸고 이에 따라 날끝에서의 용착이 없어져 360구멍(최고로는 1325 구멍)을 안정 가공할 수 있게 되었다.

(자료 : 住友 전기 공업)

	피삭재의 명칭	컴프레서	가공부품의 형상·치수
가공재료	재질	A390	
	경도		
	가공전의 열처리 상태		
사용공구	명칭	스로어웨이 드릴	
	절삭날의 재종	소결 다이아몬드(DA150)	
	형식(메이커)	DAL0500I(住友 전기 공업)	
	공구의 지지 방법	콜릿 척	
절삭조건	절삭 속도(m/min)	100	가공의 목적은 공구의 장수명화와 구멍 치수의 안정화이다. 초경 (K10) 드릴에서는 2000개를 가공하면 구멍 공차 H7 규격을 벗어났으나 DA150을 사용한 결과 3만개, 즉 초경 공구의 무려 15배라는 극히 높은 수명 특성을 얻었다.
	회전수(min^{-1})	6370	
	이송속도(mm/rev)	637	
	절삭깊이량(mm)	6.6	
	절삭 유제(명칭)	수용성(에멀션)	
사용기계(메이커)		MC(豊田工機)	(자료 : 住友 전기 공업)

	피삭재의 명칭	테스트 피스	가공부품의 형상·치수
가공재료	재질	S50C	
	경도		
	가공전의 열처리 상태		
사용공구	명칭	솔리드 드릴(ϕ10)	
	절삭날의 재종	초경	
	형식(메이커)	S-GDN(오에스지)	
	공구의 지지 방법	밀링 척	
절삭조건	절삭 속도(m/min)	60	공작 기계 전시회에서의 시범 가공 예이다. 강의 고속 구멍 뚫기를 목적으로 한 것으로서 공구는 초경 타입. 독자적인 R 날형을 갖고 있으며 홈바닥 지름이 굵어 강성이 높다. 구멍의 위치 정밀도, 치수 정밀도가 높고 센터 구멍의 가공 공정을 생략할 수 있다. 이것으로 보다 능률이 높은 고정밀도 가공이 가능하게 되었다.
	회전수(min^{-1})	1900	
	이송속도(mm/rev)	475(0.5mm/rev)	
	절삭깊이량(mm)	20	
	절삭 유제(명칭)	수용성	
사용기계(출력·kW)		수직형 MC (7.5)	(자료 : 오에스지 판매)

	피삭재의 명칭	판유리 거울	가공부품의 형상·치수
가공재료	재질	유리	
	경도		
	가공전의 열처리 상태		
사용공구	명칭	급수 구멍붙이 드릴(ϕ6.3)	
	절삭날의 재종	소결 다이아몬드	
	형식(메이커)	(不二越)	
	공구의 지지 방법	D-드릴 홀더	
절삭조건	절삭 속도(m/min)	7	유리의 구멍 뚫기 가공에는 초경 드릴 또는 전착 코어 드릴 등을 사용하고 있으나 가공 능률과 품질(드릴을 뽑을 때의 결손이나 구멍 가공면의 크랙, 흠집 등)의 점에서 문제가 있다. 그래서 다이아몬드 숫돌 입자를 메탈 본드로 소결한, 유니크한 선단 형상을 갖는 급수 구멍붙이 드릴(다이어커트 드릴)을 사용하여 거울의 구멍 뚫기를 했다. 가공 품질이 양호하고 가공 시간도 5~6 초로 고능률이었다.
	회전수(min^{-1})	3500	
	이송속도(mm/rev)	주축 정압 이송(30kgf)	
	절입량(mm)	4.5	
	절삭 유제(명칭)	수용성	
사용기계(kW)		유리 구멍 뚫기 전용기(不二越)	(자료 : 不二越)

구분	항목	내용
가공재료	피삭재의 명칭	테스트 피스
	재질	4Y32-T6(12%Si 알루미늄합금)
	경도	
	가공전의 열처리 상태	담금질·뜨임
사용공구	명칭	스로어웨이 드릴(ϕ8.6)
	절삭날의 재종	플라티나 코팅 초경(P20)
	형식(메이커)	(不二越)
	공구의 지지 방법	SS척(테이퍼 콜릿 방식)
절삭조건	절삭 속도(m/min)	70
	회전수(min^{-1})	2600
	이송속도(mm/rev)	650
	절삭깊이량(mm)	25
	절삭 유제(명칭)	수용성(다프니 밀클 AL)
사용기계	명칭	수직형 MC
	형식(메이커)	NFV-3(不二越)
	기계 출력(kW)	3.7/5.5
	NC 장치(축의 수)	NUCLEUS-NACHI(3)

가공부품의 형상·치수

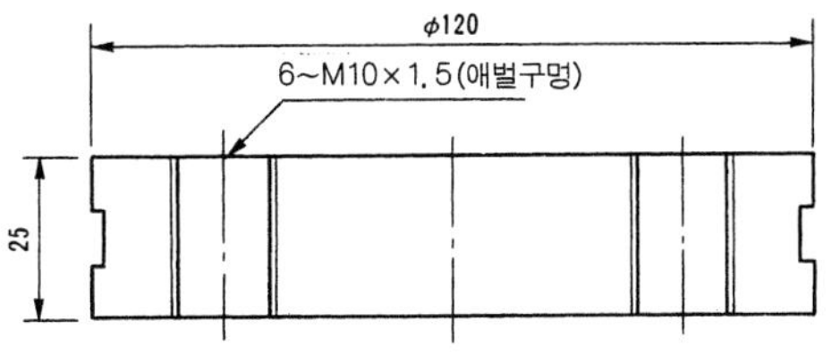

요구정밀도			
진원도		평면도	
진직도		직각도	
원통도			
평행도		다듬질면 거칠기	

공작 기계 전시회에서의 시범 가공 예이다. 플라티나 코팅을 한 초경 드릴을 사용하여 알루미늄 합금, S45C(HB150~180) 등의 구멍 뚫기를 했다.

절삭 속도 60m/min, 이송 560mm/min에서도 문제없이 가공을 할 수 있었다. 구멍 뚫기 개수도 일반 2층 코팅이 약 1000개, 질화 알루미나 코팅이 약 1500개인데 비하여 플라티나 코팅은 약 4500개로 대폭적인 공구 수명의 연장을 실현했다.

(자료 : 不二越)

구분	항목	내용
가공재료	피삭재의 명칭	노즐
	재질	SUS316
	경도	
	가공전의 열처리 상태	
사용공구	명칭	건 드릴(ϕ2.9×l100)
	절삭날의 재종	초경(납땜)
	형식(메이커)	(미로크 툴)
	공구의 지지 방법	밀링 척
절삭조건	절삭 속도(m/min)	64
	회전수(min^{-1})	7000
	이송속도(mm/rev)	42
	절삭깊이량(mm)	14
	절삭 유제(명칭)	불수용성(선커트ES-80)
사용기계	명칭	수평형 MC
	형식(메이커)	MC86-A60(牧野 후라이스 제작소)
	기계 출력(kW)	15/185
	NC 장치(축의 수)	FANUC 15MF(4)

가공부품의 형상·치수

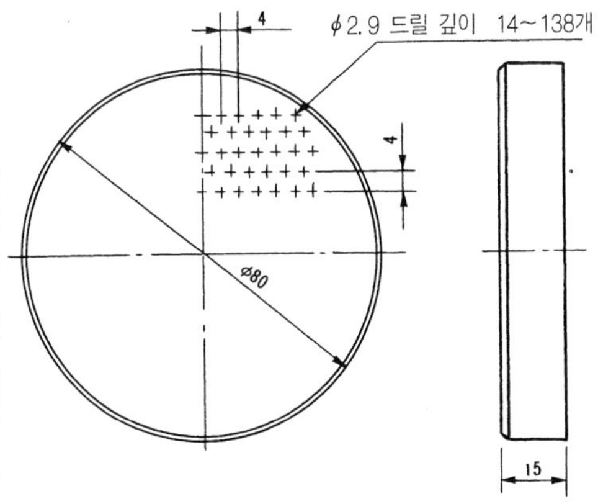

요구정밀도			
진원도		평면도	
진직도		직각도	
원통도			
평행도		다듬질면 거칠기	

스핀들 스루(70kg/cm^2)를 사용한 스테인리스 재료(SUS316)의 깊은 구멍 가공 예이다.

공구는 초경 납땜 건 드릴인데 아무런 문제없이 가공을 할 수 있었다. 이번의 테스트에서는 $L/D=5$ 정도이었으므로 가공 능률만을 비교하면 구멍붙이 깊은 구멍용 트위스트 드릴쪽이 좋은 것 같으나 건 드릴의 경우, 트위스트 드릴로는 가공 불가능한 $L/D=50$ 정도까지 대응할 수 있다.

(자료 : 牧野 후라이스 제작소)

구분	항목	내용
가공재료	피삭재의 명칭	기계 부품
	재질	인코넬 625
	경도	
	가공전의 열처리 상태	
사용공구	명칭	드릴(ϕ20)
	절삭날의 재종	TiN 코팅 코발트 하이스
	형식(메이커)	G-WTS(神戶 제강소)
	공구의 지지 방법	
절삭조건	절삭 속도(m/min)	3.5
	회전수(min^{-1})	55
	이송속도(mm/rev)	5.5(0.1mm/rev)
	절삭깊이량(mm)	60(5mm스텝)
	절삭 유제(명칭)	불수용성
사용기계	명칭	생산 밀링 머신
	형식(메이커)	4UM(新潟 철공소)
	기계 출력(kW)	18.5
	NC 장치(축의 수)	

가공부품의 형상·치수

ϕ20
60
6-ϕ20 깊이 60

요구정밀도			
진원도		평면도	
진직도		직각도	
원통도			
평행도		다듬질면 거칠기	

내열 합금인 인코넬은 다량의 Ni(니켈)을 함유하여 점성때문에 용착이 일어나기 쉬운 재료이다. 또 열전도율이 작고 고온 강도가 높으므로 드릴 가공과 같이 냉각이 잘 안되는 경우에는 특히 난삭재라고 할 수 있다. TiN을 코팅한 스텝 프리 드릴은 심이 두꺼워 강성이 있고 깊은 구멍 가공용의 홈형상으로 되어 있기 때문에 냉각성이 좋다는 특징을 갖고 있다.

절삭 속도는 발열을 억제하기 위하여 3.5m/min로 하고 이송은 0.1mm/rev로 절삭하는데 표준 드릴로는 1개의 구멍도 가공할 수 없었던 인코넬625를 5개의 구멍(총절삭 길이 300mm) 가공할 수 있게 되었다.

(자료 : 神戶제강소)

구분	항목	내용
가공재료	피삭재의 명칭	실린더
	재질	FC20
	경도	
	가공전의 열처리 상태	
사용공구	명칭	래핑 리머
	절삭날의 재종	CBN
	형식(메이커)	(竹澤정기)
	공구의 지지 방법	오일 홀 홀더
절삭조건	절삭 속도(m/min)	80
	회전수(min^{-1})	570
	이송속도(mm/rev)	114
	절삭깊이량(mm)	0.005
	절삭 유제(명칭)	불수용성(日石 유니커트G20)
사용기계	명칭	수평형MC
	형식(메이커)	HN50B(新潟철공소)
	기계 출력(kW)	15
	NC 장치(축의 수)	FANUC F11M(3)

가공부품의 형상·치수

요구정밀도			
진원도	0.003mm	평면도	
진직도		직각도	
원통도	0.003mm		
평행도		다듬질면 거칠기	1.5S

종래에는 호닝 가공으로 하고 있었으나 래핑 리머의 채택에 의하여 MC로 가공할 수 있게 되었다. 가공 공정은 ① 거친 가공 : 보링, ②중(中)다듬질 : 거친용 래핑 리머, ③ 다듬질 : 다듬질용 래핑 리머이다.

요구 정밀도에 대해서는 진원도, 원통도 모두 0~0.002 mm, 표면 거칠기 1.3S를 확보하고 있다.

(자료 : 新潟 철공소)

구분	항목	내용
가공재료	피삭재의 명칭	테스트 피스
	재질	S45C
	경도	HB200
	가공전의 열처리 상태	
사용공구	명칭	싱크로 탭(M42×P4.5)
	절삭날의 재종	코팅 하이스
	형식(메이커)	HS-RFT(오에스지)
	공구의 지지 방법	밀링 척
절삭조건	절삭 속도(m/min)	20
	회전수(min^{-1})	152
	이송속도(mm/rev)	684
	절삭깊이량(mm)	
	절삭 유제(명칭)	수용성(하이텝 EX-321)
사용기계	명칭	수평형 MC
	형식(메이커)	MC-600H(오꾸마)
	기계 출력(kW)	22/15(30분/연속)
	NC 장치(축의 수)	OSP5020M(3)

가공부품의 형상·치수

165

400

40

요구정밀도			
진원도		평면도	
진직도		직각도	
원통도			
평행도		다듬질면 거칠기	

가공의 목적은 보다 안전하면서도 안심하고 넓은 범위의 탭 가공을 할 수 있게 하는 것이다.

대직경 탭가공에서는 적절한 절삭 속도와 충분한 토크를 얻기 위하여 저속역(域)에서의 가공이 필수적이다. 또 칩이 물리는 등의 트러블이 일어나면 탭의 절손이나 최악의 경우에는 기계에도 큰 영향을 주기 때문에 저속역(域)에서의 기능을 갖추고 일시 정지나 토크 감시 기능 등을 부가함으로써 동기 탭에 의한 대직경 나사 가공이 가능하게 되었다. 이것으로 툴링을 간략화 할 수 있는 효과도 얻었다.

M42×4.5의 대직경 동기 탭 가공에서는 주축에 걸리는 부하가 약 40% 정도이기 때문에 나사산의 형상도 양호했다.

(자료 : 오꾸마)

구분	항목	내용
가공재료	피삭재의 명칭	테스트 피스
	재질	AC4C-F(알루미늄 합금)
	경도	
	가공전의 열처리 상태	
사용공구	명칭	플라넷 탭
	절삭날의 재종	코발트 하이스
	형식(메이커)	PNGT12×20RC14(오에스지)
	공구의 지지 방법	밀링 척
절삭조건	절삭 속도(m/min)	70
	회전수(min^{-1})	1880
	이송속도(mm/rev)	0.09
	절삭깊이량(mm)	
	절삭 유제(명칭)	수용성(에멀션)
사용기계	명칭	수평형 MC
	형식(메이커)	
	기계 출력(kW)	11
	NC 장치(축의 수)	

가공부품의 형상·치수

나사 : 3/4PT

20

(애벌 구멍 : φ23×20)

요구정밀도			
진원도		평면도	
진직도		직각도	
원통도			
평행도		다듬질면 거칠기	

알루미늄 합금의 관용 테이퍼 나사의 가공 예이다. MC의 3축 동시 제어 기능을 이용하여 암나사를 가공하며, MC 플라넷 탭을 사용하고 있다.

종래의 탭 가공에서는 피할 수 없었던 스톱 마크가 없어지고 암나사의 진원도가 좋아졌을 뿐만 아니라 내밀성도 향상되었다.

(자료 : 오에스지 판매)

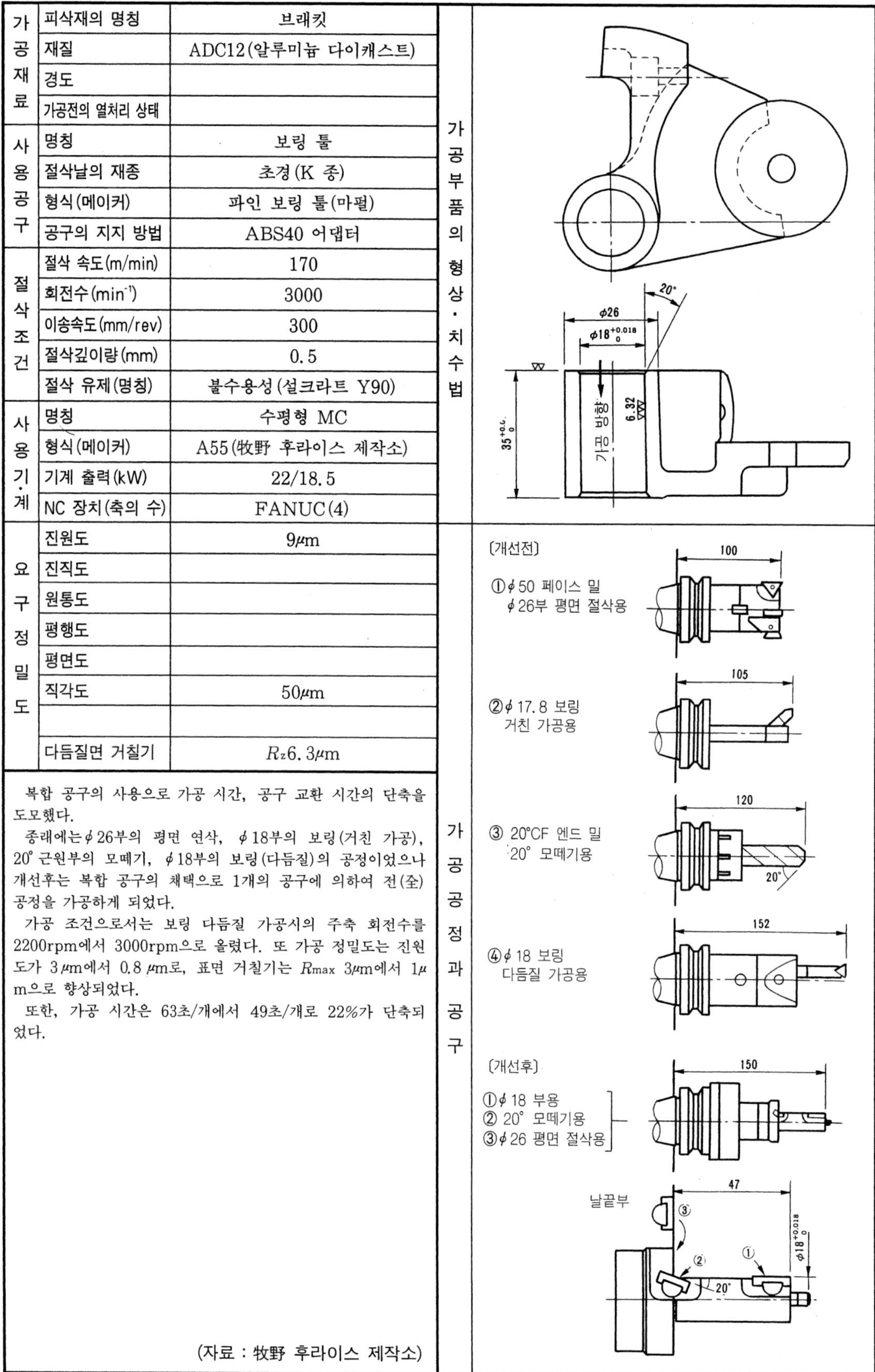

구분	항목	내용
가공재료	피삭재의 명칭	브래킷
	재질	ADC12(알루미늄 다이캐스트)
	경도	
	가공전의 열처리 상태	
사용공구	명칭	보링 툴
	절삭날의 재종	초경(K 종)
	형식(메이커)	파인 보링 툴(마펄)
	공구의 지지 방법	ABS40 어댑터
절삭조건	절삭 속도(m/min)	170
	회전수(min-1)	3000
	이송속도(mm/rev)	300
	절삭깊이량(mm)	0.5
	절삭 유제(명칭)	불수용성(설크라트 Y90)
사용기계	명칭	수평형 MC
	형식(메이커)	A55(牧野 후라이스 제작소)
	기계 출력(kW)	22/18.5
	NC 장치(축의 수)	FANUC(4)
요구정밀도	진원도	9μm
	진직도	
	원통도	
	평행도	
	평면도	
	직각도	50μm
	다듬질면 거칠기	Rz6.3μm

복합 공구의 사용으로 가공 시간, 공구 교환 시간의 단축을 도모했다.

종래에는 φ26부의 평면 연삭, φ18부의 보링(거친 가공), 20° 근원부의 모떼기, φ18부의 보링(다듬질)의 공정이었으나 개선후는 복합 공구의 채택으로 1개의 공구에 의하여 전(全)공정을 가공하게 되었다.

가공 조건으로서는 보링 다듬질 가공시의 주축 회전수를 2200rpm에서 3000rpm으로 올렸다. 또 가공 정밀도는 진원도가 3μm에서 0.8μm로, 표면 거칠기는 R_{max} 3μm에서 1μm으로 향상되었다.

또한, 가공 시간은 63초/개에서 49초/개로 22%가 단축되었다.

(자료 : 牧野 후라이스 제작소)

구분	항목	내용
가공재료	피삭재의 명칭	지그 팔레트
	재질	S45C
	경도	HB255
	가공전의 열처리 상태	담금질·뜨임
사용공구	명칭	마이크로식 보링 바
	절삭날의 재종	코팅(LP030)
	형식(메이커)	BT40-BCA29-165(關東공기)
	공구의 지지 방법	테이퍼시트 로크
절삭조건	절삭 속도(m/min)	200
	회전수(min^{-1})	1800
	이송속도(mm/rev)	110
	절삭깊이량(mm)	0.1
	절삭 유제(명칭)	수용성(유니 솔류블)
사용기계	명칭	문형·MC
	형식(메이커)	OSV-811(大鳥 기공)
	기계 출력(kW)	7.5/5.5
	NC 장치(축의 수)	FANUC 0M-C(3)

가공부품의 형상·치수

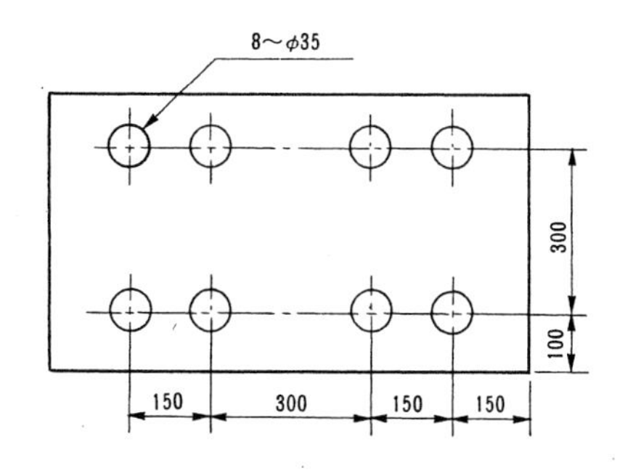

요구정밀도			
진원도	3㎛	평면도	
진직도	5㎛	직각도	5㎛
원통도	3㎛		5㎛
평행도	5㎛	다듬질면 거칠기	3.2S

진원도, 진직도, 원통도, 직각도 및 각 구멍의 평행도, 구멍 피치가 모두 미크론대라는 까다로운 요구 정밀도였으나 그 모두를 클리어했다.

(자료 : 大鳥 기공)

구분	항목	내용
가공재료	피삭재의 명칭	실린더 하우징
	재질	SNCM439상당
	경도	
	가공전의 열처리 상태	풀림
사용공구	명칭	초경 방진 보링 바
	절삭날의 재종	초경(CNMP432 KC850)
	형식(메이커)	B6436-1/MCLNR2525M12 (神戶 게나메탈)
	공구의 지지 방법	특수 바 블록
절삭조건	절삭 속도(m/min)	220
	회전수(min^{-1})	400
	이송속도(mm/rev)	0.25
	절삭깊이량(mm)	2.0
	절삭 유제(명칭)	수용성
사용기계	명칭	수평형 NC 선반
	형식(메이커)	(池貝)
	기계 출력(kW)	22.5
	NC 장치(축의 수)	

가공부품의 형상·치수

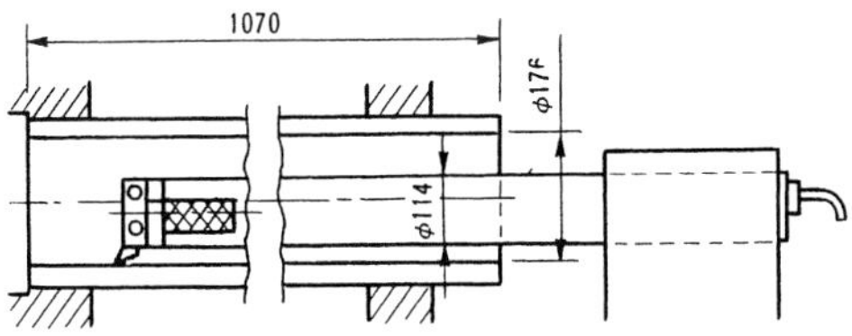

요구정밀도			
진원도		평면도	
진직도		직각도	
원통도			
평행도		다듬질면 거칠기	

종래에는 특수 강제 보링 바를 사용하여 하이스 공구의 날끝을 예리하게 하고 20m/min 정도의 저속으로, 이송도 0.1～0.2 mm/rev의 저이송으로 가공하고 있었다. 그러나 이 방법에서는 1개를 가공하는 데 1주간 정도 걸렸었다. 그래서 강보다도 강성이 높은 초경 바로 하고 선단에 흡진 댐퍼를 조립한「디바이바」의 채택으로 채터링을 억제하여 가공 시간의 단축을 도모했다.

개선후는 이와 같은 채터링이 발생하지 않아 표준 초경 공구를 사용할 수 있게 되었고 가공 능률은 20배 이상 향상되었다. 따라서 1개당의 가공비를 대폭적으로 절감할 수 있게 되었고 이제까지와 같이 숙련 기술자를 필요로 하지 않게 되었다.

(자료 : 神戶 게나메탈)

구분	항목	내용
가공재료	피삭재의 명칭	분말 프레스 부품(레버)
	재질	SS41(용접 구조)
	경도	
	가공전의 열처리 상태	풀림
사용공구	명칭	보링 바
	절삭날의 재종	서멧(T12A)
	형식(메이커)	팁TPGP080202EL(住友 전기 공업) 공구 빅 카이저(大昭和 정기)
	공구의 지지 방법	BT50 모듈러 타입
절삭조건	절삭 속도(m/min)	121
	회전수(min^{-1})	430
	이송속도(mm/rev)	43(0.1mm/날)
	절입량(mm)	0.4
	절삭 유제(명칭)	건식 절삭·에어블로
사용기계	명칭	수평 보링형 MC
	형식(메이커)	KBT-10DX(倉敷기계)
	기계 출력(kW)	11/7.5
	NC 장치(베어링)	FANUC 15M(4)

가공부품의 형상·치수

요구정밀도			
진원도	0.005mm	평면도	
진직도		직각도	
원통도	0.005mm		
평행도		다듬질면 거칠기	6S▽▽▽

종래에는 초경 (P10)을 사용하고 있었으나 표면 거칠기와 광택이 부족하여 서멧 재종을 채택했다. 서멧은 절삭 속도 180 mm/min 정도가 일반적이나 다듬질면 정밀도 등의 관계로 120mm/min 전후가 가장 효율이 좋아 이 절삭 조건을 채택했다.

또 전장 284 mm라는 깊은 구멍의 보링 가공이므로 칩처리에는 공기를 뿜어대서 칩을 배출하는 방법을 취했다.

(자료 : 德山 제작소)

구분	항목	내용
가공재료	피삭재의 명칭	기계 부품
	재질	SCS1(스테인리스 주강)
	경도	
	가공전의 열처리 상태	
사용공구	명칭	스로어웨이 보링 바 바이트
	절삭날의 재종	알루미나 코팅 초경(T823)
	형식(메이커)	TBS125C16(東芝 텅걸로이)
	공구의 지지 방법	스크루 온
절삭조건	절삭 속도(m/min)	157
	회전수(min^{-1})	
	이송속도(mm/rev)	0.5
	절삭깊이량(mm)	8
	절삭 유제(명칭)	건식 절삭
사용기계	명칭	NC 선반
	형식(메이커)	ANC56(池具)
	기계 출력(kW)	
	NC 장치(축의 수)	(2)

가공부품의 형상·치수

요구정밀도			
진원도		평면도	
진직도		직각도	
원통도			
평행도		다듬질면 거칠기	

스로어웨이 타입의 보링 가공용 바이트를 사용한 예. 팁의 레이크각을 크게 하면 보링 바에 고정했을 때의 레이디얼 레이크가 보다 +방향으로 되기 때문에 배분력을 경감시킬 수 있다. 내채터링, 진원도가 향상되었다.

(자료 : 東芝 텅걸로이)

구분	항목	내용
가공재료	피삭재의 명칭	터빈 블레이드
	재질	SUH600(내열 합금강)
	경도	HB320
	가공전의 열처리 상태	
사용공구	명칭	앵귤러 커터(총형 밀링)
	절삭날의 재종	하이스(SKH55)
	형식(메이커)	信榮 제작소
	공구의 지지 방법	
절삭조건	절삭 속도(m/min)	30
	회전수(min^{-1})	190
	이송속도(mm/rev)	200
	절삭깊이량(mm)	3
	절삭 유제(명칭)	불수용성(팬터 크래프 NY)
사용기계	명칭	회전 모방 밀링 머신
	형식(메이커)	ST-144(리지드)
	기계 출력(kW)	11
	NC 장치(축의 수)	

가공부품의 형상·치수

요구정밀도			
진원도		평면도	
진직도		직각도	
원통도			
평행도		다듬질면 거칠기	

(자료 : 東芝·京浜 사업소))

구분	항목	내용
가공재료	피삭재의 명칭	기계 부품
	재질	S25C
	경도	HB160
	가공전의 열처리 상태	불림
사용공구	명칭	나사 절삭 커터(총형 밀링)
	절삭날의 재종	서멧(N308)
	형식(메이커)	ETN704R(東芝 텅걸로이)
	공구의 지지 방법	밀링 척 홀더
절삭조건	절삭 속도(m/min)	200
	회전수(min^{-1})	1590
	이송속도(mm/rev)	300
	절삭깊이량(mm)	
	절삭 유제(명칭)	건식 절삭
사용기계	명칭	수직형 MC
	형식(메이커)	
	기계 출력(kW)	11
	NC 장치(축의 수)	(3)

가공부품의 형상·치수

헬리컬 이송
P
Z축

요구정밀도			
진원도	0.1mm	평면도	
진직도	50μm	직각도	
원통도			
평행도		다듬질면 거칠기	▽▽

대직경 나사 절삭에 종래의 탭 가공 대신, 나사 절삭 커터를 사용하여 다음과 같은 효과를 얻었다.

·대직경 탭은 절삭 저항이 커서 극단적인 경우, 기계가 정지하는 일이 있었으나 나사 절삭 커터는 절삭 저항이 낮기 때문에 이런 일이 없다.

·1 개의 공구로 여러 가지 나사를 가공할 수 있다.

·칩처리가 간단하다.

·토크 리미터붙이의 홀더를 필요로 하지 않는다.

·테이퍼 나사에도 적용할 수 있다.

(자료 : 東芝 텅걸로이)

구분	항목	내용
가공재료	피삭재의 명칭	테스트 피스
	재질	NAK55
	경도	HRC30
	가공전의 열처리 상태	
사용공구	명칭	총형 바이트
	절삭날의 재종	분말 하이스
	형식(메이커)	WKE45(세꼬 툴)
	공구의 지지 방법	전용 헤일 홀더
절삭조건	절삭 속도(m/min)	
	회전수(min^{-1})	
	이송속도(mm/rev)	1000
	절삭깊이량(mm)	0.01패스
	절삭 유제(명칭)	불수용성(스페셜 커트)
사용기계	명칭	정밀 NC 밀링 머신
	형식(메이커)	BN5-85A6(牧野 후라이스 제작소)
	기계 출력(kW)	5.5
	NC 장치(축의 수)	FANUC 0M(4)

가공부품의 형상·치수

바이트 단면 형상
50.0
15.0

요구정밀도			
진원도		평면도	
진직도		직각도	
원통도			
평행도		다듬질면 거칠기	$R_{max}3\mu m$

헤일(hale) 가공은 플레이너 가공과 비슷한 가공이지만 주축에 고정한 총형 바이트를 각도 제어하면서 이동시켜, 회전 공구로는 불가능한 형상을 간단히 가공할 수 있는 것이 특징이다. 특히 고무 금형 업계에서는 호평이다.

가공에 있어서는 어태치먼트 타입의 장치를 주축에 내장시킴으로써 작업의 효율화, 자동화를 도모할 수 있다. 여기에서는 표면 거칠기를 주안점으로 하고 테스트했다. 결과로서 가공폭이 넓음에도 불구하고 양호한 표면 거칠기를 얻었다. 형상 정밀도는 바이트의 형상 정밀도가 그대로 전사되므로 바이트의 정밀도와 같다. 절삭 깊이는 7mm, 가공 시간은 6.8시간이다.

(자료 : 牧野 후라이스 제작소)

구분	항목	내용
가공재료	피삭재의 명칭	크랭크 핀
	재질	S48C
	경도	HB250
	가공전의 열처리 상태	
사용공구	명칭	핀 밀러
	절삭날의 재종	CVD코팅(F620)
	형식(메이커)	三菱머티어리얼
	공구의 지지 방법	
절삭조건	절삭 속도(m/min)	130
	회전수(min^{-1})	230
	이송속도(mm/rev)	0.1~0.4
	절삭깊이량(mm)	
	절삭 유제(명칭)	건식 절삭
사용기계	명칭	크랭크 핀 가공 전용기
	형식(메이커)	
	기계 출력(kW)	
	NC 장치(축의 수)	

가공부품의 형상·치수

핀 밀러

요구정밀도			
진원도		평면도	
진직도		직각도	
원통도			
평행도		다듬질면 거칠기	

지금까지의 500개/날(종래에는 코팅 공구)인데 대하여 CVD 코팅 공구 (F620)에서는 800개/날로 향상되었다.

(자료 : 三菱 머티어리얼)

구분	항목	내용
가공재료	피삭재의 명칭	콜릿
	재질	스테인리스(오스테나이트계)
	경도	
	가공전의 열처리 상태	
사용공구	명칭	스로어웨이 홈 밀링
	절삭날의 재종	초경(R4=M 종)
	형식(메이커)	330.20-25-AA(샌드빅)
	공구의 지지 방법	스프링 클램프
절삭조건	절삭 속도(m/min)	44
	회전수(min⁻¹)	114
	이송속도(mm/rev)	120
	절삭깊이량(mm)	축방향 2.5, 지름 방향 17~6
	절삭 유제(명칭)	수용성(에멀션)
사용 기계(메이커)		MC

가공부품의 형상·치수

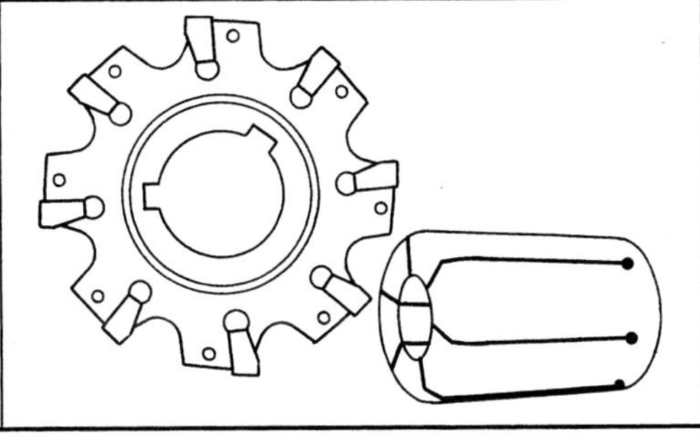

종래에는 스위스제 슬리팅 커터(홈밀링 커터)를 사용하고 있었으나 Q 커트 방식의 스로어웨이식 커터로 바꾸어 생산성을 대폭적으로 개선했다.

하이스 커터에 의한 절삭 시간은 10.5시간이었으나 Q 커터(폭 2.5mm×ϕ125mm)의 채택으로 1시간, 즉 1/10로 단축시켰다.

(자료 : 샌드빅)

구분	항목	내용
가공재료	피삭재의 명칭	테스트 피스
	재질	S50C
	경도	
	가공전의 열처리 상태	
사용공구	명칭	리브 셰이퍼(구배각 1°)
	절삭날의 재종	초미립입자 초경
	형식(메이커)	RB-SPD(오에스지)
	공구의 지지 방법	밀링 척
절삭조건	절삭 속도(m/min)	주축은 회전하지 않음
	회전수(min⁻¹)	0
	이송속도(mm/rev)	10000
	절삭깊이량(mm)	0.02/패스
	절삭 유제(명칭)	수용성
사용기계(출력·kW)		수직형 MC (7.5)

가공부품의 형상·치수

소단폭 1mm
구배각 1°

리브 테이퍼 홈을 고능률로 가공할 것을 목적으로 한 것이다. 좁고 깊은 리브 테이퍼 홈을 가공하는 전용 공구(EX- 리브 셰이퍼)의 양날 타입을 사용하여 가공 시간의 단축과 다듬질면 거칠기의 향상을 도모했다.

공구는 회전하지 않기 때문에 이송 방향에 대하여 강성이 높은 형상으로 되어 있어 고이송 가공이 가능하다. 또 비대칭 홈의 가공도 할 수 있는 등의 메리트가 있다.

(자료 : 오에스지 판매)

구분	항목	내용
가공재료	피삭재의 명칭	테스트 피스
	재질	NAK80(프리하든강)
	경도	HRC40
	가공전의 열처리 상태	
사용공구	명칭	리브 셰이퍼 (구배각 2°)
	절삭날의 재종	초미립자 초경
	형식(메이커)	RB-SPO(오에스지)
	공구의 지지 방법	밀링 척
절삭조건	절삭 속도(m/min)	주축은 회전하지 않음
	회전수(min⁻¹)	0
	이송속도(mm/rev)	3600
	절삭깊이량(mm)	0.02mm/패스 최종 절삭 깊이 8
	절삭 유제(명칭)	불수용성
사용기계(출력·kW)		NC 밀링 머신

가공부품의 형상·치수

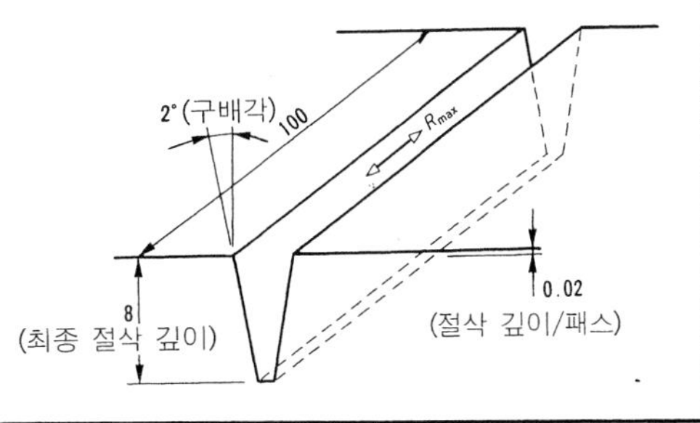

한쪽날 타입의 EX 리브 셰이퍼를 사용한 NAK80(프리하든강)의 깊은 홈 가공 예이다. 깊은 리브 홈용 테이퍼 엔드 밀에 비해 2배 가까운 고속 가공이 달성되었다. NAK 재나 알루미늄은 재료의 조직이 균일하고 안정되어 있기 때문에 조직이 불안정한 SCM440 등 보다도 이송 속도를 올릴 수 있다. 가공면의 기울기 오차는 2′, 다듬질면 거칠기도 R_{max} 0.7μm로 양호하고 고능률의 가공을 할 수 있다.

(자료 : 오에스지 판매)

가공재료	피삭재의 명칭	밸브 보디
	재질	FCD60
	경도	HRC55
	가공전의 열처리 상태	
사용공구	명칭	DABB(Diamond Abressive Boring Bar)
	절삭날의 재종	다이아몬드 전착 숫돌
	형식(메이커)	早坂工機
	공구의 지지 방법	플로팅 척(SMP)
절삭조건	절삭 속도(m/min)	25
	회전수(min^{-1})	320
	이송속도(mm/rev)	40
	절삭깊이량(mm)	0.0075
	절삭 유제(명칭)	수용성(블라소 커트7804 15배 희석)
사용기계	명칭	수평형 MC
	형식(메이커)	MC65-A40(牧野 후라이스 제작소)
	기계 출력(kW)	15/18.5
	NC 장치(축의 수)	FANUC(4)
요구정밀도	진원도	2μm
	진직도	
	원통도	10μm
	평행도	
	평면도	
	직각도	
	다듬질면 거칠기	R_a0.5μm

MC를 사용하여 내경 호닝 가공을 할 수 있다. 진원도 1μm, 표면 거칠기 R_a0.4 μm를 안정적으로 얻을 수 있다. 공구 홀더에 플로팅 척을 사용하면 애벌 구멍에 대한 중심 맞추기를 간단히 할 수 있고 미세한 절삭 가공 여유의 다듬질이 가능하다.

종래의 호닝 공정은 전용기로 하고 있었으나 이 공구를 사용하면 거친 가공에서 다듬질 공정까지 1회의 작업 준비로 할 수 있다. 또 플로팅 척의 사용으로 수평형 MC에서의 공구의 처짐을 염려할 필요가 없다.

(자료 : 牧野 후라이스 제작소)

가공부품의 형상·치수법

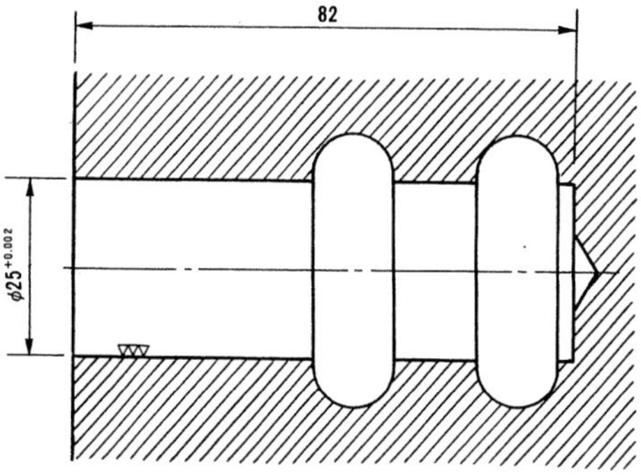

애벌 구멍 지름 : φ24.970
(스트라이커 리머 가공)

	중다듬질	다듬질
연마 입자 번호	#170	#240
목표 지름(mm)	φ24.985	φ25.000
이송 지령	절삭 이송 급속 이송	왕복 절삭 이송

가공정밀도

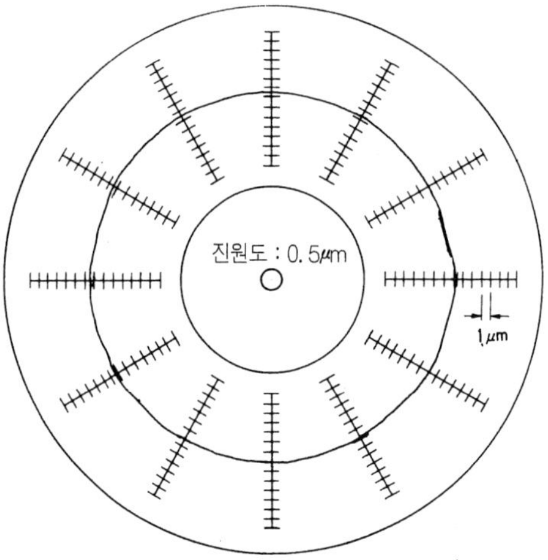

표면 거칠기 Ra0.4μm

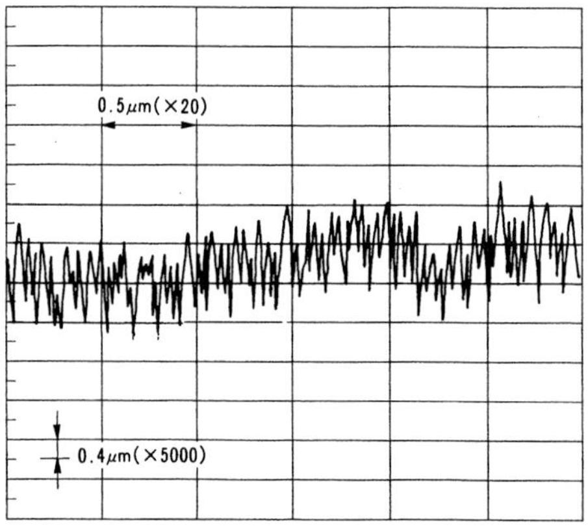

가공재료	피삭재의 명칭	실린더 헤드의 주형
	재질	발포 스티롤
	경도	
	가공전의 열처리 상태	
사용공구	명칭	연삭 숫돌
	절삭날의 재종	일반 WA
	형식(메이커)	
	공구의 지지 방법	척 홀더
절삭조건	절삭 속도(m/min)	750
	회전수(min^{-1})	6000
	이송속도(mm/rev)	1000
	절삭깊이량(mm)	3~5
	절삭 유제(명칭)	건식 절삭
사용기계	명칭	수직형 MC
	형식(메이커)	VN400(新潟 철공소)
	기계 출력(kW)	11
	NC 장치(축의 수)	MELDAS M0(3)

가공부품의 형상·치수

요구정밀도			
진원도		평면도	
진직도		직각도	
원통도			
평행도		다듬질면 거칠기	▽▽

발포 스티롤의 가공에는 어떤 공구가 가장 적합한가, 수직형 MC를 사용하여 테스트한 결과, 버 등도 없고 다듬질이 깔끔한 일반의 WA 숫돌을 사용하기로 했다.
이밖에 테스트 공구로서 목공용 공구(큰레이크각), 마스터바 등을 사용해 보았으나 발포 스티롤 입자가 탈락하거나 버가 발생하는 것이었다. 다만, WA 숫돌의 경우, 절삭칩이 입자 모양으로 되기 때문에 집진 장치를 설치할 필요가 있다.

(자료 : 新潟 철공소)

가공재료	피삭재의 명칭	올덤 이음
	재질	FCD45
	경도	
	가공전의 열처리 상태	
사용공구	명칭	컵 숫돌
	절삭날의 재종	CBN
	형식(메이커)	CB-170-N-75-V-5(오구라 보석)
	공구의 지지 방법	밀링 아버
절삭조건	절삭 속도(m/min)	900
	회전수(min^{-1})	2250
	이송속도(mm/rev)	300
	절삭깊이량(mm)	0.01
	절삭 유제(명칭)	수용성(존슨JS-631)
사용기계	명칭	수직형 그라인딩 센터
	형식(메이커)	VN400-GC(新潟 철공소)
	기계 출력(kW)	11
	NC 장치(축의 수)	FANUC P11M(3)

가공부품의 형상·치수

가공면

요구정밀도			
진원도		평면도	
진직도		직각도	
원통도			
평행도	0.01m	다듬질면 거칠기	6.3S

연삭 가공이 가능한 그라인딩 시방의 MC를 사용하는 것으로 밀링 가공, 연삭 가공을 동일 준비 작업으로 가공 시간의 단축, 생(省)설비화를 목적으로 한 것이다.
표면 거칠기는 2~3 S이내, 밀링 가공 공정을 중(中)다듬질로 함으로써 연삭 가공 여유를 0.01~0.02mm로 할 수 있었다. 또한 연삭 공정은 1 회만으로 다듬질할 수 있게 되었다.
가공물의 클램프 방법도 중요한 요소인데 이 점에서도 연삭기 등에서는 볼 수 없는 문제가 있었다.

(자료 : 新潟 철공소)

제 2 부

절삭 관련 자료편

S55C (HB230)

ESD2020R (ϕ

120m/min

1900min^{-1}

380mm/mi

3mm

Dry

VMC15(1

R_{max}3.0μ

공구 및 가공상의 트러블과 대책

1 선삭에 있어서의 트러블과 대책

현상·문제점	원 인	대 책	
		공구 재종·형상	절삭 조건
여유면 마모	팁 재종이 너무 연하다(점성이 너무 크다)	보다 고경도의 재종으로 바꾼다 (초경→서멧, 코팅→세라믹→CBN)	절삭 속도를 낮춘다
	절삭 면적이 과대(날끝 온도가 너무 올라간다)하든가, 내마모성이 부족하다	내마모성이 높은 공구로 바꾼다	절삭 속도를 낮춘다
	날끝 레이크각이나 노즈 R이 너무 작다(절삭날의 열용량이 작아 고온이 된다)	레이크각을 크게 바꾸고 호닝으로 절삭날을 강화한다 노즈 R 을 크게 한다	
	이송이 너무 작다		이송을 적당히 크게 한다
	절삭날의 연삭면 거칠기가 너무 거칠다	입도가 더 가는 다이아몬드 숫돌로 날끝을 연삭한다	
레이크면 마모	팁 재종이 내크레이터성 부족이다	내크레이터성이 더 높은 재료로 바꾼다(K → M → P → 서멧)	
	절삭 온도나 이송이 너무 높아 확산 마모가 생긴다	알루미나 코팅 재종을 고른다 포지티브 팁을 고른다 레이크각을 크게 한다	절삭 속도, 이송을 낮춘다
	절삭칩의 전단각이 너무 작은 날형 또는 피삭재이다	레이크각을 크게 한다 칩 브레이커의 형상을 칩이 일어서지 않는 것으로 바꾼다	
열균열	단속 절삭으로 되거나 냉각액의 공급이 일정하지 않다	인성이 더 높은 재종을 고른다 열이 발생하지 않는 공구 형상으로 한다	절삭 속도, 이송을 낮춘다 냉각액을 충분히 사용하든가, 건식 절삭으로 한다
치핑	팁재료가 메지다(지나치게 딱딱하다)	인성이 더 높은 재종으로 바꾼다 (P, M, K 모두. 알루미나 코팅은 TiC → TiCN → TiN 코팅으로) 노즈 R을 크게 한다	구성 날끝이 원인일 경우에는 절삭 속도를 낮춘다 이송을 낮춘다
	단속 절삭 또는 가공 표면의 상태가 나빠 충격이 발생한다	절삭날을 호닝한다	절삭각을 작게 한다
	이송이 너무 크다(칩 브레이커의 형상이나 치수가 이송에 맞지 않는다)	칩 브레이커의 랜드폭 또는 홈폭을 크게 한다	이송을 낮추든가, 절삭 속도를 올린다
	절삭유에 의한 열충격이 심하다		수용성 절삭 유제를 사용하지 않는다 건식이나 에어 제트 또는 오일 미스트 방식으로 한다
	공구 홀더의 팁 클램프 강성이 부족하다	팁의 클램프 기구를 더 견고한 것으로 바꾼다 홀더의 오버행량을 적게 한다.	

현상·문제점	원 인	대 책	
		공구 재종·형상	절삭 조건
결손	부하(절삭 깊이, 이송)에 대하여 팁이 너무 작다	팁을 크게 한다	이송을 낮추든가, 경우에 따라서 동시에 절삭깊이도 낮춘다
	팁의 재종이 무르다	인성이 높은 재종으로 바꾼다	
	팁의 절삭날이 약하다	절삭날 강도가 높은, 가급적이면 한쪽면 팁을 고른다	
	공구 또는 가공물의 지지 안정이 불충분하다	홀더의 세트 볼트는 가까운 쪽을 먼저 죄고, 2개 이상으로 한다 세트 볼트의 압부부를 수정한다	
	절삭칩이 절삭날에 닿는다	절삭날의 형상을 바꾸어 본다	이송을 약간 바꾼다 홀더의 절삭각을 바꾼다
소성 변형	절삭날이 고온에서 연화하여 변형한다	팁재종의 경도를 낮춘다 내열 충격성이 높은 재종으로 바꾼다 여유각, 레이크각을 크게 한다 노즈 R, 가로 절삭날각을 작게 한다	절삭 속도, 절삭, 이송을 낮춘다 냉각 효과가 높은 절삭 유제를 사용한다
구성 날끝	절삭 속도와 이송이 낮다		절삭 속도, 이송을 올린다
	팁의 절삭날 형상이 네거티브이다	포지티브 형상으로 바꾼다	
	팁재종의 내용착성이 낮다	잘 용착하지 않는 재종으로 바꾼다(초경 → 서멧 → 코팅)	절삭 속도, 이송을 올린다 절삭 유제를 사용한다
다듬질면 불량	이송이 너무 크다	노즈 R을 크게 한다	이송을 작게 한다.
	이송이 너무 작다	오른쪽 난의 절삭 조건으로 얻어지는 절삭날(절삭날 에지)로 한다	최소 0.05 mm/rev 정도 이상의 미끄럼이 없는 원활한 정상 절삭으로 바라는 다듬질 정밀도를 얻을 것
	구성 날끝의 영향	구성 날끝이 잘 안되는 형상, 재종의 팁을 고른다	구성 날끝이 잘 안되는 절삭 조건으로 한다
채터링	절삭 조건에 대하여 칩 브레이커의 형상이 적합하지 않다	브레이커의 폭을 넓힌다	이송을 낮춘다
	이송이 과대하여 절삭칩이 두껍다	절삭각을 작게 한다	이송을 낮춘다
	노즈 R이 과대하다	작은 노즈 R을 고른다	
	이상 여유면 마모로 절삭날이 둔화한다	내마모성이 높은 재종을 고른다	절삭 속도를 낮춘다
	절삭 저항이 높다	포지티브 팁으로 한다	
	절삭칩을 절단하는 힘이 강하다	높은 이송을 할 수 있는 팁을 고른다	이송을 낮춘다
	절삭 깊이가 너무 작다		절삭삭 깊이를 크게 하여 팁이 미끄러지지 않도록 한다
	공구의 위치 결정이 나쁘다		중심 높이를 조정한다
	공구의 오버행량이 너무 길다	오버행을 짧게 한다 보링 바의 경우, 대직경 공구를 사용한다	
절삭칩의 절단 불량	절삭 조건에 대하여 칩 브레이커의 형상이 부적합하다.	브레이커폭 또는 랜드폭을 좁은 것으로 바꾼다	절삭 깊이, 이송을 적절히 한다
	절삭각이 작아 칩이 얇고 배출 방향에 장해물이 없어 절단되지 않는다	적당한 노즈 R, 칩 브레이커를 고른다	절삭각을 크게 한다
	공구의 노즈 R이 과대하다	노즈 R을 작게 한다	
	절삭 속도가 너무 높다		절삭 속도를 낮춘다
	이송이 너무 작다		이송을 올려 칩의 두께를 늘린다
	피삭재가 연하다		절삭 유제로 냉각하여 칩을 단단하게 한다 이송에 드웰을 주든가, 공구를 요동시켜 칩의 전단(剪斷)면을 변동시킨다

● 나사 절삭의 경우

현상·문제점	원 인	대 책	
		공구 재종·형상	절삭 조건
여유면 마모가 빠르다	절삭 속도가 너무 높다		절삭 속도를 낮춘다
	냉각액이 적다		냉각액의 공급량을 늘린다
	1패스에 대한 절삭 깊이가 너무 작다(패스의 횟수가 많다)		최소 절삭 깊이의 경우, 절삭 깊이를 크게 한다(패스의 횟수를 줄인다)
	공구의 재종이 부적합하다	내마모성이 보다 높은 재종을 고른다	
여유면 마모의 불균일	절삭 방법이 부적합		플랭크 절삭 깊이의 경우, 절삭각을 3°～5° 좁게 한다
	리드각이 부적절		적절한 리드각을 고른다
절삭날의 치핑	가공물의 지지 또는 공구 세팅의 불안정	인성이 보다 높은 재종을 선정한다	작업 강성을 체크한다
소성 변형의 이상	패스마다의 절삭 깊이가 적다(패스의 횟수가 적다)		최대 절삭에 대하여 절삭 깊이를 작게 한다(패스의 횟수를 늘린다)
	냉각액이 적다		냉각액의 공급량을 늘린다
	절삭 속도가 너무 높다		절삭 속도를 낮춘다
	공구의 재종이 부적절	보다 고경도의 재종을 고른다	
	나사산 정상부의 절삭량이 많다		절삭량을 체크한다
결손	안정성이 부족하다		작업 강성을 체크한다
	절삭칩의 처리 불량	인성이 보다 높은 재종을 선정한다	이송 등을 적절히 한다
	냉각액의 공급이 단속적 또는 부족		공급량을 늘리고 안정시킨다
	전가공이 올바르지 않다		소재 치수를 체크한다
나사 깊이 불량	공구의 중심 높이가 정확하지 않다		절삭날 높이를 조정한다
	공구 마모가 빠르다	팁을 교환한다	
나사의 형상 불량	공구의 세팅이 정확하지 않다		공구의 세팅을 정확히 한다
다듬질면의 정밀도 불량	절삭 속도가 낮다		절삭 속도를 올린다
	리드각이 적절하지 않다		적절한 리드각으로 고른다

● 절단의 경우

현상·문제점	원 인	대 책	
		공구 재종·형상	절삭 조건
팁의 결손	가공 종료후에 가공물이 튕겨 절삭날에 닿는다	네거티브 형상의 팁을 사용한다 인성이 보다 높은 재종을 사용한다	절삭 속도를 낮춘다 가공물 받침대를 사용한다
	구성 날끝	포지티브 형상의 팁을 사용한다	절삭 속도를 올린다
	공구/가공물이 휜다	포지티브 형상의 팁을 사용한다	이송과 오버행을 작게 한다
	가공물에 남은 돌기나 링이 문제된다	공구의 방향을 바꾸어 본다	절단되기 직전에 이송을 낮추고 되도록 빨리 이송을 멈춘다
가공면의 요철(凹凸)	좌우쪽 방향이 있는 공구를 사용하고 있다	양쪽 방향(뉴트럴)의 포지티브 형상의 팁을 사용한다	절삭 속도를 올린다
	이송이 너무 빠르다	포지티브 형상의 팁을 사용한다	이송을 낮춘다
	공구 팁 불량	팁을 교환한다	
	측면의 강성이 부족하다	팁의 폭을 넓히든가, 오버행량을 줄인다	
	절삭칩이 막힌다	포지티브 형상의 팁을 사용한다	이송을 조정하여 적절한 칩형상을 얻는다 절삭 유제의 양을 늘린다
공구 수명이 짧다	팁의 결손, 여유면과 레이크면의 마모가 이상	인성이 보다 높은 재종을 고른다 내마모성이 보다 높은 재종을 고른다	
	절삭날의 중심높이가 권장값과 다르다		절삭날의 중심 높이를 조정한다
채터링 발생, 다듬질면 불량	공구의 위치 결정 방법, 고정 방법이 정확하지 않다		공구의 위치 결정, 고정 위치를 체크한다
	오버행량이 과대하다		오버행량을 줄인다
	이송이 불충분		이송을 올린다
	절삭 속도가 너무 높다		절삭 속도를 낮춘다
	이송이 너무 빠르다	포지티브 형상의 팁을 사용한다 가급적이면 절단 팁의 폭을 좁게 한다	
	구성 날끝의 영향	포지티브 형상의 팁을 사용한다	절삭 속도를 올린다
	기계에 틈새가 많다		기계를 조정한다

❷ 밀링 가공의 트러블과 대책

현상·문제점	원 인	대 책	
		공구 재종·형상	절삭 조건
여유면 마모	팁의 재종이 너무 연하다	고경도의 재종으로 바꾼다(P30 → P20~P30→P10, K20→K10, 초경→코팅, 서멧→세라믹스) 레이크각을 크게 하고 호닝으로 절삭날 에지를 강화한다 코너부에 원형을 붙인다	절삭 속도를 낮춘다 이송을 올린다
레이크면 마모	팁 재종의 내크레이터 마모성이 낮다	크레이터 마모성이 높은 재종으로 바꾼다	절삭 속도를 낮춘다 절삭 깊이, 이송을 낮춘다
치핑	팁 재종이 무르다 (경질)	인성이 보다 높은 재종을 선정한다(P10→P30→P40, K10→K20→ 40. 알루미나 코팅의 경우는 TiN → TiCN →TiN 코팅으로) 절삭날을 호닝한다 여유각을 작게 한다	이송을 낮춘다(회전을 올리면 좋은 때도 있다)
	절삭날의 에지에 구성 날끝이 생기기 쉽다	용착물이 잘 생기지 않는 재종(TiC 등)으로 바꾼다(K→M→P, 서멧, P30→P20→P10) 절삭날 에지의 강도가 높은 재종으로 바꾼다	절삭 속도를 올린다 이송을 올린다 윤활성이 좋은 절삭 유제를 사용한다
	절삭날에 과대한 부하가 걸린다		인게이지각을 정확히 고른다
	경질 재료나 표면 상태가 불량한 가공물을 절삭하고 있다	날끝 강도가 높은 재종을 고른다 코너각이 작은 밀링 커터로 바꾼다 레이크각을 작게 한다 (포지포지 → 네거티브 → 네거티브)	절삭 속도를 조정한다 절삭 깊이의 인게이지각을 바꾼다 (40이하의 작은 방향이 일반적)
	업커트를 하고 있다		이송의 백래시 제거 장치를 갖추고 다운 커트를 한다
	절삭계에 진동이 많다	팁세트면의 손상, 칩처리의 불량, 구성 날끝의 부착, 클램프 볼트 기능 등을 점검한다 밀링 커터 지름을 되도록 작게 한다	공구 고정의 오버행을 최소로 한다 기계, 가공물 고정 정밀도나 강성을 올린다 구동계의 덜거덕 거림이나 축의 흔들림을 피하는 회전수를 고른다(저속에 흔히 문제가 있다)
결손	열균열에 의한 크랙	내열 충격성이 높은 재종을 고른다 절삭날을 복합 호닝한다	절삭 속도를 낮춘다
	절삭 저항에 대하여 팁이 너무 얇다	팁의 두께를 두껍게 한다	이송 또는 절삭 깊이를 작게 하여 부하를 줄인다
	마모된 팁을 계속 사용하고 있다		팁의 교환 간격을 짧게 한다
	과도한 저속 절삭이나 미소 이송으로 가공하고 있다	절삭칩이 부착하기 어려운 재종을 고른다	공구 재종이나 피삭재에 맞는 절삭 속도와 이송을 고른다
	절삭칩의 배출이 나쁘다	칩의 처리성이 좋은 팁의 형상을 고른다	절삭 유제를 사용한다 에어를 사용한다
	절삭칩의 압착후에 칩을 물고 있다	칩이 부착하기 어려운 재종을 고른다 (초경 → 서멧)	

현상·문제점	원 인	대 책	
		공구 재종·형상	절삭 조건
결손	절삭날이 가공물에서 빠질 때의 절삭 칩이 두껍다		커터의 위치를 바꾼다 날당 이송을 낮춘다
	공구 또는 가공물 지지의 안정이 나쁘다	팁의 세트면, 클램프 나사의 기능을 체크한다	가공물의 고정을 견고히 한다
용착·압착	연한 재료 (알루미늄, 동, 연강 등)를 가공하고 있다	레이크각이 큰 팁의 형상을 고른다	
	강재 절삭을 할 때, 결합제가 많은 공구 재종을 사용하고 있다	재종을 바꾼다 (P30 → P20 → 서멧)	
	네거티브 레이크 또는 레이크각이 작은 공구를 사용하고 있다	레이크각이 큰 커터로 바꾼다	
채터링	가공물의 지지 방법이 불안정하다		가공물의 클램프 방법을 확실한 것으로 한다
	얇은 강판 등을 절삭하고 있다	레이크각이 큰 팁과 절삭성이 좋은 팁을 고른다	이송을 낮춘다
	폭이 좁은 가공물을 절삭하고 있다	밀링 커터 지름이 작고 날수가 많은 커터를 사용한다	
	동시 절삭날수가 많다 (재생 채터링)	날수를 줄이든가, 부등 피치의 커터를 사용한다	
다듬질면 불량	축방향의 날흔들림이 크다	커터의 고정 상태를 체크한다 평행 랜드부 팁을 사용한다	주축의 흔들림을 체크한다
	회전당 이송이 빠르다	와이퍼 팁을 사용한다 커터의 세팅 정밀도를 올린다	절삭 속도를 올린다
	채터링이 발생하고 있다	커터의 고정 상태를 체크한다 절삭날의 형상을 바꾼다 와이퍼 팁을 사용하지 않는다 날수를 적게 한다	절삭 깊이를 작게 한다
	구성 날끝의 영향	내용착성이 높은 포지티브 팁으로 바꾼다 팁 재종을 바꾼다(K→M→P→ 서멧)	절삭 속도를 올리다 절삭 깊이를 적당히 한다
	백커팅을 하고 있다	소직경 커터를 사용한다	절삭 깊이를 작게 한다 주축을 체크한다
	가공물이 미소하게 균열된다	크로스피치 커터를 사용한다 절삭칩이 얇게 되는 절삭날 형상을 고른다 코너각을 작게 한다	1날당의 이송을 낮춘다 커터의 위치를 조정한다

3 엔드밀 가공의 트러블과 대책

현상·문제점	원 인	대 책	
		공구 재종·형상	절삭 조건
여유면 마모	팁의 재종이 너무 연하다 (점성이 너무 크다)	고경도의 재종으로 바꾼다(P30→P20→P10, K20→K10, 초경→코팅, 서멧→세라믹스, TiC·TiCN·TiN 코팅→알루미나→코팅)	절삭 속도를 낮춘다 이송을 올린다 절삭 유제를 검토한다
	내마모성을 필요로 하는 가공에 대하여 내크레이터성을 중시한 팁 재종을 골랐다	P계 재종에서 경도가 같은 정도의 K 계 재종으로 바꾼다 P계 재종에서 TiN계 또는 미립자계 P, M계 재종으로 바꾼다	
	팁 재종에 대하여 절삭 온도가 너무 오른다	레이크각을 포지티브측으로 늘려 연삭한다 호닝으로 절삭날 에지를 강화한다	절삭 속도를 낮춘다 에어나 절삭 유제로 냉각한다 칩 처리를 좋게 한다 미끄럼 마찰이 큰 경우에는 이송을 올린다 다운 커트로 한다
	치핑이 조기에 발생하여 여유면 마모가 변화한다	치핑한 절삭날 에지의 마모분이나 여유면의 마모분이 여유면을 마멸시키지 않도록 연삭면 거칠기를 미세하게 한다	
	테이블의 특정 이송 거리에 대하여 절삭날 에지가 통과하는 누적 거리가 조기에 증대한다		칩의 배출 상태와 절삭 저항이 허용하는 범위에서 이송을 늘린다 (테이블의 이송을 바꾸지 않는 경우는 날 수를 줄이든가, 절삭 속도를 낮춘다)
	업커트를 하고 있다		이송 방향을 바꾸어 다운 커트로 한다 1날당의 이송을 올려 칩두께를 늘리고 절삭날의 미끄럼을 줄인다
	코너부에 부하와 발열이 집중하여 국부적으로 마모의 성장이 너무 빠르다	코너를 모떼기하든가, 원형을 붙인다 코너의 예각부를 호닝한다	
	절삭날이 흔들려 1날당의 이송이 균등하지 않고 돌출한 날이 크게 마모된다		고정부의 흔들림과 공구 연삭의 흔들림을 수정한다
치핑	절삭날의 여유각이 너무 작다	여유각을 크게 한다	
	절삭날 둘레의 연삭면이 거칠다 (특히 알루미늄, 동합금 등 비철 금속 절삭의 경우)	보다 입도가 가는 다이아몬드 숫돌로 경면에 가까운 습식 연삭을 한다	
	팁 재종이 너무 경질이다(메지다)	인성이 보다 높은 재종을 선정한다(P10→P20→P40, 10→K20→K30, 알루미나 코팅 →TiC→TiN 코팅) 절삭날을 호닝한다 여유각을 작게 한다	절삭 속도를 올린다 기계의 특성에 따라서는 낮추는 편이 좋을 때도 있다
	가공물의 표면 형상, 강성 또는 인게이지각의 변동이 심하여 공구의 대응이 안된다	절삭날 에지의 호닝을 크게 한다 비틀림각이 큰 공구로 바꾼다 선단부의 손상이 심한 경우는 선단부의 레이크면만 비틀림각을 작게 한다	이송 방향의 급격한 반전시에는 이송을 낮춘다 공구 고정의 오버행량을 최소로 한다

현상·문제점	원 인	대 책	
		공구 재종·형상	절삭 조건
치핑	구성 날끝의 영향 또는 용착물의 생성 탈락 또는 절삭칩의 물림이 심하다	절삭날의 호닝폭을 가감한다 허용 범위에서 TiC 또는 TiC+TaC 성분이 많은 재종 또는 코팅 재종으로 바꾼다. K계 재종 → M, P계 재종 → 코팅 또는 서멧으로 바꾼다 절삭날 에지의 강도가 높은 재종으로 바꾼다 비틀림각이 큰 공구로 바꾼다	절삭 속도를 올린다 1날당의 이송을 빠르게 한다 윤활성이 좋은 윤활제를 사용한다
	업 커트를 하고 있다		다운 커트로 한다
	엔드 밀의 고정 불량		공구 고정의 오버행을 최소로 한다 콜릿 또는 척을 조정한다
	스로어웨이 팁의 고정 불량	팁세트면의 손상, 구성 날끝의 용착, 홀더측 팁자리를 체크한다	
	작업 준비, 기계의 진동 대책 불량		가공물 세트 방법의 강성을 올린다 테이블의 미끄럼면을 조정 구동계의 진동, 주축의 흔들림 등이 발생하지 않는 회전수를 고른다
결손	팁 재종의 경도가 너무 크다(메지다)	인성이 보다 높은 재종을 선정한다(P10→P20→P40, K10→K20→ K30, 알루미나 코팅→TiC→TiN 코팅) 절삭날을 호닝한다 여유각을 작게 한다	절삭 속도를 올린다 기계의 특성에 따라서는 낮추는 편이 좋을 때도 있다
	부하(절삭 깊이, 이송)에 대하여 엔드 밀의 지름이 너무 가늘다	엔드 밀의 지름을 크게 한다	공구 고정의 오버행량을 작게 한다
	부하에 대하여 팁이 얇든가, 치수가 작아 팁의 세트가 불안정하다	팁두께를 늘린다 스로어웨이 팁의 사이즈를 크게 한다	
	공구 또는 가공물 지지의 안정이 나쁘다	팁 세트면의 손상, 홀더측 팁자리를 체크한다	공구 고정의 오버행량을 최소로 한다
	다운 커트를 하고 있다		업 커트로 한다
	팁의 강도가 부족하다	강도가 높은 재종으로 바꾼다 날수를 적게 한다	이송을 낮춘다 절삭 유제를 사용한다
절손	가공물에 파들어갈 때나 뽑을 때에 이송 방향의 급격한 변동에 의한 부하의 충격적 변동	절삭날 길이를 필요 최소한으로 한다	국부적으로 이송을 낮춘다 고정 오버행량을 작게 한다 콜릿 척의 파악 불량을 없앤다
	절삭 부하가 과대하다	공구 교환을 조기에 한다 날수를 줄인다 절삭날 에지를 호닝한다	1날당의 이송을 낮춘다 이송은 그대로 두고 절삭 속도를 올린다 절삭 깊이를 작게 한다 다운 커트를 한다 공구 고정의 오버행량을 작게 한다 칩처리를 개선한다
	피로 파괴	절삭 저항에 의한 굽힘 응력의 발생이 솔리드 엔드밀에서 90kg/mm^2 이상, 납땜의 경우, 50kg/mm^2 이상의 중절삭의 경우, 연 10^7회전(2000min^{-1}×83시간) 이상 사용하면 피로 파괴할 위험성이 있으므로 그 이전에 신품과 교환한다	

공구 및 가공상의 트러블과 대책

현상·문제점	원 인	대 책	
		공구 재종·형상	절삭 조건
다듬질면 불량	구성 날끝의 영향 또는 용착물의 생성 탈락	절삭날의 호닝폭을 가감한다 허용 범위에서 TiC 또는 TiC+TaC 성분이 많은 재종으로 바꾼다	절삭 속도를 올린다 1날당의 이송을 크게 한다 윤활성이 좋은 절삭 유제를 사용한다
	가는 절삭칩이 부착된다	미소 호닝을 한다	절삭 속도를 올린다 다운 커트로 한다 이송을 올리든가, 다듬질 여유를 크게 한다 절삭 유제를 사용하든가, 에어를 사용한다
	단속적으로 절삭 저항이 변동되어 엔드 밀이 탄성 변동한다	날의 비틀림각을 크게 한다 날수를 늘린다 날길이를 짧게 한다	이송을 낮춘다 절삭 깊이를 작게 한다 업 커트로 한다 날의 흔들림 정밀도를 높인다 조기에 공구를 교환한다
	채터링이 발생한다	부등 분할날을 사용한다 거친 가공에서는 2매날, 다듬질 가공에는 4매날을 사용한다	절삭 속도를 낮춘다 (경우에 따라서는 올리는 일도 있다) 이송을 올린다 가공물의 고정 강성을 올린다 공구의 고정 강성을 올린다
형상 정밀도 불량	레이디얼 방향의 절삭 여유가 소정보다 마이너스 방향에 있다		다운 커트로 한다 다듬질 여유를 작게 한다 절삭 속도를 올린다 공구 고정의 오버행량을 적게 한다 콜릿, 척을 교환한다
	엔드 밀이 경사져 절삭면과의 직각도가 불량	날수를 늘린다 조기에 공구를 교환한다 외주날 절삭면의 기울기를 수정하는 양만큼 백테이퍼를 붙여 연삭한다	다듬질 여유를 작게 한다 절삭 속도를 올린다 이송을 낮춘다 공구의 오버행량을 적게 한다

4 드릴 가공의 트러블과 대책

현상·문제점		원인	대책	
			공구 재종·형상	절삭 조건
마모·손상		절삭 속도가 너무 높다	내마모성이 높은 재종을 고른다	절삭 속도를 낮춘다 윤활성이 좋은 윤활제를 사용한다
		여유각이 너무 작다	여유각을 크게 한다	적절한 절삭 속도로 한다
		절삭날 외주부가 약하다	절삭날의 호닝량을 크게 한다	절삭 속도를 낮춘다 절삭 유제를 많이 공급한다 파들기할 때나 뽑을 때의 이송을 낮춘다
치핑		날끝이 너무 예리하다(여유각이 크다)	호닝을 한다 여유각을 작게 한다 인성이 높은 재종을 고른다	
		절삭 속도가 너무 높다		절삭 속도를 낮춘다 절삭 유제를 사용한다
		날끝에 압착 분리물이 있다	재종을 바꾼다 여유각을 작게 한다	절삭 속도, 이송을 낮춘다 절삭 유제를 사용한다
		채터링이나 진동이 일어난다	기계와 공구의 강성을 높인다	절삭 속도를 낮춘다 가공물의 클램프 방법을 바꾼다
절손	구멍 입구 부근	가공물의 표면 상태가 불량하다		파들기할 때의 이송을 낮춘다 가이드 부시를 사용한다 가공 표면을 개선한다
		드릴의 재연삭·정밀도가 불량하다	잘 파들어가도록 시닝을 한다	
		절삭 조건이 너무 높다		절삭 속도, 이송을 낮춘다
		기계와 가공물의 강성이 낮다		가공물의 클램프 방법을 바꾼다 강성이 높은 기계로 바꾼다
	구멍 도중	구멍이 구부러진다	드릴의 강성을 높인다 잘 파들어가고 구심성이 좋은 날끝으로 한다	가이드 부시를 사용한다(또는 그 클리어런스를 작게 한다)
		칩이 막힌다	드릴의 중심두께, 홈폭 비율을 바꾼다	이송을 낮춘다 절삭 유제를 사용한다 스텝 이송으로 한다
	기타	드릴의 처킹 방법이 나쁘다 지름	드릴 재연삭의 시기와 양을 조정한다	콜릿과 링부로 바꾸는 등 파악력을 강화한다
		드릴직경의 백테이퍼가 없어지고 있다	백테이퍼를 크게, 마진폭을 좁게 한다	
가공정밀도불량	확대 여유가 크다	드릴 날끝의 정밀도가 불량하다	드릴의 연삭 방법을 바꾼다(특히 구심성(球心性)이 있는 날형으로 한다)	절삭 속도, 이송을 낮춘다 절삭 유제의 압력, 공급량을 적게 한다
	진직도 불량	파들기가 불량하다	드릴의 구심성을 올려 좌우 절삭날의 편심을 없앤다 드릴의 휨과 흔들림을 없앤다	파들기할 때의 이송을 낮춘다 가이드 부시를 사용한다 (클리어런스를 조정한다)
	다듬질면 거칠기 불량	칩이 막힌다		칩처리를 개선한다
		드릴의 강성이 낮다	드릴의 강성을 올린다	

공구 및 가공상의 트러블과 대책

현상·문제점	원 인	대 책	
		공구 재종·형상	절삭 조건
다듬질면 거칠기 불량	구성 날끝이 생긴다	내용착성이 높은 재종을 고른다	절삭 속도를 올린다 이송을 조정한다 절삭 유제를 충분히 공급한다
칩처리의 불량	절삭 조건이 적절하지 못하다		절삭 속도를 낮춘다 이송을 올린다
	절삭 유제의 공급이 충분하지 못하다	기름 구멍 붙이 드릴로 바꾼다	절삭 유제의 유압을 올려 충분히 공급한다
채터링	드릴의 강성이 낮다	공구의 강성을 높인다 여유각을 작게 한다	절삭 속도를 낮춘다

● 강가공용 기름 구멍 붙이 드릴의 경우

현상·문제점	원 인	대 책	
		공구 재종·형상	절삭 조건
결손·절손	절삭날 강도가 부족하다	호닝폭을 크게 한다	
	절삭 조건이 적절하지 못하다		절삭 속도, 이송을 바꾼다
	구성 날끝 등 용착물이 발생한다	호닝폭을 1 회전당 이송과 같은 정도로 크게 한다	절삭 속도를 낮춘다 극압 첨가제가 많은 절삭 유제를 사용한다 유제의 농도를 올리든가, 불수용성으로 바꾼다
	드릴이나 기계의 강성 부족에 의한 진동	호닝폭을 작게 한다 공구의 오버행량을 적게 한다 공구의 클램프를 완전하게 한다	절삭 조건을 바꾼다 파들어갈 때나 관통시의 이송을 낮춘다 가공물의 고정을 강고히 한다 유압 이송보다 기계 이송이 좋다
	가공물의 형상이 적당치 않다		파들기할 때나 관통시의 이송을 낮춘다 가공면 성상을 개선한다 가공 공정을 재검토한다
	고정 정밀도 불량		기계의 얼라인먼트를 조정한다 가공물이 회전할 경우, 회전 중심과 드릴 중심을 일치시킨다
	기계 출력의 부족	호닝폭을 작게 한다	절삭 조건을 낮춘다 출력이 큰 기계를 사용한다
	칩이 막힌다	호닝을 적절히 하여 칩의 형상을 안정시킨다	스텝 이송으로 한다 절삭 속도, 이송을 바꾼다 절삭 유제의 압력과 공급량을 늘린다
	절삭날의 정밀도 불량	공구의 재연삭을 개선한다 공구의 고정 정밀도를 높인다	
가공 정밀도 불량(확대 여유, 구멍의 구부러짐)	공구·기계의 강성 부족	호닝폭을 작게 한다	이송을 낮춘다 가공물의 고정을 견고히 한다 강성이 높은 기계를 사용한다
	파들기할 상태 불량		파들기할 때의 이송을 낮춘다 가공면 성상을 개선한다

5 리머 가공의 트러블과 대책

현상·문제점		원 인	대 책	
			공구 재종·형상	절삭 조건
절손		파들어가는 각이 작다		파들어가는 각을 크게 하여 확대 여유를 늘린다
		팁 외주의 마모가 심하다	내마모성이 높은 재종을 고른다	절삭 속도를 낮춘다 윤활성이 좋은 절삭 유제를 사용한다
		절삭 유제가 적절하지 않아 눌어붙는다		절삭 유제의 여과를 개선한다 윤활성이 좋은 절삭 유제를 사용한다 유압을 올린다
가공정밀도의 불량	다듬질면 정밀도 불량 (확대 여유의 편차가 크다)	1날당의 이송이 과대하다	날수를 늘린다	이송을 낮춘다
		파들어가는 각이 크다		파들어가는 각을 작게 한다
		백테이퍼가 크다	백테이퍼를 작게 한다	
		리머 외주부의 흔들림이 크다		흔들림 정밀도를 개선한다
		공구 재연삭 불량	절삭날의 손상을 제거한다	흔들림 정밀도를 개선한다
		절삭 유제가 부적당		유압을 낮춘다 절삭 유제의 활성도, 윤활성을 높인다
		가공물의 고정 불량		클램프의 위치를 고친다 클램프력을 증가시킨다
		기계 정밀도 불량		주축의 흔들림, 얼라인먼트 등을 조정한다
	진원도 불량	기계 정밀도 불량		주축의 흔들림, 얼라인먼트 등을 수정한다
		리머의 외주부 흔들림이 크다		외주부의 흔들림을 수정한다
		리머의 강성이 부족하다	강성이 높은 리머를 사용한다	
		가공물의 클램프 위치가 부적당		가공물의 클램프 위치를 바꾼다
		가공물에 부분적 두꺼운 곳이 있다	리머의 가이드폭 (마진폭)을 작게 한다	
	확대 여유가 작다	파들어가는 각이 작다		파들어가는 각을 크게 한다
		팁 외주의 마모가 심하다	내마모성이 높은 재종으로 바꾼다	절삭 속도를 낮춘다
		절삭 유제의 윤활성이 나쁘다		윤활성이 높은 절삭유를 사용한다
		공구의 재연삭 불량(앞의 손상이 남아 있다)	공구의 연삭량을 늘린다	

6 탭가공의 트러블과 대책

현상·문제점		원인	대책: 공구 재종·형상	대책: 절삭 조건
암나사 정밀도의 불량	구멍 지름이 커진다	탭의 선정이 부적당	적절한 정밀도의 탭을 고른다	파들기부의 길이를 길게 한다
		칩이 막힌다	포인트 탭, 스파이럴 탭을 사용한다 탭의 홈수를 줄이고 홈용적을 크게 한다	애벌구멍 지름을 되도록 크게 한다 절삭 유제의 종류, 공급 방법을 바꾼다
		절삭 조건이 부적당		절삭 속도를 적절히 한다 탭과 중심 구멍의 어긋남을 없앤다 이송을 적절히 한다 축심의 흔들림을 없앤다.
		절삭날에 용착물이 부착된다	레이크각을 조정한다 날끝에 호모 처리 등 표면 처리를 한다	절삭 속도를 낮춘다 절삭 유제를 내용착성이 높은 것으로 바꾼다
		탭의 재연삭 불량	홈 분할을 정확히 한다 레이크각이나 파들기는 2번각을 크게 하지 않는다 날 두께를 너무 두껍게 하지 않는다	연삭 버를 제거한다
	구멍 지름이 작아진다	탭의 선정이 부적당	큰 탭을 고른다 레이크각을 크게 한다 파들기 2번각을 적절히 한다	
		암나사에 흠집이 있다		역전시에 탭이 빠질 때의 속도를 적절히 하여 암나사의 입구에 흠집을 내지 않는다
		암나사에 칩이 남아 있다	탭의 절삭성을 개선한다	수염 모양의 칩이 남지 않도록 한다 게이지의 체크는 칩을 완전히 제거하고 나서 한다
암나사 다듬질면 불량	뜯김, 긁힘이 있다	탭의 선정이 부적당		파들기부를 길게 한다
		레이크각이 부적당	레이크각을 피삭재에 맞춘다	
		칩이 막힌다	포인트 탭, 스파이럴 탭을 사용한다	애벌구멍 지름을 크게 한다
		용착물이 날끝에 부착한다	날끝을 엷게 한다 탭의 절삭날 형상을 바꾼다(나사 릴리프붙이)	절삭 속도를 낮춘다 절삭 유제, 공급 방법을 바꾼다
	채터링	절삭성이 너무 좋다	레이크각을 작게 한다 나사 릴리프를 작게 한다	
		재연삭 불량	날 두께를 너무 얇게 하지 않는다	홈바닥의 재연삭을 하지 않는다
탭의 내구성 불량	절손	탭의 선정이 부적당	공구 재종을 바꾼다 포인트 탭, 스파이럴 탭 등을 사용한다	칩처리를 개선한다
		절삭 토크가 과대하다	레이크각을 크게 한다 나사 릴리프를 크게, 날끝을 얇게 한다 비틀림홈 탭을 사용한다	애벌구멍 지름을 크게 한다
		사용 조건이 부적당	플로팅 탭을 사용한다	절삭 속도를 낮춘다 탭과 애벌 구멍의 중심 어긋남이나 경사를 없앤다 애벌구멍의 바닥에 접촉하지 않도록 한다

현상·문제점		원 인	대 책	
			공구 재종·형상	절삭 조건
탭의 내구성 불량	절손	재연삭 불량	홈의 바닥은 재연삭하지 않는다 날 두께를 너무 얇게 하지 않는다 날끝의 마모 부분을 남기지 않는다 재연삭의 주기를 빠르게 한다	
	결손	탭의 선정이 부적당	레이크각을 작게 한다 공구 재종을 바꾼다 공구의 경도를 낮춘다 비틀림홈 탭을 사용한다	칩처리를 개선한다 파들기부의 길이를 길게 한다
		사용 조건이 부적당	내용착성이 높은 재종을 고른다	절삭 속도를 낮춘다 중심 어긋남을 없애고 탭이 파들기할 때 충격을 주지 않는다 날끝의 용착을 방지한다
	마모	탭의 선정이 부적당	경질 재료에는 특수 설계의 탭을 사용한다 공구 재종을 바꾼다 공구의 표면 처리를 한다	파들기부의 길이를 길게 한다
		재연삭 불량	레이크각을 너무 크게 하지 않는다 연삭 번(burn)을 방지한다	
		사용 조건이 부적당		절삭 속도를 낮춘다 절삭 유제의 종류, 공급 방법을 바꾼다 애벌구멍의 가공 경화를 방지한다

공구의 손상 형태와 재종

현재 사용되고 있는 절삭 공구의 재종은 하이스, 초경, 초미립자 초경(마이크로 알로이), 코팅, 서멧, 세라믹스, 소결 다이아몬드, CBN 등 여러 가지가 있다.

최근에는 다시 가공 정밀도를 향상시키고 생산성을 높이기 위하여, 그리고 여기에 수반하는 공작 기계의 고속화와 같은 이유로 이전에 비하면 하이스나 초경 공구의 비율이 낮아지고 이른바 신재종이라 불리우는 세라믹스나 서멧, CBN 등이 적극적으로 사용되고 있다.

그러나 이들 새로운 재종도 만능은 아니다. 재종의 성능을 잘 알고 목적에 맞게 사용하지 않으면 꼭 기대한 대로의 성과를 올릴 수 없을 뿐더러 공구의 손상과 같은 뜻하지 않은 트러블이 발생한다.

● 공구의 손상 형태

공구의 손상에는 주로 기계적인 이유에 의한 것과 열이나 화학적 영향에 의한 것이 있다.

먼저, 기계적인 작용에 의한 공구 손상의 대표적인 것에는 다음과 같은 것이 있다.

① 여유면 마모(플랭크 마모)

피삭재중에 함유되어 있는 경질 입자 성분이 공구의 여유면을 긁어 점차로 마모를 일으킨다 (그림 1).

② 치핑

공구에 큰 압착력이 걸리고 진동 등에 의하여 발생하는 작은 흠집(그림 2).

③ 결손·파손

공구에 기계적인 충격이 가해져 치핑보다 더 큰 흠집이 생기는 것(그림 3).

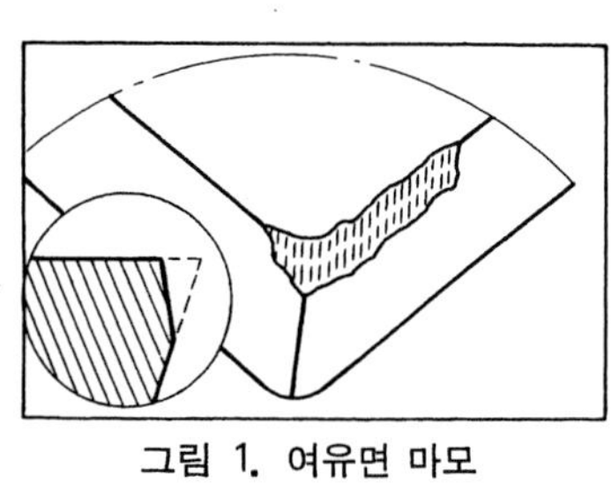

그림 1. 여유면 마모

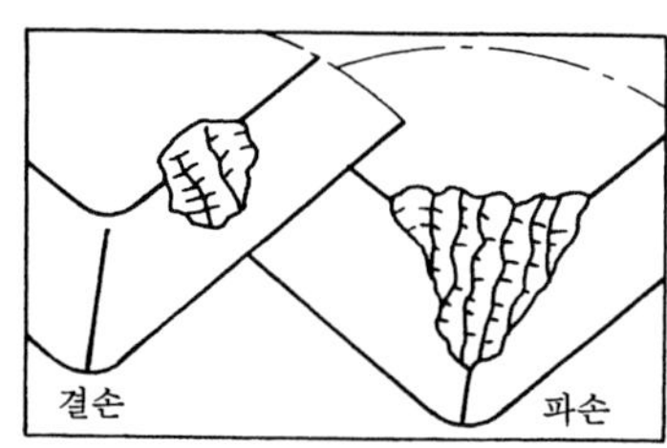

그림 3. 결손·파손

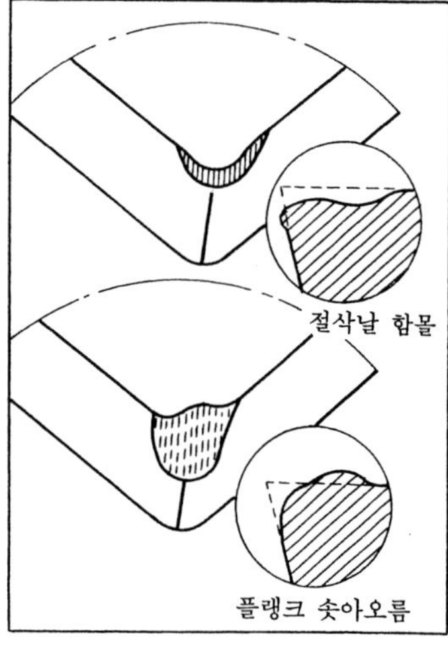

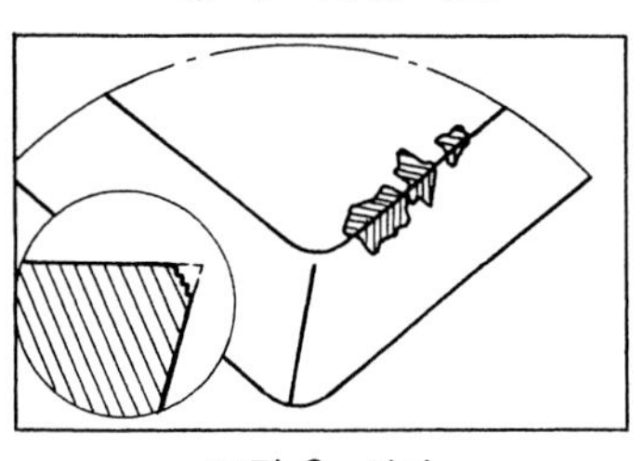

그림 2. 치핑

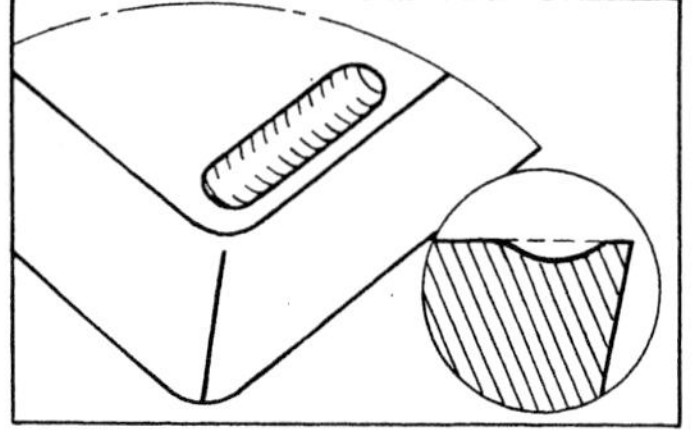

그림 4. 레이크면 마모

그림 5. 소성 변형

한편, 열적 또는 화학적 작용에 의하여 발생하는 공구 손상에는 다음과 같은 것이 있다.

④ 레이크면 마모(크레이터 마모)

절삭시에 공구 날끝이 고온으로 되어 공구 그 자체의 성능이 열화하거나 용착 확산으로 합금화한 성분이 탈락된다(그림 4).

⑤ 소성 변형

고온에서 공구가 연화하여 절삭날이 변형한다(그림 5).

⑥ 열균열

단속 절삭 등의 경우, 공구가 가열되거나 냉각되어 열피로를 일으킨 결과, 절삭날에 대하여 직각으로 크랙(균열)이 생긴다(그림 6).

⑦ 구성 날끝

피삭재의 일부가 경질의 용착물이 되어 날끝 부분에 퇴적한다(그림 7). 흔히 치핑과 같은 손상을 일으킨다.

⑧ 절손

드릴이나 엔드 밀 등 돌출 길이가 긴 공구에 발생하는 부러짐으로서 절삭중에 일어나면 안전성의 면에서도 문제가 생긴다.

이들 공구 손상은 공구 수명과 함께 피할 수 없는 문제이나 피삭재와 절삭 조건에 적합한 재종을 선정하여 사용하면 효율적인 가공을 할 수 있다.

● 공구 재종과 특징

공구의 재종에는 크게 그림 8 과 같이 3 가지 그룹으로 나눌 수 있다. 재종별로 본 공구의 특징은 다음과 같다.

① 하이스 공구

고속도강 (하이스 피드 스틸)을 주재료로 하는 것으로서 현재에도 드릴의 약 반, 엔드 밀의 반

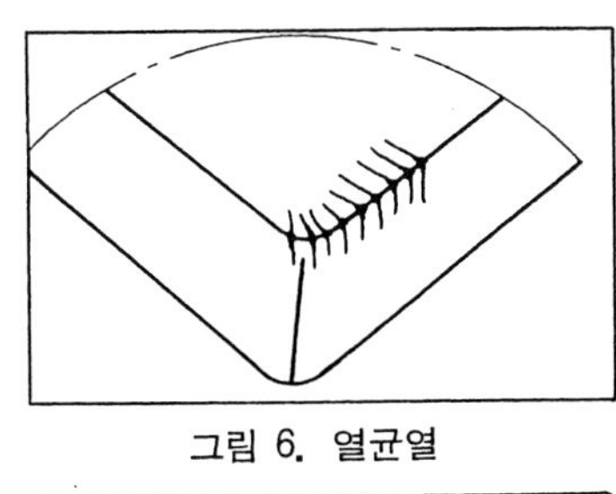

그림 6. 열균열

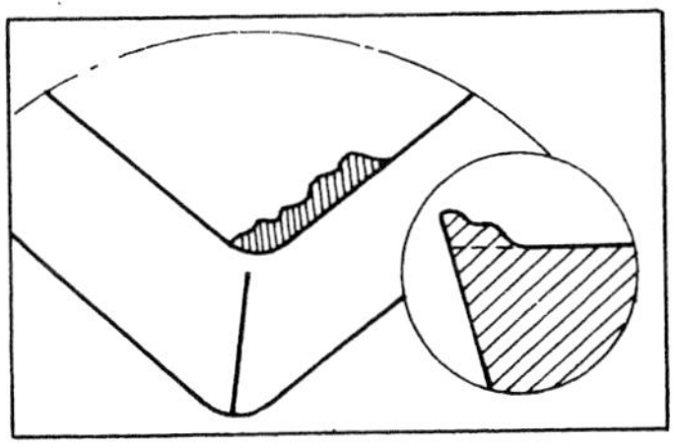

그림 7. 구성 날끝

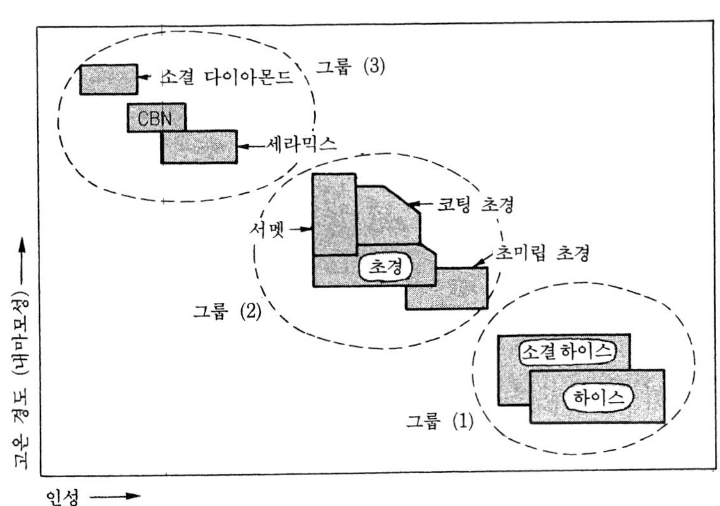

그림 8. 각종 절삭 공구 재료의 특성

이상은 하이스다. 그러나 실제로는 하이스 모재에 코팅을 한 것이 일반화 되고 있다.

이송을 크게 할 수 있고 내충격성은 공구 중 가장 좋으나 절삭 속도를 높일 수 없는 것이 단점이다.

② 초경 공구

WC(탄화텅스텐), TiN(질화티탄), TaC(탄화탄탈) 등 고경질이고 녹는점이 높은 분말을 코발트 등의 결합제로 소결한, 현재로서는 가장 일반적인 공구이다.

선삭 바이트를 비롯하여 밀링커터, 엔드 밀 등 많은 공구로 사용되며 열적 내마모성, 내용착성이 뛰어나지만 내충격성의 점에서 결손 등이 발생한다.

③ 초미립자 초경 공구

WC 성분은 초경보다도 가는 입자이므로 같은 경도의 초경보다도 강도(인성)가 높으며 하이스의 절삭 영역에서도 높은 성능을 가진다. 그러나 내충격성은 하이스보다도 좋지 않다.

④ 코팅 공구

초경이나 하이스를 모재로 하고 TiC나 TiN, 알루미나 등을 코팅한 것으로서 내열성과 내마모성이 높고 화학적으로도 안정되어 있다.

또 코팅 방법에 따라서는 공구의 인성을 높일 수 있으므로 단속 절삭에도 유효하다.

⑤ 서멧 공구

TiC나 TiN 등의 경질상과 결합제로 만들어진 것으로서 초경보다 내열균열성과 내크레이터성이 뛰어나 절삭 속도 영역이 넓고 내충격성이 높은 것도 있다.

⑥ 세라믹 공구

미세한 알루미나 또는 질화규소 등을 소결한 것으로서 내충격성은 종래의 공구에 비하여 뒤지나 내마모성, 내용착성이 높고 인성이 높은 재종도 등장하고 있다.

⑦ 소결 다이아몬드 공구

다이아몬드의 미세결정을 초경 모재 위에 구워 굳힌 것으로서 내마모성이 높은 것이 특징이다. 세라믹스나 초경 합금도 가공할 수 있다.

⑧ CBN 공구

CBN(입방정 질화붕소)의 미세결정을 초고압, 고온에서 초경 모재상에 구워 굳힌 것으로서 다이아몬드에 버금가는 경도를 갖고 있다. 열적, 화학적 반응이 거의 없어 경질의 철계 재료나 내열 합금 등의 절삭에 적합하다.

이와 같이 현재의 공구 재종에는 여러 가지가 있으나 일반적으로는 초경이나 세라믹스, 서멧, CBN과 같은 경질 재종은 하이스에 비하여 무르므로 절삭중의 돌발적인 충격이나 공구 마모에 의한 절삭 저항의 급격한 증가 등으로 파손되는 경우가 있다.

각각의 특성을 충분히 알고 가공 목적에 적합한 공구 재종을 선정하여 사용하는 일이 매우 중요하다.

부 록

표 1. 경도 환산표
표 2. 상용하는 끼워맞춤 구멍의 치수 허용차(JIS B 0401)
표 3. JIS 금속 재료 기호
표 4. 수치제어 기계용 부호
표 5. 테이프 코드 및 어드레스
표 6. 준비 기능(KS B 4206)
표 7. KS와 JIS를 비교한 주요 재료 기호 일람표
표 8. 밀리미터-인치 환산표
표 9. 인치-밀리미터 환산표

표 1. 경도 환산표

이 표는 강의 경도를 나타내는 브리넬(HB), 비커즈(HV), 록웰(HR) 및 쇼어(HS)의 각 경도 시험법에 의한 경도의 값에 대하여 각각 근사의 환산 값과 상응하는 근사의 인장강도를 나타낸 것이다.

값이 근사한 것은 각 시험방법의 차이에 의한 것은 물론이며, 재료의 치수나 화학성분, 처리 방법 등의 차이에 따라 정확한 관계를 표현할 수 없기 때문이다.

브리넬 경도 HB 10mm구 하중 3000kgf		비커즈 경도 HV	록웰경도 HR				쇼어경도 HS	인장강도 (근사치) kgf/mm² (N/mm²)
표준구	초경구		A 스케일 하중 60kgf 다이아몬드 원뿔압자	B 스케일 하중 100kgf 지름/16in 구	C 스케일 하중 150kgf 다이아몬드 원뿔압자	D 스케일 하중 100kgf 다이아몬드 원뿔 압자		
—	—	940	85.6	—	68.0	76.9	97	—
—	—	920	85.3	—	67.5	76.5	96	—
—	—	900	85.0	—	67.0	76.1	95	—
—	767	880	84.7	—	66.4	75.7	93	—
—	757	860	84.4	—	65.9	75.3	92	—
—	745	840	84.1	—	65.3	74.8	91	—
—	733	820	83.8	—	64.7	74.3	90	—
—	722	800	83.4	—	64.0	73.8	88	—
—	712	—	—	—	—	—	—	—
—	710	780	83.0	—	63.3	73.3	87	—
—	698	760	82.6	—	62.5	72.6	86	—
—	684	740	82.2	—	61.8	72.1	—	—
—	682	737	82.2	—	61.7	72.0	84	—
—	670	720	81.8	—	61.0	71.5	83	—
—	656	700	81.3	—	60.1	70.8	—	—
—	653	697	81.2	—	60.0	70.7	81	—
—	647	690	81.1	—	59.7	70.5	—	—
—	638	680	80.8	—	59.2	70.1	80	—
—	630	670	80.6	—	58.8	69.8	—	—
—	627	667	80.5	—	58.7	69.7	79	—
—	—	677	80.7	—	59.1	70.0	—	—
—	601	640	79.8	—	57.3	68.7	77	—
—	578	615	79.1	—	56.0	67.7	75	—
—	—	607	78.8	—	55.6	67.4	—	—
—	555	591	78.4	—	54.7	66.7	73	210(2095)
—	—	579	78.0	—	54.0	66.1	—	205(5010)
—	534	569	77.8	—	53.5	65.8	71	202(1981)
—	—	553	77.1	—	52.5	65.0	—	195(1912)
—	514	547	76.9	—	52.1	64.7	70	193(1893)
495	—	539	76.7	—	51.6	64.3	—	189(1854)
—	—	530	76.4	—	51.1	63.9	—	186(1824)
—	496	528	76.3	—	51.0	63.8	68	186(1824)
477	—	516	75.9	—	50.3	63.2	—	181(1775)
—	477	508	75.6	—	49.6	62.7	66	177(1736)
461	—	495	75.1	—	48.8	61.9	—	172(1687)
—	461	491	74.9	—	48.5	61.7	65	170(1667)
444	—	474	74.3	—	47.2	61.0	—	162(1589)
—	444	472	74.2	—	47.1	60.8	—	162(1589)
429	429	455	73.4	—	45.7	59.7	61	154(1510)
415	415	440	72.8	—	44.5	58.8	59	149(1461)
401	401	425	72.0	—	43.1	57.8	58	142(1392)
388	388	410	71.4	—	41.8	56.8	56	136(1334)
375	375	396	70.6	—	40.4	55.7	54	129(1265)

표 중의 수치는 대부분 열처리된 탄소강 및 합금강에 대하여, 광범위한 시험에 바탕을 둔 것이다.

그러나 균질인 것이라면 단조된 그대로 풀림, 불림 및 담금질 뜨임을 한 모든 구조용 합금강, 공구강에도 사용할 수 있다.

〔주〕
1) HB, HV, HRA, HRC, HRD의 수치는ASTME140 표 3에 의한다.
2) HR~의 ( )내의 수치는 그다지 사용하지 않는다.
3) 인장강도의 근사치는 JIISZ8413 및 JISZ8438의 환산표에 의하여 환산한 것. ( )내의 수치 및 단위는 국제 단위계(SII)에 의한 것이며, 참고로 병기한(IN/mm2=IMPa)

브리넬 경도 HB 10mm구 하중 3000kgf		비커즈 경도 HV	록웰경도 HR				쇼어경도 HS	인장강도 (근사치) kgf/mm² (N/mm²)
표준구	초경구		A 스케일 하중 60kgf 다이아몬드 원뿔압자	B 스케일 하중 100kgf 지름/16in 구	C 스케일 하중 150kgf 다이아몬드 원뿔압자	D 스케일 하중 100kgf 다이아몬드 원뿔 압자		
363	363	383	70.0	—	39.1	54.6	52	124(1216)
352	352	372	69.3	(110.0)	37.9	53.8	51	120(1177)
341	341	360	68.7	(109.0)	36.6	52.8	50	115(1128)
331	331	350	68.1	(108.5)	35.5	51.9	48	112(1098)
321	321	339	67.5	(108.0)	34.3	51.0	47	108(1059)
311	311	328	66.9	(107.5)	33.1	50.0	46	105(1030)
302	302	319	66.3	(107.0)	32.1	49.3	45	103(1010)
293	293	309	65.7	(106.0)	30.9	48.3	43	99(971)
285	285	301	65.3	(105.5)	29.9	47.6	—	97(951)
277	277	292	64.6	(104.5)	28.8	46.7	41	94(922)
269	269	284	64.1	(104.0)	27.6	45.9	40	91(892)
262	262	276	63.6	(103.0)	26.6	45.0	39	89(873)
255	255	269	63.0	(102.0)	25.4	44.2	38	86(843)
248	248	261	62.5	(101.0)	24.2	43.2	37	84(824)
241	241	253	61.5	100.0	22.8	42.0	36	82(804)
235	235	247	61.4	99.0	21.7	41.4	35	80(785)
229	229	241	60.8	98.2	20.5	40.5	34	78(765)
223	223	234	—	97.3	(18.8)	—	—	—
217	217	228	—	96.4	(17.5)	—	33	74(726)
212	212	222	—	95.5	(16.0)	—	—	72(706)
207	207	218	—	94.6	(15.2)	—	32	70(686)
201	201	212	—	93.8	(13.8)	—	31	69(677)
197	197	207	—	92.8	(12.7)	—	30	67(657)
192	192	202	—	91.9	(11.5)	—	29	65(637)
187	187	196	—	90.7	(10.0)	—	—	63(618)
183	183	192	—	90.0	(9.0)	—	28	63(618)
179	179	188	—	89.0	(8.0)	—	27	61(598)
174	174	182	—	87.8	(6.4)	—	—	60(588)
170	170	178	—	86.8	(5.4)	—	26	58(569)
167	167	175	—	86.0	(4.4)	—	—	57(559)
163	163	171	—	85.0	(3.3)	—	25	56(549)
156	156	163	—	82.9	(0.9)	—	—	53(520)
149	149	156	—	80.8	—	—	23	51(500)
143	143	150	—	78.7	—	—	22	50(490)
137	137	143	—	76.4	—	—	21	47(461)
131	131	137	—	74.0	—	—	—	46(451)
126	126	132	—	72.0	—	—	20	44(431)
121	121	127	—	69.8	—	—	19	42(412)
116	116	122	—	67.6	—	—	18	41(402)
111	111	117	—	65.7	—	—	15	39(382)

표 2. 상용하는 끼워맞춤 구멍의 치수 허용차(JIS B 0401)-(1) (단위 μm=0.001mm)

치수의 구분 (mm)		B	C		D			E			F			G		H					
		B 10	C 9	C 10	D 8	D 9	D 10	E 7	E 8	E 9	F 6	F 7	F 8	G 6	G 7	H 5	H 6	H 7	H 8	H 9	H 10
을 넘어	이하	+	+	+	+	+	+	+	+	+	+	+	+	+	+	+	+	+	+	+	+
—	3	180 140	85 60	100	34	45 20	60	24	28 14	39	12	16 6	20	8	12 2	4	6	10 0	14	25	40
3	6	188 140	100 70	118	48	60 30	78	32	38 20	50	18	22 10	28	12	16 4	5	8	12 0	18	30	48
6	10	208 150	116 80	138	62	76 40	98	40	47 25	61	22	28 13	35	14	20 5	6	9	15 0	22	36	58
10	14	220 150	138 95	165	77	93 50	120	50	59 32	75	27	34 16	43	17	24 6	8	11	18 0	27	43	70
14	18																				
18	24	244 160	162 110	194	98	117 65	149	61	73 40	92	33	41 20	53	20	28 7	9	13	21 0	33	52	84
24	30																				
30	40	270 170	182 120	220	119	142 80	180	75	89 50	112	41	50 25	64	25	34 9	11	16	25 0	39	62	100
40	50	280 180	192 130	230																	
50	65	310 190	214 140	260	146	174 100	220	90	106 60	134	49	60 30	76	29	40 10	13	19	30 0	46	74	120
65	80	320 200	224 150	270																	
80	100	360 220	257 170	310	174	207 120	260	107	126 72	159	58	71 36	90	34	47 12	15	22	35 0	54	87	140
100	120	380 240	267 180	320																	
120	140	420 260	300 200	360																	
140	160	440 280	310 210	370	208	245 145	305	125	148 85	185	68	83 43	106	39	54 14	18	25	40 0	63	100	160
160	180	470 310	330 230	390																	
180	200	525 340	355 240	425																	
200	225	565 380	375 260	445	242	285 170	355	146	172 100	215	79	96 50	122	44	61 15	20	29	46 0	72	115	185
225	250	605 420	395 280	465																	
250	280	690 480	430 300	510	271	320 190	400	162	191 110	240	88	108 56	137	49	69 17	23	32	52 0	81	130	210
280	315	750 540	460 330	540																	
315	355	830 600	500 360	590	299	350 210	440	182	214 125	265	98	119 62	151	54	75 18	25	36	57 0	89	140	230
355	400	910 680	540 400	630																	
400	450	1010 760	595 440	690	327	385 230	480	198	232 135	290	108	131 68	165	60	83 20	27	40	63 0	97	155	250
450	500	1090 840	635 480	730																	

〔비고〕 표중의 각 단에서 윗측의 수치는 위의 치수허용차, 아래측의 치수는 밑의 치수허용차를 나타낸다.

(다음 페이지에 계속)

표 2. 상용하는 끼워맞춤 구멍의 치수 허용차(JIS B 0401)-(2) (단위 μm=0.001mm)

치수의 구분 (mm)		Js			K			M			N		P		R	S	T	U	X
		Js 5	Js 6	Js 7	K 5	K 6	K 7	M 5	M 6	M 7	N 6	N 7	P 6	P 7	R 7	S 7	T 7	U 7	X 7
을 넘어	이하	±	±	±	+ −	+ −	+ −	−	−	−	−	−	−	−	−	−	−	−	−
—	3	2	3	5	0 4	0 6	0 10	2 6	2 8	2 12	4 10	4 14	6 12	6 16	10 20	14 24	—	18 28	20 30
3	6	2.5	4	6	0 5	2 6	3 9	3 8	1 9	0 12	5 13	4 16	9 17	8 20	11 23	15 27	—	19 31	24 36
6	10	3	4.5	7.5	1 5	2 7	5 10	4 10	3 12	0 15	7 16	4 19	12 21	9 24	13 28	17 32	—	22 37	28 43
10	14	4	5.5	9	2 6	2 9	6 12	4 12	4 15	0 18	9 20	5 23	15 26	11 29	16 34	21 39	—	26 44	33 51
14	18																		38 56
18	24	4.5	6.5	10.5	1 8	2 11	6 15	5 14	4 17	0 21	11 24	7 28	18 31	14 35	20 41	27 48	—	33 54	46 67
24	30																33 54	40 61	56 77
30	40	5.5	8	12.5	2 9	3 13	7 18	5 16	4 20	0 25	12 28	8 33	21 37	17 42	25 50	34 59	39 64	51 76	—
40	50																45 70	61 86	
50	65	6.5	9.5	15	3 10	4 15	9 21	6 19	5 24	0 30	14 33	9 39	26 45	21 51	30 60	42 72	55 85	76 106	—
65	80														32 62	48 78	64 94	91 121	
80	100	7.5	11	17.5	2 13	4 18	10 25	8 23	6 28	0 35	16 38	10 45	30 52	24 59	38 73	58 93	78 113	111 146	—
100	120														41 76	66 101	91 126	131 166	
120	140	9	12.5	20	3 15	4 21	12 28	9 27	8 33	0 40	20 45	12 52	36 61	28 68	48 88	77 117	107 147	—	—
140	160														50 90	85 125	119 159		
160	180														53 93	93 133	131 171		
180	200	10	14.5	23	2 18	5 24	13 33	11 31	8 37	0 46	22 51	14 60	41 70	33 79	60 106	105 151	—	—	—
200	225														63 109	113 159			
225	250														67 113	123 169			
250	280	11.5	16	26	3 20	5 27	16 36	13 36	9 41	0 52	25 57	14 66	47 79	36 88	74 126	—	—	—	—
280	315														78 130				
315	355	12.5	18	28.5	3 22	7 29	17 40	14 39	10 46	0 57	26 62	16 73	51 87	41 98	87 144	—	—	—	—
355	400														93 150				
400	450	13.5	20	31.5	2 25	8 32	18 45	16 43	10 50	0 63	27 67	17 80	55 95	45 108	103 166	—	—	—	—
450	500														109 172				

〔비고〕 표중의 각 단에서 윗측의 치수는 위의 치수허용차, 아래측의 수치는 밑의 치수허용차를 나타낸다.

표 2. 상용하는 끼워맞춤 구멍의 치수 허용차(JIS B 0401)-(3)　　(단위 μm=0.001mm)

치수의 구분 (mm)		b	c	d		e			f			g			h					
		b9	c9	d8	d9	e7	e8	e9	f6	f7	f8	g4	g5	g6	h4	h5	h6	h7	h8	h9
을 넘어	이하	—	—	—	—	—	—	—	—	—	—	—	—	—	—	—	—	—	—	—
—	3	140 165	60 85	20 34	45	24	14 28	39	12	6 16	20	5	2 6	8	3	4	0 6	10	14	25
3	6	140 170	70 100	30 48	60	32	20 38	50	18	10 22	28	8	4 9	12	4	5	0 8	12	18	30
6	10	150 186	80 116	40 62	76	40	25 47	61	22	13 28	35	9	5 11	14	4	6	0 9	15	22	36
10 14	14 18	150 193	95 138	50 77	93	50	32 59	75	27	16 34	43	11	6 14	17	5	8	0 11	18	27	43
18 24	24 30	160 212	110 162	65 98	117	61	40 73	92	33	20 41	53	13	7 16	20	6	9	0 13	21	33	52
30	40	170 232	120 182	80 119	142	75	50 89	112	41	25 50	64	16	9 20	25	7	11	0 16	25	39	62
40	50	180 242	130 192																	
50	65	190 264	140 214	100 146	174	90	60 106	134	49	30 60	76	18	10 23	29	8	13	0 19	30	46	74
65	80	200 274	150 224																	
80	100	220 307	170 257	120 174	207	107	72 126	159	58	36 71	90	22	12 27	34	10	15	0 22	35	54	87
100	120	240 327	180 267																	
120	140	260 360	200 300	145 208	245	125	85 148	185	68	43 83	106	26	14 32	39	12	18	0 25	40	63	100
140	160	280 380	210 310																	
160	180	310 410	230 330																	
180	200	340 455	240 355	170 242	285	146	100 172	215	79	50 96	122	29	15 35	44	14	20	0 29	46	72	115
200	225	380 495	260 375																	
225	250	420 535	280 395																	
250	280	480 610	300 430	190 271	320	162	110 191	240	88	56 108	137	33	17 40	49	16	23	0 32	52	81	130
280	315	540 670	330 460																	
315	355	600 740	360 500	210 299	350	182	125 214	265	98	62 119	151	36	18 43	54	18	25	0 36	57	89	140
355	400	680 820	400 540																	
400	450	760 915	440 595	230 327	385	198	135 232	290	108	68 131	165	40	20 47	60	20	27	0 40	63	97	155
450	500	840 995	480 635																	

〔비고〕 표중의 각 단에서 윗측의 수치는 위의 치수허용차, 아래측의 수치는 밑의 치수허용차를 나타낸다.

(다음 페이지에 계속)

표 2. 상용하는 끼워맞춤 구멍의 치수 허용차(JIS B 0401)-(4) (단위 $\mu m = 0.001mm$)

치수의 구분 (mm)		js				k			m			n	p	r	s	t	u	x
		js 4	js 5	js 6	js 7	k 4	k 5	k 6	m 4	m 5	m 6	n 6	p 6	r 6	s 6	t 6	u 6	x 6
을 넘어	이하	±	±	±	±	+	+	+	+	+	+	+	+	+	+	+	+	+
—	3	1.5	2	3	5	3	4 0	6	5	6 2	8	10 4	12 6	16 10	20 14	—	24 18	26 20
3	6	2	2.5	4	6	5	6 1	9	8	9 4	12	16 8	20 12	23 15	27 19	—	31 23	36 28
6	10	2	3	4.5	7.5	5	7 1	10	10	12 6	15	19 10	24 15	28 19	32 23	—	37 28	43 34
10	14	2.5	4	5.5	9	6	9 1	12	12	15 7	18	23 12	29 18	34 23	39 28	—	44 33	51 40
14	18																	56 45
18	24	3	4.5	6.5	10.5	8	11 2	15	14	17 8	21	28 15	35 22	41 28	48 35	—	54 41	67 54
24	30															54 41	61 48	77 64
30	40	3.5	5.5	8	12.5	9	13 2	18	16	20 9	25	33 17	42 26	50 34	59 43	64 48	76 60	—
40	50															70 54	86 70	
50	65	4	6.5	9.5	15	10	15 2	21	19	24 11	30	39 20	51 32	60 41	72 53	85 66	106 87	—
65	80													62 43	78 59	94 75	121 102	
80	100	5	7.5	11	17.5	13	18 3	25	23	28 13	35	45 23	59 37	73 51	93 71	113 91	146 124	—
100	120													76 54	101 79	126 104	166 144	
120	140	6	9	12.5	20	15	21 3	28	27	33 15	40	52 27	68 43	88 63	117 92	147 122	—	—
140	160													90 65	125 100	159 134		
160	180													93 68	133 108	171 146		
180	200	7	10	14.5	23	18	24 4	33	31	37 17	46	60 31	79 50	106 77	151 122	—	—	—
200	225													109 80	159 130			
225	250													113 84	169 140			
250	280	8	11.5	16	26	20	27 4	36	36	43 20	52	66 34	88 56	126 94	—	—	—	—
280	315													130 98				
315	355	9	12.5	18	28.5	22	29 4	40	39	46 21	57	73 37	98 62	144 108	—	—	—	—
355	400													150 114				
400	450	10	13.5	20	31.5	25	32 5	45	43	50 23	63	80 40	108 68	166 126	—	—	—	—
450	500													172 132				

〔비고〕 표 중의 각 단에서 윗측의 수치는 위의 치수허용차, 아래측의 수치는 밑의 치수허용차를 나타낸다.

표 2. 상용하는 끼워맞춤 구멍의 치수 허용차(JIS B 0401)-(5)

(단위 $\mu m = 0.001mm$)

치수의 구분 (mm)		H 7		기준 구멍 H7과 끼워맞추어지는 축 e		f			g		h			js				k		m		n		p		r		s		t		u		x	
초과	이하	위의 치수허용차 (+)	밑의 치수허용차	최대 틈새	최소 틈새	최대 틈새		최소 틈새	최대 틈새	최소 틈새	최대 틈새		최소 틈새	최대 틈새	최대 죔새	최대 틈새	최대 죔새	최대 틈새	최대 죔새	최대 틈새	최대 죔새	최대 틈새	최대 죔새	최소 죔새	최대 죔새	최소 죔새	최대 죔새	최소 죔새	최대 죔새	최소 죔새	최대 죔새	최소 죔새	최대 죔새	최소 죔새	최대 죔새
				e 7		f 6	f 7		g 6		h 6	h 7		js 6		js 7			k6		m6		n 6		p 6		r 6		s 6		t 6		u 6		x 6
—	3	10	0	34	14	22	26	6	18	2	16	20	0	13	3	15	5	10	6	8	8	6	10	−4	12	0	16	4	20	—	—	8	24	10	26
3	6	12		44	20	30	34	10	24	4	20	24		16	4	18	6	11	9		12	4	16	0	20	3	23	7	27	—	—	11	31	16	36
6	10	15		55	25	37	43	13	29	5	24	30		19.5	4.5	22.5	7.5	14	10	9	15	5	19		24	4	28	8	32	—	—	13	37	19	43
10	14	18		68	32	45	52	16	35	6	29	36		23.5	5.5	27	9	17	12	11	18	6	23		29	5	34	10	39	—	—	15	44	22	51
14	18																																	27	56
18	24	21		82	40	54	62	20	41	7	34	42		27.5	6.5	31.5	10.5	19	15	13	21	6	28	1	35	7	41	14	48	—	—	20	54	33	67
24	30																													20	54	27	61	43	77
30	40	25		100	50	66	75	25	50	9	41	50		33	8	37.5	12.5	23	18	16	25	8	33		42	9	50	18	59	23	64	35	76	—	—
40	50																													29	70	45	86		
50	65	30		120	60	79	90	30	59	10	49	60		39.5	9.5	45	15	28	21	19	30	10	39	2	51	11	60	23	72	36	85	57	106	—	—
65	80																									13	62	29	78	45	94	72	121		
80	100	35		142	72	93	106	36	69	12	57	70		46	11	52.5	17.5	32	25	22	35	12	45		59	16	73	36	93	56	113	89	146	—	—
100	120																									19	76	44	101	69	126	109	166		
120	140	40		165	85	108	123	43	79	14	65	80		52.5	12.5	60	20	37	28	25	40	13	52	3	68	23	88	52	117	82	147	—	—	—	—
140	160																									25	90	60	125	94	159				
160	180																									28	93	68	133	106	171				
180	200	46		192	100	125	142	50	90	15	75	92		60.5	14.5	69	23	42	33	29	46	15	60	4	79	31	106	76	151	—	—	—	—	—	—
200	225																									34	109	84	159						
225	250																									38	113	94	169						
250	280	52		214	110	140	160	56	101	17	84	104		68	16	78	26	48	36	32	52	18	66		88	42	126	—	—	—	—	—	—	—	—
280	315																									46	130								
315	355	57		239	125	155	176	62	111	18	93	114		75	18	85.5	28.5	53	40	36	57	20	73	5	98	51	144	—	—	—	—	—	—	—	—
355	400																									57	150								
400	450	63		261	135	171	194	68	123	20	103	126		83	20	94.5	31.5	58	45	40	63	23	80		108	63	166	—	—	—	—	—	—	—	—
450	500																									69	172								

〔비고〕 최소 죔새가 부(−)의 값의 것은, 최대 틈새가 된다.

표 2. 상용하는 끼워맞춤 구멍의 치수 허용차(JIS B 0401)-(6)

(단위 $\mu m = 0.001mm$)

치수의 구분 (mm)		h 6		기준축 h6과 끼워맞춰지는 구멍																										h 7		기준축 h7과 끼워맞춰지는 구멍							
				K				M				N				P				R		S		T		U		X				E		F			H		
		위의 치수허용차	밑의 치수허용차 (−)	최대 틈새	최대 죔새	최대 틈새	최대 죔새	최대 틈새	최대 죔새	최대 틈새	최대 죔새	최대 틈새	최대 죔새	최대 틈새	최대 죔새	최소 죔새	최대 죔새	최소 죔새	최대 죔새	최소 죔새	최대 죔새	최소 죔새	최대 죔새	최소 죔새	최대 죔새	최소 죔새	최대 죔새	최소 죔새	최대 죔새	위의 치수허용차	밑의 치수허용차 (−)	최대 틈새	최소 틈새	최대 틈새		최소 틈새	최대 틈새		최소 틈새
을 넘어	이하			K 6		K 7		M 6		M 7		N 6		N 7		P 6		P 7		R 7		S 7		T 7		U 7		X 7				E 7		F 7	F 8		H 7	H 8	
—	3	0	6	6	6	6	10	4	8	4	12	2	10	2	14	0	12	0	16	4	20	8	24	—	—	12	28	14	30	0	10	34	14	26	30	6	20	24	0
3	6		8	10	6	11	9	7	9	8		3	13	4	16	1	17		20	3	23	7	27	—	—	11	31	16	36		12	44	20	34	40	10	24	30	
6	10		9	11	7	14	10	6	12	9	15		16	5	19	3	21		24	4	28	8	32	—	—	13	37	19	43		15	55	25	43	50	13	30	37	
10	14		11	13	9	17	12	7	15	11	18	2	20	6	23	4	26		29	5	34	10	39	—	—	15	44	22	51		18	68	32	52	61	16	36	45	
14	18																											27	56										
18	24		13	15	11	19	15	9	17	13	21		24		28	5	31	1	35	7	41	14	48	—	—	20	54	33	67		21	82	40	62	74	20	42	54	
24	30																							20	54	27	61	43	77										
30	40		16	19	13	23	18	12	20	16	25	4	28	8	33		37		42	9	50	18	59	23	64	35	76	—	—		25	100	50	75	89	25	50	64	
40	50																							29	70	45	86												
50	65		19	23	15	28	21	14	24	19	30	5	33	10	39	7	45	2	51	11	60	23	72	36	85	57	106	—	—		30	120	60	90	106	30	60	76	
65	80																			13	62	29	78	45	94	72	121												
80	100		22	26	18	32	25	16	28	22	35	6	38	12	45	8	52		59	16	73	36	93	56	113	89	146	—	—		35	142	72	106	125	36	70	89	
100	120																			19	76	44	101	69	126	109	166												
120	140		25	29	21	37	28	17	33	25	40	5	45	13	52	11	61	3	68	23	88	52	117	82	147	—	—	—	—		40	165	85	123	146	43	80	103	
140	160																			25	90	60	125	94	159														
160	180																			28	93	68	133	106	171														
180	200		29	34	24	42	33	21	37	29	46	7	51	15	60	12	70	4	79	31	106	76	151	—	—	—	—	—	—		46	192	100	142	168	50	92	118	
200	225																			34	109	84	159																
225	250																			38	113	94	169																
250	280		32	37	27	48	36	23	41	32	52		57	18	66		79		88	42	126	—	—	—	—	—	—	—	—		52	214	110	160	189	56	104	133	
280	315																			46	130																		
315	355		36	43	29	53	40	26	46	36	57	10	62	20	73	15	87	5	98	51	144	—	—	—	—	—	—	—	—		57	239	125	176	208	62	114	146	
355	400																			57	150																		
400	450		40	48	32	58	45	30	50	40	63	13	67	23	80		95		108	63	166	—	—	—	—	—	—	—	—		63	261	135	194	228	68	126	160	
450	500																			69	172																		

표 3. JIS 금속재료 기호-(1)

규격번호 명 칭	종 류	기 호	인장강도 (N/mm²) 기타
JIS G 3101 일반구조용 압연강재	구기호 S S 34 S S 41 S S 50 S S 55	 S S 330 S S 400 S S 490 S S 540	 330～430 400～510 490～610 ≧540
JIS G 3106 용접구조용 압연강재	구기호 S M41 A S M41 B S M41 C	 S M400 A S M400 B S M400 C	400～510
	S M50 A S M50 B S M50 C	S M490 A S M490 B S M490 C	490～610
	SM50YA SM50YB	S M490 Y A S M490 Y B	490～610
	S M53 B S M53 C	S M520 B S M520 C	520～640
	S M58	S M570	570～720
JIS G 3108 광택봉강용 일반강재	A 종 B 종	S G D A S G D B	290～390 400～510
	1 종 ～4 종	S G D 1 ～ S G D 4	—
JIS G 4051 기계구조용 탄소강강재	10, 12, 15, 17, 20, 22, 25, 28, 30, 33, 35, 38, 40, 43, 45, 48, 50, 53, 55, 58의 각종	S 10 C S 12 C 기타 (숫자는 탄소 함유량 (C%×100)을 나타냄)	≧315 ∫ ≧780
JIS G 4052 담금질성을 보증한 구조용강강재 (H강)	420, 415, 220기타 각종	SMn-H SMnC-H SCr-H SCM-H SNC-H SNCM-H	—

규격번호 명 칭	종 류	기 호	인장강도 (N/mm²) 기타
JIS G 4102 니켈크롬강 강재	—	S N C 236 S N C 415 S N C 631 S N C 815 S N C 836	≧735 ≧780 ≧835 ≧980 ≧930
JIS G 4104 크롬강강재	—	S Cr 415 S Cr 420 S Cr 430 S Cr 435 S Cr 440 S Cr 445	≧780 ≧835 ≧785 ≧885 ≧930 ≧980
JIS G 4105 크롬몰리브덴 강강재	—	S C M415 418, 420, 421, 430, 432, 435, 440, 445, 822	≧83 ≧88 ∫ ≧1030
JIS G 4106 기계구조용 망간강강재 및 망간 크롬강강재	—	S Mn420 433, 438, 443 S Mn C 420 443	≧690 ∫ ≧785 ≧835 ∫ ≧930
JIS G 4202 알루미늄 크롬 몰리브덴 강강재	—	S A C M645	—
JIS G 4801 스프링강강재	3, 6, 7, 9, 9A, 10, 11A, 12, 13의 각종	S U P 3 S U P 6 외	≧1080 1 ∫ ≧1230
JIS G 4804 유황 및 유황 복합쾌삭강강재	11, 12, 21, 22, 23, 24, 25, 31, 32, 41, 42, 43의 각종	S U M11 S U M12 외	—
JIS G 3506 경강선재	—	S W R H57 他	—

(다음 페이지에 계속)

표 3. JIS 금속재료 기호-(2)

규격번호 명칭	종 류	기 호	인장강도 (N/mm²) 기타
JIS G 4401 탄소공구강 강재	1～7종	SK1 SK2 외	—
JIS G 4403 고속도공구강 강재	2, 3, 4, 10의 각종	SKH2 SKH3 SKH4 외	텅스텐계 (절삭성을 요하는 공구용)
	51, 52, 53, 54, 55, 56, 57, 58, 59의 각종	SKH51 SKH52 SKH53 SKH54 외	몰리브덴계 (인성을 요하는 공구용)
JIS G 4404 합금공구강 강재	S11종 외	SKS11외	주로절삭 공구용
	S4종 외	SKS4 외	주로 내충격 공구용
	S3종, D1종외	SKS3 SKD1외	주로냉간 금형용
	D4종, T3종외	SKD4 SKT3 외	주로열간 금형용
JIS G 4303 스테인리스 강봉	오스테나이트계	SUS201 ～ SUS347 SUSXM7 SUSXM15J1	≧480 ～ ≧690 ≧480 ≧520
	오스테나이트·페라이트계	SUS329J1	≧590
	페라이트계	SUS405 ～ SUS434 외	≧410 ～ ≧450
	마르텐사이트계	SUS403 ～ SUS440F	≧590 ～ ≧780
	석출경화계	SUS630 SUS631	≧1310 ≧1030

규격번호 명칭	종 류	기 호	인장강도 (N/mm²) 기타
JIS G 3201 탄소강단강품	구기호 SF35A SF40A SF45A SF50A SF55A SF60A	SF340A SF390A SF440A SF490A SF540F SF590A	340～440 390～490 440～540 490～590 540～640 590～690
JIS G 5101 탄소강주강품	구기호 SC37 SC42 SC46 SC49	SC360 SC410 SC450 SC480	≧360 ≧410 ≧450 ≧480
JIS G 5121 스테인리스강 주강품	1～6 10～24 의 각종	SCS1 SCS11 외	≧540 ～ ≧1240
JIS G 5501 회색주철품	구기호 FC10 FC15 FC20 FC25 FC30 FC35	FC100 FC150 FC200 FC250 FC300 FC350	≧100 ≧150 ≧200 ≧250 ≧300 ≧350
JIS G 5502 구상흑연주철품	구기호 FCD37 FCD40 외	FCD370 FCD400 외	≧370 ～ ≧800
JIS G 5702 흑심가단주철품	구기호 FCMB28 FCMB32 외	FCMB270 FCMB310 외	≧270 ～ ≧360
JIS G 5703 백심가단주철품	구기호 FCMW34 FCMW38 외	FCMW330 FCMW370 외	≧310 ～ ≧540
JIS G 5704 펄라이트 가단주철품	구기호 FCMP45 FCMP50 외	FCMP440 FCMP490 외	≧440 ～ ≧690

(다음 페이지에 계속)

표 3. JIS 금속재료 기호-(3)

규격번호 명 칭	종 류	기 호	인장강도 (N/mm²) 외
JIS H 3100 동 및 동합금의 판 및 스트립	무산소동 터프피치동 인탈산동 청동 황동 쾌속황동 네이벌황동 특수알루미늄 청동 백동	C 1020 C 1100 C 1201 他 C 2100 他 C 2600 他 C 3560 他 C 4621 他 C 6161 他 C 7060 他	이러한 기호 다음에 판에는 P, 조에는 R 기호를 붙인다.
JIS H 3250 동 및 동합금봉	유별, 기호는 상기 JIS H 3100과 같으며, 이들의 기호 다음에 압출봉에는 BE, 인발봉에는 BD를 붙인다.		
JIS H 4000 알루미늄 및 알루미늄합금의 판 및 스트립	순Al Al-Cu계 Al-Cu계 Al-Mg계 Al-Mg-Si계 Al-Zn계	A 1080 외 A 2014 외 A 3003 외 A 5005 외 A 6061 외 A 7075 외	이들의 기호에, 판에는 P, 조에는 R, 원판에는 E의 기호를 붙인다.
JIS H 5101 황동주물	1 종 2 종 3 종	YBsC 1 YBsC 2 YBsC 3	≧150 ≧200 ≧250
JIS H 5102 고력 황동주물	1 종 2 종 3 종	HBsC 1 HBsC 2 HBsC 3	≧430 ≧490 ≧640
JIS H 5111 청동주물	1 종 2 종 3 종 6 종 7 종	BC 1 BC 2 BC 3 BC 6 BC 7	≧170 ≧250 ≧250 ≧200 ≧220
JIS H 5112 실진청동주물	1 종 2 종 3 종	SzBC 1 SzBC 2 SzBC 3	≧350 ≧440 ≧395
JIS H 5113 인청동주물	2 종 A 2 종 B 2 종 C 3 종 B 3 종 C	PBC 2 A PBC 2 B PBC 2 C PBC 3 B PBC 3 C	≧200 ≧300 ≧300 ≦270 ≦300

규격번호 명 칭	종 류	기 호	인장강도 (N/mm²) 외
JIS H 5114 알루미늄청동주물	1 종 1 종 C 2 종 2 종 C 3 종 3 종 C 4 종	AlBC 1 AlBC 1 C AlBC 2 AlBC 2 C AlBC 3 AlBC 3 C AlBC 4	≧440 ≧490 ≧490 ≧540 ≧590 ≧610 ≧590
JIS H 5202 알루미늄합금 주물	1 종 A ∫ 9 종 B	AC 1 A AC 1 B AC 2 A AC 2 B 他	≧140 ≧160 ≧160 ≧140
JIS H 5203 마그네슘합금 주물	1 ~ 3 종 5 ~ 8 종	MC 1 ∫ MC 8	≧180 ∫ ≧140
JIS H 5401 화이트메탈	1 종 ∫ 10 종	W J 1 ∫ W J 10	—
JIS H 5115 연청동주물	2 ~ 5 종	LBC 2 LBC 3 LBC 3 C 他	—
JIS H 5301 아연합금 다이캐스트	1 종 2 종	ZDC 1 ZDC 2	≧325 ≧285
JIS H 5302 알루미늄합금 다이캐스트	1 종 ∫ 12 종	ADC 1 他	—
JIS H 5501 초경합금	S 종	S F S 1 S 2 S 3	강의 정밀 절삭용
	G 종	G 1 G 2 G 3	주물등의 절삭용 외
	D 종	D 1 D 2 D 3	잡아늘이는 공구용 외

표 4. 수치제어 기계용 부호(1)

어드레스	의 미
A	X축의 회전의 각도의 디멘션
B	Y축의 회전의 각도의 디멘션
C	Z축의 회전의 각도의 디멘션
D	특수축의 회전의 각도의 디멘션 또는 제3의 이송 기능
E	특수축의 회전의 각도의 디멘션 또는 제2의 이송 기능
H	이후에도 지정하지 않으므로 특별 의미에 사용하여도 됨
I	미지정
J	미지정 } 위치 결정 및 직선 절삭에 사용하여서는 안됨
K	미지정
L	H와 같음
O	사용하여서는 안됨
P	X축에 평행한 제3의 운동의 디멘션
Q	Y축에 평행한 제3의 운동의 디멘션
R	Z축의 급속 이송 디멘션 또는 Z축에 평행한 제3의 운동의 디멘션
U	X축에 평행한 제2의 운도의 디멘션
V	Y축에 평행한 제2의 운동의 디멘션
W	Z축에 평행한 제2의 운동의 디멘션
X	X축 운동의 디멘션
Y	Y축 운동의 디멘션
Z	Z축 운동의 디멘션
F	이송 기능(F기능) Feed function 공구의 이송(이송 속도 또는 이송량)을 지정하는 기능
G	준비 기능(G기능) Preparatory function 제어 동작의 모드를 지정하기 위한 기능
M	보조 기능(M기능) Miscellaneous function NC기가 가지고 있는 온 오프 기능
S	주축 기능(S기능) Spindle-speed function 주축의 회전 속도를 지정하는 기능
T	공구 기능 Tool function 공구 또는 공구에 관련되는 사항을 지정하는 기능
N	시 퀀스 넘버

표 4. 기능 캐릭터(2)

BS : 후퇴(Back Space) 인자 위치를 같은 행에서 1자분 후퇴시키는 기능 캐릭터
CR : 복귀(Carriage Return) 인자 위치를 같은 행의 처음 위치로 되돌리는 기능 캐릭터
DEL : 말소(Delete) 주로 테이프 위의 틀린 부호나 불요 부호를 삭제, 소거하는데 사용하는 기능 캐릭터
NT : 수평 탭(Horizontal Tabulation) 인자행에 따라, 미리 정해져있는 일련의 인자 위치 중, 바로 다음의 위치까지 이동시키는 기능 캐릭터로서, 어간을 분리하는데 사용할 수 있다
LF : 개행(Line Feed) 인자 위치를 다음의 인자행 위치로 이동시키는 기능 캐릭터로서, CR에 이어 LF의 2문자로서 엔드 오부 블록(EOB)의 기능을 갖는다
NL : 복귀 개행(New Line) 인자 위치를 다음의 인자행의 최초의 장소로 이동시키는 기능 캐릭터로서, EOB의 기능을 갖는다
NUL : 공백(Null) 매체의 공간, 시간의 공간을 메우는 기능 캐릭터
SP : 간격(Space) 어간을 1자분 비우는데 사용하는 기능 캐릭터로서, 인자 위치를 전진 방향으로 1자분 이동시키는 기능 캐릭터로도 된다
% : 퍼센트 프로그램 스타트 기능의 캐릭터
(: 좌 소괄호 컨트롤 아웃의 기능 캐릭터
) : 우 소괄호 컨트롤 인의 기능 캐릭터
: : 콜론 얼라인먼트의 기능 캐릭터
/ : 사선(Slash) 옵셔널 블록 스킵의 기능 캐릭터

표 5. 테이프 코드 및 어드레스

EIA 코드에 의한 천공 테이프

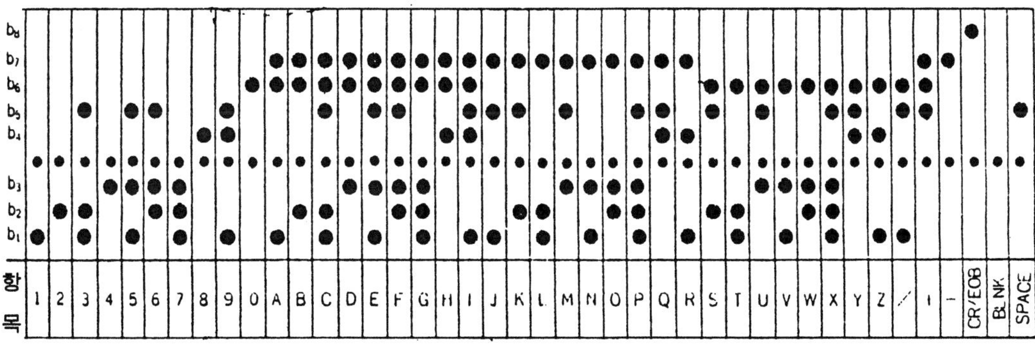

ISO 코드에 의한 천공

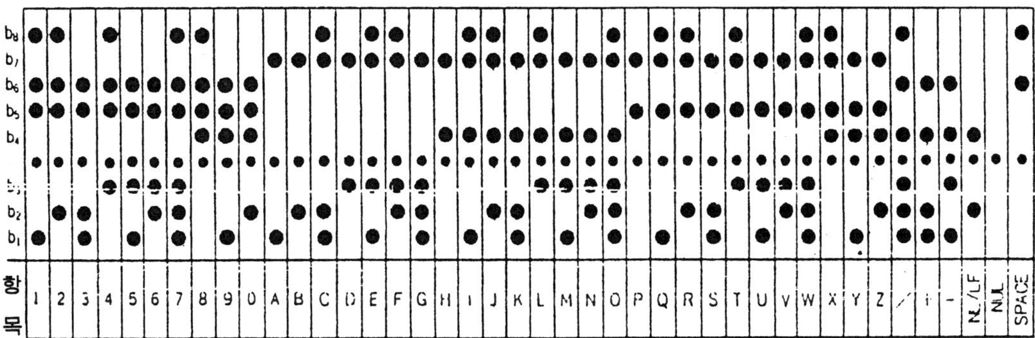

표 6. 준비 기능(KS B 4206)-(1)

코드	기능
G 00	위치 결정
G 01	직선보간
G 02	시계방향의 원호보간
G 03	반시계방향의 원호보간
G 04	드웰
G 05	미 지정
G 06	포물선보간
G 07	미 지정
G 08	가 속
G 09	감 속
G 10 ~ G 16	미 지정
G 17	XY면의 선택
G 18	ZX면의 선택
G 19	YZ면의 선택
G 20 ~ G 24	미 지정
G 25 ~ G 29	이후에도 지정하지 않음
G 30 ~ G 32	미 지정
G 33	일정 리드의 나사절삭
G 34	점증 리드의 나사절삭
G 35	점감 리드의 나사절삭
G 36 ~ G 39	이후에도 지정하지 않음
G 40	공구지름 보정 및 공구 위치 오프셋 ②의 취소
G 41	공구 지름 보정 —좌
G 42	공구 지름 보정 —우
G 43	공구 위치 업셋 ①
G 44	공구 위치 업셋 ①의 캔설

코드	기능
G 45	공구 위치 업셋 ②, +/+[1]
G 46	공구 위치 업셋 ②, +/−[1]
G 47	공구 위치 업셋 ②, −/−[1]
G 48	공구 위치 업셋 ②, −/+[1]
G 49	공구 위치 업셋 ②, 0/+[1]
G 50	공구 위치 업셋 ②, 0/−[1]
G 51	공구 위치 업셋 ②, +/0[1]
G 52	공구 위치 업셋 ②, −/0[1]
G 53	직선 시프트의 캔설[1]
G 54	X축의 직선 시프트[1]
G 55	Y축의 직선 시프트[1]
G 56	Z축의 직선 시프트[1]
G 57	XY면의 직선 시프트[1]
G 58	XZ면의 직선 시프트[1]
G 59	YZ면의 직선 시프트[1]
G 60	정확한 위치 결정 1(정밀)[1]
G 61	정확한 위치 결정 2(보통)[1]
G 62	신속 위치 결정 (거칠음)[1]
G 63 ~ G 79	미 지정
G 80	고정 사이클의 캔설
G 81 ~ G 89	고정 사이클
G 90	앱설루트 디멘션
G 91	인크리멘탈 디멘션
G 92	좌표계 설정
G 93	시간의 역수로 표시된 이송
G 94	매분당 이송
G 95	주축 1회전당 이송
G 96	정 절삭속도
G 97	정 절삭속도의 캔설
G 98	미 지정
G 99	미 지정

표 6. 보조 기능(KS B 4206) - (2)

코드	기 능	코드	기 능
M 00	프로그램 스톱	M 46	미 지정
M 01	옵셔널 스톱	M 47	
M 02	앤드오프 프로그램	M 48	오버라이드 무시의 캔설
M 03	주축시계 방향회전	M 49	오버라이드 무시
M 04	주축 반시계방향회전	M 50	쿨런트 3
M 05	주축 정지	M 51	쿨런트 4
M 06	공구 교환	M 52	
M 07	쿨런트 2	~	미 지정
M 08	쿨런트 1	M 54	
M 09	쿨런트 정지	M 55	위치 1에의 공구의 직선 시프트
M 10	클램프 1	M 56	위치 2에의 공구의 직선 시프트
M 11	언클램프 1	M 57	
M 12	미 지정	~	미 지정
M 13	주축 시계방향 회전 및 쿨런트	M 59	
M 14	주축 반시계방향 회전 및 쿨런트	M 60	공작물 교환
M 15	정 방향 회전	M 61	위치 1에의 공작물의 직선 시프트
M 16	부 방향 회전	M 62	위치 2에의 공작물의 직선 시프트
M 17	미 지정	M 63	
M 18		~	미 지정
M 19	정회전 위치에 주축정지	M 67	
M 20	이후에도 지정하지 않음	M 68	쿨런트 2
~		M 69	언클램프 2
M 29		M 70	미 지정
M 30	엔드오브 테이프	M 71	위치 1에의 공작물의 선회 시프트
M 31	인터록 바이패스	M 72	위치 2에의 공작물의 선회 시프트
M 32		M 73	
~	미 지정	~	미 지정
M 35		M 77	
M 36	이송범위 1	M 78	클램프 3
M 37	이송범위 2	M 79	언클램프 3
M 38	주축속도 범위 1	M 80	
M 39	주축속도 범위 2	~	미 지정
M 40		M 89	
~	치차 교환	M 90	
M 45		~	이후에도 지정하지 않음
		M 99	

표 7. KS와 JIS를 비교한 주요 재료 기호 일람표

한국공업규격				일본공업규격	
규격번호	규격명	KS기호	기호설명	JIS 번호	JIS 기호
KSD 2301	타프피치 형동	B-Tcu, C-Tcu	B-Billet, C-Cake, T-Tough Pitch	H 2123	B-Tcu, C-Tcu
〃 2302	납 지금	Pb	Pb-Lead	〃 2105	—
〃 2304	알루미늄 지금	Al	Al-Aluminium	〃 2102	—
〃 2305	주석 지금	Sn	Sn-Tin	〃 2108	—
〃 2306	금속 크롬	Cr	Cr-Chromium	G 2313	Mcr
〃 2307	니켈 지금	Ni	Ni-Nickel	H 2104	N
〃 2308	은 지금	Ag	Ag-Silvet	〃 2141	—
〃 2310	인동 지금	Pcu	P-Phosphor Cu-Copper	〃 2501	Pcu
〃 2312	금속 망간	M Mn E	M-Metal Mn-Mangnese E-Electric	〃 2311	MMn E
〃 2313	금속 규소	MSi	M-Metal Si-Silicon	〃 2312	MSn
〃 2316	훼로 티탄	FTiL	F-Ferro Ti-Titanium L-Low	〃 2309	F TiH, F TiL
〃 2320	주물용 황동 지금	BsIC	Bs-Brass. I-Ingot. C-Casting	〃 2202	YBs CIn
〃 2321	주물용 청동 지금	BIC	Bs-Bronze. I-Ingot. C-Casting	〃 2203	BCIn
〃 2322	주물용 인청동 지금	PBIC	P-Phosphor B-Bronze I-Ingot C-Casting	〃 2204	PBCIn
〃 2331	다이캐스팅용 알루미늄 합금 지금	AIDC	A-Aluminium I-Ingot D-Die C-Casting	〃 2212	Dx V
〃 2332	다이캐스팅용 알루미늄 재생 합금 지금	AIDCS	A-Aluminium I-Ingot D-Die C-Casting S-Secondary	〃 2118	Dx S
〃 2351	아연 지금	Zn	Zn-Zinc	〃 2107	—
〃 3501	열간 압연 연강판 및 강대	SHP	S-Steel H-Hat P-Plate	〃 3131	SPHC. SPHD SPHE
〃 3506	아연도 강판	SBHG	S-Steel B-보통 H-Hot G-Galvanized	〃 3302	SPG
〃 3507	배관용 탄소 강관	SPP	S-Steel P=Pipe P-Piping W-Water	〃 3452	SGP
〃 3509	피아노 선재	PWR	P-Piano W-Wire R-Rod	〃 3502	SWRS
〃 3510	경강선	HSW	H-Hard S-Steel W-Wire	〃 3521	SW
〃 3511	재생 강재	SBR	S-Steel B-보통(일반)R-Rerolled	〃 3111	SRB SPCE
〃 3515	용접구조용 압연 강제	SWS	S-Steel W-Welded S-Structure	〃 3106	SM
〃 3516	주석도금 강판	ET, HD	E-Electric T-Tin H-Hot D-Dipped	〃 3303	SPTE, SPTH
〃 3520	착색 아연도 강관	SBPG	S-Steel B-보통(일반) P-Precoated G-Galvanized	〃 3312	SCG

〃	3521	압력 용기용 강판	SPPV	S-Steel P-Plate P-Pressure V-Vessel	〃	3115	SPV
〃	3522	고속도 공구강 강재	SKH	S-Steel K-공구 H-High Speed	〃	4403	SKH
〃	3523	중공강 강재	SKC	S-Steel K-공구 C-Chisel	〃	4410	SKC
〃	3525	고탄소 크롬 베어링강 강재	STB	ST-Stainless B-Bearing	〃	4805	SUJ
〃	3526	마봉강용 일반 강재	SGD	S-Steel G-General D-Drawn	〃	3108	SGD
〃	3527	철근 콘크리트용 재생봉강	SBCR	S-Steel B-Bar C-Concrete R-Reinforcement	〃	3117	SRR, SDR
〃	3528	전기아연도금 강판 및 강대	SEHC, SECC SEHE,	S-Steel E-Electrolytic H-Hot C-Commercial C-Cold, D-Deep Drawn E-Deep Drawn Extra	〃	3313	SEHC, SECC SEHE, SEHD SECD, SECE
〃	3550	피복아크 봉접봉 심선	SEHD	S-Steel W-Wire W-Welding	〃	3523	SWY
〃	3552	철선	MSW	M-Mild S-Steel W-Wire	〃	3532	SWH
〃	3554	연강 선재	MSWR	M-Mild S-Steel W-Wire R-Rod	〃	3505	SWRM
〃	3555	강관용 열간압연 탄소강대	HRS	H-Hot R-Rolld S-Steel	〃	3132	SPHT
〃	3556	피아노선	PW	P-Piano W-Wire	〃	3522	SWP
〃	3559	경강 선재	HSWR	H-Hard S-Steel W-Wire R-Rod	〃	3506	SWRH
〃	3560	보일러 및 압력 용기용 탄소강 및 몰리브덴강 강판	SBB	S-Steel B-보통 B-Boiler	〃	3103	SB
〃	3561	마봉강	SB	S-Steel B-보통	〃	3123	SS-B-D
〃	3562	압력 배관용 탄소 강관	SPPS	S-Steel P-Pipe P-Pressure S-Service	〃	3454	STPG
〃	3563	보일러 및 열교환기용 탄소 강관	STBH	S-Steel T-Tube H-Heat	〃	3461	STB
〃	3564	고압 배관용 탄소 강관	SPPH	S-Steel P-Pipe P-Pressure H-High	〃	3455	STS
〃	3565	수도용 도복장 강관	STPW-A SRPW-C	S-Steel T-Tube P-Pipe W-Water A-Aspalt C-Coaltar	〃	3443	—
〃	3566	일반 구조용 탄소 강관	SPS	S-Steel P-Pipe S-Structure	〃	3444	STK
〃	3568	일반 구조용 각형 강관	SPSR	S-Steel P-Pipe S-Structure R-Rectanguler	〃	3466	STKR
〃	3569	저온 배관용 강관	SPLT	S-Steel P-Pipe L-Low T-Temprature	〃	3460	STPL
〃	3570	고온 배관용 탄소 강관	SPHT	S-Steel P-Pipe H-High T-Temprature	〃	3456	STPT
〃	3571	저온 열교환기용 강관	STLT	S-Steel T-Tube L-Low T-Temprature	〃	3464	STBC
〃	3572	보일러·열교환기용 합금 강 강관	STHA	S-Steel T-Tube H-Heat A-Alloy	〃	3462	STBA
〃	3573	배관용 합금강 강관	SPA	S-Steel P-Pipe A-Alloy	〃	3458	STPA

〃	3575	고압가스 용기용 이음매 없는 강관	STHG	S-Steel T-Tube H-High G-Gas	〃	3429	STH
〃	3577	보일러·열교환기용 스테인리스 강관	STS* TB	ST-Stainless S-Steel T-Tube	〃	3463	SUS* TB
〃	3579	스프링용 탄소강 오일템퍼선	SWO	S-Spring W-Wire O-Oil	〃	3560	SWO
〃	3580	밸브 스프링용 탄소강 오일 템퍼선	SWO-V	S-Spring W-Wire O-Oil V-Valve	〃	3561	SWO-V
〃	3581	밸브 스프링용 크롬 바나듐강 오일 템퍼선	SWOCV-V	S-Spring W-Wire O-Oil C-Chromium V-Vanadium V-Valve	〃	3565	SWDCV-V
〃	3582	밸브 스프링용 실리콘 크롬강 오일 템퍼선	SWOSC-V	S-Spring W-Wire O-Oil S-Silicon C-Chromium V-Valve	〃	3566	SWOSC-V
〃	3583	배관용 아크 용접 탄소 강관	SPW	S-Steel P-Pipe W-Welding	〃	3457	STPY
〃	3699	열간 압연 스테인리스 강대	STS* HS	ST-Stainless S-Steel H-Hot S-Strip	〃	4306	SUS* HS
〃	3700	냉간압연 스테인리스 강대	STS* CS	ST-Stainless S-Steel C-Cold S-Strip	〃	4307	SUS* CS
〃	3701	스프링 강재	SPS	SP-Spring S-Steel	〃	4801	SUP
〃	3702	스테인리스 강선재	STS* WR	ST-Stainless S-Steel W-Wire R-Rod	〃	4308	SUS SUB
〃	3703	스테인리스 강선	STS* WSWH	ST-Stainless S-Steel W-Wire S-Soft H-Hard	〃	4309	SUS
〃	3705	열간압엽 스테인리스 강판	STSxHP	ST-Stainless S-Steel H-Hot P-Plate	〃	4306	SUS
〃	3706	스테인리스 강봉	STSxB	ST-Stainless S-Steel B-Bar	〃	4303	SUS
〃	3707	크롬 강재	SCr	S-Steel Cr-Chromium	〃	4104	SCR
〃	3708	니켈 크롬강 강재	SNC	S-Steel N-Nickel C-Chromium	〃	4102	SNC
〃	3709	니켈 크롬 몰리브덴 강재	SNCM	S-Steel N-Nickel C-Chromium M-Molybdenum	〃	4103	SNCM
〃	3710	탄소강 단강품	SF	S-Steel F-Forging	〃	3201	SF
〃	3711	크롬 몰리브덴 강재	SCM	S-Steel C-Chromium M-Molybdenum	〃	4105	SCM
〃	3712	훼로 망간	FMn	F-Ferro Mn-Manganese	〃	2301	FMn
〃	3713	훼로 실리콘	FSi	F-Ferro Si-Silicon	〃	2302	FSi
〃	3714	훼로 크롬	FCr	F-Ferro Cr-Chromium	〃	2303	FCr
〃	3715	훼로 텅스텐	FW	F-Ferro W-Wolfram(Tungsten)	〃	2306	FW
〃	3716	훼로 몰리브덴	FMo	F-Ferro M-Molybdenum	〃	2307	FMo
〃	3717	실리콘 망간	SiMn	Si-Silicon Mn-Manganese	〃	2304	Si Mn
〃	3751	탄소 공구 강재	STC	S-Steel T-Tool C-Carbon	〃	4401	SK
〃	3752	기계 구조용 탄소 강재	SM	S-Steel M-Machine	〃	4051	SxC
〃	3802	무방향성 전기강판 및 강대	SExC	S-Steel E-Electric C-Cold	〃	2552	Sx

〃	4101	탄소 주강품	SC	S-Steel C-Casting	G	5101	SC
〃	4102	구조용 고장력 탄소강 및 저합금강 주강품	HSC	H-High S-Steel C-Casting	〃	5111	SSC, SCMn SCCrM 등
〃	4103	스테인리스 주강품	SSC	S-Steel S-Stainless C-Casting	〃	5121	SCS
〃	4104	고망간 주강품	HMnSC	H-High Mn-Manganese S-Steel C-Casting	〃	5131	SCMnH
〃	4105	내열 주강품	HRSC	H-Heat R-Resistant S-Steel C-Casting	〃	5122	SCH
〃	4106	용접 구조용 주강품	SCW	S-Steel C-Casting W-Welded	〃	5102	SCW
〃	4107	고온 고압용 주강품	SCPH	S-Steel C-Casting P-Pressure H-High	〃	5151	SCPH
〃	4301	회 주철품	GC	G-Gray C-Casting	〃	5501	FC
〃	4303	흑심가단 주철품	BMC	B-Black M-Malleable C-Casting	〃	5702	FCMB
〃	4304	펄라이트 가단 주철품	PMC	P-Pearite M-Malleable C-Casting	〃	5704	FCMP
〃	4305	백심가단 주철품	WMC	W-White M-Malleable C-Casting	〃	5703	FCMW
〃	5506	인청동 및 양백판 및 조	PBS, PBT	P-Phospor B-Bronze S-Sheet T-Tape	〃	3731	PBP, PBR
〃	5512	연판	Pbs	Pb-Lead S-Sheet	〃	4301	Pbp
〃	5515	아연판	ZnP	Zn-Zinc P-Plate	〃	4321	—
〃	5530	동 버스바	CuBB	Cu-Copper B-Bus B-Bar	H	3361	CuBB
〃	5539	이름매없는 니켈동합금관	NCuP	N-Nickel Cu-Copper P-Pipe	〃	3661	NCuT
〃	5540	조명 및 전자기기용 몰리브덴선	VMW	V-Vaccum M-Molybdenum W-Wire	〃	4481	VMW
〃	5545	동 및 동합금 용접관	BsPW	Bs-Brass P-Pipe W-Welding	〃	3671	BsTW
〃	6001	황동 주물	BsC	Bs-Brass C-Casting	〃	5101	YBsC
〃	6002	청동 주물	BrC	Br-Bronze C-Casting	〃	5111	BC
〃	6003	화이트 메탈	WM	W-White M-Metal	〃	5401	WJ
〃	6004	베어링용 동-연 합금주물	KM	K-Kelmet M-Metal	〃	5403	KJ
〃	6005	아연 합금 다이캐스팅	ZnDC	Zn-Zinc D-Die C-Casting	〃	5301	ZDC
〃	6006	알루미늄 합금 다이캐스팅	AlDC	Al-Aluminm D-Die C-Casting	〃	5302	ADC
〃	6007	고강도 황동 주물	HBsC	H-High Bs-Brass C-Casting	〃	5102	HBsC
〃	6008	알루미늄 합금 주물	ACxA	A-Aluminm C-Casting A-Alloy	〃	5202	AC
〃	6010	인청동 주물	PBC	P-Phosphor B-Bronze C-Casting	〃	5113	PBC
〃	6011	연입 청동 주물	PbBrC	Pb-Lead Br-Bronze C-Casting	〃	5115	LBC
〃	6012	베어링용 알루미늄 합금 주물	AM	A-Aluminium M-Metal	〃	5402	AJ
〃	6013	초경 합금	SGD	S-Special G-General D-Drawing	〃	5501	SGD
〃	6014	실진 청동 주물	SzBrC	Sz-Siluzin Br-Bronze C-Casting	〃	5112	SzBC

〃	6701	알루미늄 및 알루미늄 합금 판 및 조	AxxxxP	A-Aluminium R-Ribbon C-Clad	〃	4000	AxxxxP, R, E PC
〃	6702	연 관	PbP	Pb-Lead P-Pipe	〃	4311	PbT
〃	6703	수도용 연관	PbPW	Pb-Lead P-Pipe W-Water	〃	4312	PbTW
〃	6705	알루미늄 및 알루미늄 합금 박	AlF	Al-Aluminum F-Foil	〃	4191	AlH
〃	6706	고순도 알루미늄 박	AlFS	Al-Aluminum F-Foil S-Special	〃	4192	AOH
〃	6713	알루미늄 및 알루미늄 합금 용접관	AxxxxTW	Al-Aluminum T-Tube W-Welded	〃	4090	AxxxxTE, TDTES, TDS
〃	6757	알루미늄 및 알루미늄 합금 리벳재	Axxxx	Al-Aluminum	〃	4120	AxBR
〃	6761	이음매없는 알루미늄 및 알루미늄 합금관	AxxxxPE, PD	Al-Aluminum P-Pipe E-Extruded D-Drawing	〃 〃	4080 4180	Axxxx TE, T Axxxx PB,
〃	6762	알루미늄 및 알루미늄 합금의 판 및 관의 도체	AELS	Al-Aluminium E-Extruded C-Conductor S-Shapd	 〃	 4040	SBSBC, SBSC TB, TBS
〃	6763	알루미늄 및 알루미늄 합금봉 및 선	AxxxxBE, BDBES, BDS	A-Al B-Bar E-Extrusion D-Drawing S-Special	 〃	 4140	AxxxxBE, BD BES,
〃	6770	알루미늄 및 알루미늄 합금 단조품	AxxxxFD, FH	Al-Aluminum F-Forging D-Die H-Hand	 〃	 3536	BDS AxxxxFD,
〃	7002	PC 강선 및 PC 강연선	SWPC	S-Steel W-Wire P-Prestressed	〃	3538	FH
〃	7009	PC 경강선	SWHD SWHR	S-Steel W-Wire H-Hard D-Deformed R-Round	 〃	 8612	SWPR, SWPD
〃	8302	니켈 및 니켈 크롬 도금	SN	S-Steel N-Nickel	〃	8610	SWCR,
〃	8304	전기아연 도금	ZP, ZPC	Z-Zinc P-Plating C-Chromate	〃	8641	SWCD
〃	8308	용융 아연 도금	ZHD	Z-Zinc H-Hot D-Dipped	〃	8642	FNM, FGM
〃	8309	용융 알루미늄 도금	AD	Al-Aluminium D-Dipped	〃	8301	ZM, ZMC
〃	8320	알류미늄 용사	AS, ASP, ASS, ASD	Al-Aluminium, S-Spray, P- Primer, S-Sealing D-Diffusion	 〃	 8300	HDZ HDA
〃	8322	아연 용사	ZnS	Zn-Zinc S-Spray			AS, ASp,

표 8. 밀리미터－인치 환산표

mm	0	1	2	3	4	5	6	7	8	9	mm
	in										
	−	0.03937	0.07874	0.11811	0.15748	0.19685	0.23622	0.27559	0.31496	0.35433	−
10	0.39370	0.43307	0.47244	0.51181	0.55118	0.59055	0.62992	0.66929	0.70866	0.74803	10
20	0.78740	0.82677	0.86614	0.90551	0.94488	0.98425	1.02362	1.06299	1.10236	1.14173	20
30	1.18110	1.22047	1.25984	1.29921	1.33858	1.37795	1.41732	1.45669	1.49606	1.53543	30
40	1.57480	1.61417	1.65354	1.69291	1.73228	1.77165	1.81102	1.85039	1.88976	1.92913	40
50	1.96850	2.00787	2.04724	2.08661	2.12598	2.16535	2.20472	2.24409	2.28346	2.32283	50
60	2.36220	2.40157	2.44094	2.48031	2.51969	2.55906	2.59843	2.63780	2.67717	2.71654	60
70	2.75591	2.79528	2.83465	2.87402	2.91339	2.95276	2.99213	3.03150	3.07087	3.11021	70
80	3.14961	3.18898	3.22835	3.26772	3.30709	3.34646	3.38583	3.42520	3.46457	3.50394	80
90	3.54331	3.58268	3.62205	3.66142	3.70079	3.74016	3.77953	3.81890	3.85827	3.89764	90
100	3.93701	3.97638	4.01575	4.05512	4.09449	4.13386	4.17323	4.21260	4.25197	4.29134	100
10	4.33071	4.37008	4.40945	4.44882	4.48819	4.52756	4.56693	4.60630	4.64567	4.68504	10
20	4.72441	4.76378	4.80315	4.84252	4.88189	4.92126	4.96063	5.00000	5.03937	5.07874	20
30	5.11811	5.15748	5.19685	5.23622	5.27559	5.31496	5.35433	5.29370	5.43307	5.47244	30
40	5.51181	5.55118	5.59055	5.62992	5.66929	5.70866	5.74803	5.78740	5.82677	5.86614	40
50	5.90551	5.94488	5.98425	6.02362	6.06299	6.10236	6.14173	6.18110	6.22047	6.25984	50
60	6.29921	6.33858	6.37795	6.41732	6.45669	6.49606	6.53543	6.57480	6.61417	6.65354	60
70	6.69291	6.73228	6.77165	6.81102	6.85039	6.88976	6.92913	6.96850	7.00787	7.04724	70
80	7.08661	7.12598	7.16535	7.20472	7.24409	7.28346	7.32283	7.36220	7.40157	7.44094	80
90	7.48032	7.51969	7.55906	7.59843	7.63780	7.67717	7.71654	7.75591	7.79528	7.83465	90
200	7.87402	7.91339	7.95276	7.99213	8.03150	0.07087	8.11024	8.14961	8.18898	8.22835	200
10	8.26772	8.30709	8.34646	8.38583	8.42520	8.46457	8.50394	8.54331	8.58268	8.62205	10
20	8.66142	8.70079	8.74016	8.77953	8.81890	8.85827	8.89764	8.93701	8.97638	9.01575	20
30	9.05512	9.09449	9.13386	9.17323	9.21260	9.25197	9.29134	9.33071	9.37008	9.40945	30
40	9.44882	9.48819	9.52756	9.56693	9.60630	9.64567	9.68504	9.72441	9.76378	9.80315	40
50	9.84252	9.88189	9.92126	9.96063	10.0000	10.0394	10.0787	10.1181	10.1575	10.1969	50
60	10.2362	10.2756	10.3150	10.3543	10.3937	10.4331	10.4724	10.5118	10.5512	10.5906	60
70	10.6299	10.6693	10.7087	10.7480	10.7874	10.8268	10.8661	10.9055	10.9449	10.9843	70
80	11.0236	11.0630	11.1024	11.1417	11.1811	11.2205	11.2598	11.2992	11.3386	11.3780	80
90	11.4173	11.4567	11.4961	11.5354	11.5748	11.6142	11.6535	11.6929	11.7323	11.7717	90
300	11.8110	11.8504	11.8898	11.9291	11.9685	12.0079	12.0472	12.0866	12.1260	12.1654	300
10	12.2047	12.2441	12.2835	12.3228	12.3622	12.4016	12.4409	12.4803	12.5197	12.5591	10
20	12.5984	12.6378	12.6772	12.7165	12.7559	12.7953	12.8346	12.8740	12.9134	12.9528	20
30	12.9921	13.0315	13.0709	13.1102	13.1496	13.1890	13.2283	13.2677	13.3071	13.3465	30
40	13.3858	13.4252	13.4646	13.5039	13.5433	13.5827	13.6220	13.6614	13.7008	13.7402	40
50	13.7795	13.8189	13.8583	13.8976	13.9370	13.9764	14.0157	14.0051	14.0945	14.1339	50
60	14.1732	14.2126	14.2520	14.2913	14.3307	14.3701	14.4094	14.4488	14.4882	14.5276	60
70	14.5669	14.6063	14.6457	14.6850	14.7244	14.7638	14.8031	14.8425	14.8819	14.9213	70
80	14.9606	15.0000	15.0394	15.0787	15.1181	15.1575	15.1969	15.2362	15.2756	15.3150	80
90	15.3543	15.3937	15.4331	15.4724	15.5118	15.5512	15.5906	15.6299	15.6693	15.7087	90
400	15.7480	15.7874	15.8268	15.8661	15.9055	15.9449	15.9843	16.0236	16.0630	16.1024	400
10	16.1417	16.1811	16.2205	16.2598	16.2992	16.3386	16.3780	16.4173	16.4567	16.4961	10
20	16.5354	16.5748	16.6142	16.6535	16.6929	16.7323	16.7716	16.8110	16.8504	16.8898	20
30	16.9291	16.9685	17.0079	17.0472	17.0866	17.1260	17.1654	17.2047	17.2441	17.2835	30
40	17.3228	17.3622	17.4016	07.4409	17.4803	17.5197	17.5591	17.5984	17.6378	17.6772	40
50	17.7165	17.7559	17.7953	17.8346	17.8740	17.9134	17.9528	17.9921	18.0315	18.0709	50
60	18.1102	18.1496	18.1890	18.2283	18.2677	18.3071	18.3465	18.3858	18.4252	18.4646	60
70	18.5039	18.5433	18.5827	18.6220	18.6614	18.7008	18.7402	18.7795	18.8189	18.8583	70
80	18.8976	18.9370	18.9764	19.0157	19.0551	19.0945	19.1339	19.1732	19.2126	19.2520	80
90	19.2913	19.3307	19.3701	19.4094	19.4488	19.4882	19.5275	19.5669	19.6063	19.6457	90

표 9. 인치－밀리미터 환산표

in	in	mm	in	in	mm
1/64	0.015625	0.3969	33/64	0.515625	13.0969
1/32	0.03125	0.7938	17/32	0.53125	13.4938
3/64	0.046875	1.1906	35/64	0.546875	13.8906
1/16	0.0625	1.5875	9/16	0.5625	14.2875
5/64	0.078125	1.9844	37/64	0.578125	14.6844
3/32	0.09375	2.3812	19/32	0.59375	15.0812
7/64	0.109375	2.7781	39/64	0.609375	15.4781
1/8	0.125	3.175	5/8	0.625	15.875
9/64	0.140625	3.5719	41/64	0.640625	16.2719
5/32	0.15625	3.9688	21/32	0.65625	16.6688
11/64	0.171875	4.3656	43/64	0.671875	17.0656
3/16	0.1875	4.7625	11/16	0.6875	17.4625
13/64	0.203125	5.1594	45/64	0.703125	17.8594
7/32	0.21875	5.5562	23/32	0.71875	18.2562
15/64	0.234375	5.9531	47/64	0.734375	18.6531
1/4	0.25	6.35	3/4	0.75	19.05
17/64	0.265625	6.7469	49/64	0.765625	19.4469
9/32	0.28125	7.1438	25/32	0.78125	19.8438
19/64	0.296875	7.5406	51/64	0.796875	20.2406
5/16	0.3125	7.9375	13/16	0.8125	20.6375
21/64	0.328125	8.3344	53/64	0.828125	21.0344
11/32	0.34375	8.7312	27/32	0.84375	21.4312
23/64	0.359375	9.1281	55/64	0.859375	21.8281
3/8	0.375	9.525	7/8	0.875	22.225
25/64	0.390625	9.9219	57/64	0.890625	22.6219
13/32	0.40625	10.3188	29/32	0.90625	23.0188
27/64	0.421875	10.7156	59/64	0.921875	23.4156
7/16	0.4375	11.1125	15/16	0.9375	23.8125
29/64	0.453125	11.5094	61/64	0.953125	24.2094
15/32	0.46875	11.9062	31/32	0.96875	24.6062
31/64	0.484376	12.3031	63/64	0.984375	25.0031
1/2	0.5	12.7	1	1	25.4

1 mm=0.039370 in, 1 in=25.4 mm

in	1	2	3	4	5	6	7	8	9
mm	25.4	50.8	76.2	101.1	127.0	152.4	177.8	203.2	228.6

찾아 보기

가공법별, 피삭재질별, 사용공구별

가공법별 찾아보기

페이지 가공내용(괄호 안은 피삭재질, 공구재종순)

선 삭

밀링가공

구멍가공

연삭

보링

기타

피삭재질별 찾아보기

표중, 사용기계의 약호는 MC:머시닝센터, TC:터닝센터 GC:그라인딩 센터, TM:트랜스퍼 머신

페이지 피삭재질(괄호 안은 사용 공구, 사용 기계 순)

사용공구별 찾아보기

74하 정면 밀링 커터(CVD 코팅, SS41 상당)
75상 정면 밀링 커터(서멧, S50C)
75하 정면 밀링 커터(서멧, S50C)
76상 정면 밀링 커터(Si_3N_4계 세라믹스, FC23/흑피)
105상 홈 밀링(초경=M종, SUS)
103상 총형 밀링(하이스=SKH55, SUH600)
103하 총형 밀링(서멧, S25C)
104하 핀 밀러(CVD 코팅, S48C)
50 엔드 밀(초경, SUS303/연마)
51 엔드 밀(초경, A2017)
52 엔드 밀(납땜 초경, SUS304)
53 엔드 밀(초경, FC-T8=A6061 상당)
77하 엔드 밀(하이스=SKH56, SS41)
78상 엔드 밀(초경, SKD11)
78하 엔드 밀(초경, NAK55)
79상 엔드 밀(초경, S45C)
79하 엔드 밀(초경, S45C)
80하 엔드 밀(초경=P30, S50C)
81상 엔드 밀(초경=P30, S50C)
81하 엔드 밀(서멧, S55C)
82상 엔드 밀(초경=30, S55C)
83상 엔드 밀(초경=K10, A7075 상당)
84상 엔드 밀(초경, SKT4)
85상 엔드 밀(다이아몬드 코팅 초경, 4Y32-T6)
85하 엔드 밀(초경, A2024P)
86상 엔드 밀(TiN 코팅 하이스, S50C)
86중 엔드 밀(CBN, SKD11)
86하 엔드 밀(초경=K종, FC30)
87상 엔드 밀(CVD 코팅, S45C 상당)
87하 엔드 밀(CVD 코팅, SNCM)
88상 엔드 밀(코팅 초경, SKS8)
88하 엔드 밀(코팅 초경, S50C)
90상 엔드 밀(다이아몬드 전착 하이스, 그라파이트=ED-3)
77상 볼 엔드 밀(CBN, SX105V= 화염담금질강)
80상 볼 엔드 밀(소결 다이아몬드, 그라파이트
82하 볼 엔드 밀(CBN 코팅, FC30)
83중 볼 엔드 밀(CBN, FCD50)
83하 볼 엔드 밀(CBN, FC25)
84하 볼 엔드 밀(서멧, SCM440)
89상 볼 엔드 밀(코팅 초경, S50C)
89하 볼 엔드 밀(코팅 초경, SCM45)
90하 볼 엔드 밀(다이아몬드 전착 하이스, 그라파이트=ED-3)
87중 드릴 엔드 밀(CVD 코팅, SCM440 상당)
52 드릴(코팅, SUS404)
91상 드릴(초경=P30 상당, SS41)
91하 드릴=이젝터(초경=P30 상당, SNCM)
92상 드릴(TiN 코팅 초경, SS41)
92하 드릴(TiC 코팅 초경, S50C)
93상 드릴(Al_2O_3코팅 초경, SUS304)
93하 드릴(초경=K10, FC30)
94상 드릴(서멧, S45C)
94하 드릴(TiC 코팅 초경, S50C)
95하 드릴(Ti화합물 코팅 초경, SUS304L)
96상 드릴(소결 다이아몬드, A390)
96중 드릴(초경, S50C)
96하 드릴(소결 다이아몬드, 유리)
97상 드릴(Pt 코팅 초경, 4Y32-T6)
98상 드릴(TiN 코팅 코발트 하이스, 인코넬 625)
95상 건 드릴(초경, S55C)
97하 건 드릴(납땜 초경, SUS316)
53 총형 드릴 (하이스, FC-T8=A6061 상당)
54 총형 드릴(하이스, SCM440 상당)
48 탭 (TiN 코팅 초경, S45C-D)
54 탭 (하이스, FC-T8=A6061 상당)
99상 탭 (코팅 하이스, S45C)
99하 탭 (코발트 하이스, AC4C-F)
98하 래핑 리머(CBN, FC20)
105중 리브 셰이퍼(초미립자 초경, S50C)
105하 리브 셰이퍼(초미립자 초경, NAK80)
100 보링 툴(초경, ADC12)
101상 보링 바 (코팅, S45C)
101하 보링 바 (초경, SNCM439 상당)
102상 보링 바(서멧, SS41)
102하 보링 바(Al_2O_3 코팅 초경, SCS1)
49하 숫돌(CBN 전착, SCM415)
106 숫돌(다이아몬드 전착, FCD60)
107 숫돌(WA, 발포스티롤)
107 숫돌(CBN, FCD45)

절삭유제의 선택방법

JIS K 2441 절삭 유제의 해설 부록「일반 사용조건에 적용한 작업 예」에서

1. 탄소강 C0.3% 이상 및 저합금강

절삭 유제 \ 가공법 및 공구 재종			선삭 싱글포인트바이트 초경	선삭 싱글포인트바이트 SKH	선삭 절단바이트 초경	선삭 절단바이트 SKH	선삭 총형바이트 초경	선삭 총형바이트 SKH	밀링 가공 정면밀링커터 초경	밀링 가공 정면밀링커터 SKH	밀링 가공 측면밀링커터 초경	밀링 가공 측면밀링커터 SKH	밀링 가공 엔드밀 초경	밀링 가공 엔드밀 SKH	구멍 뚫기 트위스트드릴 초경	구멍 뚫기 트위스트드릴 SKH	구멍 뚫기 BTA건드릴 초경	보링 싱글포인트바이트 초경	보링 싱글포인트바이트 SKH	보링 카운터 초경	보링 카운터 SKH	보링 리머 초경	보링 리머 SKH	브로치 가공 스플라인 SKH	브로치 가공 라운드 SKH	브로치 가공 서피스 SKH	기어 절삭 호브 SKH	기어 절삭 기어셰이퍼 SKH	기어 절삭 그리슨 SKH	기어 절삭 기어셰이빙 SKH	나사 깎기 탭 SKH	나사 깎기 체이서 SKH	나사 깎기 바이트 SKH	기타 트랜스퍼머신 SKH	기타 톱 SKH
불수용성 절삭유제	1종	1호																																	
		2호																																	
		3호																																	
		4호																																	
		5호		△		△				○		○																							
		6호	△		△				△		△																								
	2종	1호																																	
		2호						○																											
		3호		△		△													○			△	△				△	△	△					○	
		4호																																	
		5호					○			○		○	○	○	○	△			○															○	
		6호																									○	○	○	○					
		11호																																	
		12호																							○										
		13호															○			○	○														
		14호																														○			
		15호															○					○	○										○		
		16호																					○	○		○				○	○	○	○		
		17호																													○				
수용성절삭유제	W1종	1호	○	○	○	○	○	○	△	△	○	○				○																			○
		2호																									△	△	△					△	
		3호																																	
	W2종	1호	○	○	○	○	○	○	△	△	○	○				○		△																	○
		2호																									△	△	△					△	
		3호																																	

○는 최적(最適) 유제 △는 적당 유제를 나타낸다

JIS K 2441에는 금속의 절삭가공 및 연삭가공에 사용하는 절삭 유제로서, 불수용성(不水溶性)절삭 유제와 수용성(水溶性) 절삭 유제가 규정되어 있다. 불수용성 절삭 유제는 물에 용해시키지 않고 사용하는 것이며, 광유(鑛油)와 동식물유 또는 광유와 에스테르유(油)로 조성되는 것을 1종으로 하고, 이것에 극압(極壓) 첨가제를 가한 것을 2종으로 한다. 수용성 절삭 유제는 물에 희석해서 사용하는 것이며, 광유와 계면활성제(界面活性劑)의 비율에 따라 희석액이 흰색, 반투명 또는 투명하게 된다.

2. 탄소강 C0.3% 이하

가공법 및 공구 재종			선삭						밀링 가공						구멍 뚫기			보링						브로치 가공			기어 절삭				나사 깎기			기타	
			싱글포인트바이트		절단바이트		총형바이트		정면밀링커터		측면밀링커터		엔드밀		트위스트드릴		BTA건드릴	싱글포인트바이트		카운터		리머		스플라인	라운드	서피스	호브	기어셰이퍼	그리슨	기어셰이빙	탭	체이서	바이트	트랜스퍼머신	톱
절삭 유제			초경	SKH	초경	SKH	초경	SKH	초경	SKH	초경	SKH	초경	SKH	초경	SKH	초경	초경	SKH	초경	SKH	초경	SKH	SKH	SKH	SKH	SKH	SKH	SKH	SKH	SKH	SKH	SKH	SKH	SKH
불수용성 절삭유제	1종	1호																																	
		2호																																	
		3호						△																											
		4호																																	
		5호																																	
		6호	○	△	○	△			△	△	△	△																							
	2종	1호																																	
		2호						○						△																					
		3호																	○			△	△				△	△	△					○	
		4호																																	
		5호		○		○	○		○	○		○	○	○		△			○															○	
		6호																									○	○	○	○					
		11호																																	
		12호						○																	○										
		13호															○			○	○														
		14호																														○			
		15호															○					○	○										○		
		16호																					○	○		○				○	○	○	○		
		17호																													○	○			
수용성절삭유제	W1종	1호	△	△	△	△	△	△	△	△	△	△				○																			○
		2호																									△	△	△					△	
		3호																																	
	W2종	1호	△	△	△	△	△	△	△	△	△	△				○																			○
		2호																									△	△	△					△	
		3호																																	

○는 최적(最適) 유제 △는 적당 유제를 나타낸다

불수용성 절삭유제		
1 종 1~6호	광유와 동식물유 또는 광유와 에스테르유로 조성되며, 극압 첨가제를 포함하지 않는 것. 동점도(動粘度) 및 지방유분(脂肪油分)에 따라 1~6호로 세분.
2 종 1~6호	광유와 동식물유 또는 광유와 에스테르유로 조성되며 염소·황계(黃系) 및 그밖에 극압 첨가제를 포함한 것으로, 동판(銅版) 부식 시험 100℃에서 2이하인 것. 동점도, 지방유분, 염소분에 따라 1~6호로 세분.
2 종 11~17호	광유와 동식물유 또는 광유와 에스테르유로 조성되며, 염소·황계(黃系) 및 그밖에 극압 첨가제를 포함한 것으로, 동판(銅版) 부식 시험 100℃에서 2이하인 것. 동점도, 지방유분, 염소분에 따라 11~17호로 세분.

3. 고(高) 합금강

가공법 및 공구 재종 / 절삭 유제			선 삭						밀링 가공						구멍 뚫기			보 링						브로치 가공			기어 절삭				나사 깎기			기 타	
			싱글포인트바이트		절단바이트		총형바이트		정면밀링커터		측면밀링커터		엔드밀		트위스트드릴		BTA건드릴	싱글포인트바이트		카운터		리머		스플라인	라운드	서피스	호브	기어셰이퍼	그리슨	기어셰이빙	탭	체이서	바이트	트랜스퍼머신	톱
			초경	SKH	초경	SKH	초경	SKH	초경	SKH	초경	SKH	초경	SKH	초경	SKH	초경	초경	SKH	초경	SKH	초경	SKH	SKH	SKH	SKH	SKH	SKH	SKH	SKH	SKH	SKH	SKH	SKH	SKH
불수용성 절삭유제	1종	1호																																	
불수용성 절삭유제	1종	2호																																	
불수용성 절삭유제	1종	3호																																	
불수용성 절삭유제	1종	4호																																	
불수용성 절삭유제	1종	5호																																	
불수용성 절삭유제	1종	6호	△		△																														
불수용성 절삭유제	2종	1호														○																			△
불수용성 절삭유제	2종	2호						○																											
불수용성 절삭유제	2종	3호																	○															○	
불수용성 절삭유제	2종	4호																																	
불수용성 절삭유제	2종	5호		○		○	○	○		○		○		○					○															△	
불수용성 절삭유제	2종	6호														○											○	○	○	△					
불수용성 절삭유제	2종	11호																																	
불수용성 절삭유제	2종	12호																					△	△	△										
불수용성 절삭유제	2종	13호						△									○			○															
불수용성 절삭유제	2종	14호																			○														
불수용성 절삭유제	2종	15호												△			○			△		○	○										○		
불수용성 절삭유제	2종	16호														○								○	○	○				○	○	○	○		
불수용성 절삭유제	2종	17호																													○				
수용성절삭유제	W1종	1호		△		△		△				△		△		△																			○
수용성절삭유제	W1종	2호													△			△	△																
수용성절삭유제	W1종	3호																																	
수용성절삭유제	W2종	1호		△		△		△				△		△		△																			○
수용성절삭유제	W2종	2호													△																				
수용성절삭유제	W2종	3호																																	

○는 최적(最適) 유제 △는 적당 유제를 나타낸다

수용성 절삭 유제	W 1 종 1 ~ 3 호	광유 및 계면 활성제를 주성분으로 하고, 물에 희석하면 희석액이 흰색으로 되는 것. pH나 염소분, 금속 부식에 따라 1~3호로 세분. 통칭 에멀션(emulsion)형 불용성 절삭 유제.
	W 2 종 1 ~ 3 호	계면 활성제를 주성분으로 하고, 물에 희석하면 희석액이 투명 또는 반투명으로 되는 것. pH나 염소분, 금속 부식에 따라 1~3호로 세분. 통칭 솔류블형 수용성 절삭 유제.

4. 스테인리스 강·내열강·티탄 합금

가공법 및 공구 재종 / 절삭 유제			선 삭						밀링 가공						구멍 뚫기			보 링						브로치 가공			기어 절삭				나사 깎기		기 타		
			싱글포인트바이트		절단바이트		총형바이트		정면밀링커터		측면밀링커터		엔드밀		트위스트드릴		BTA건드릴	싱글포인트바이트		카운터		리머		스플라인	라운드	서피스	호브	기어셰이퍼	그리슨	기어셰이빙	탭	체이서	바이트	트랜스퍼머신	톱
			초경	SKH	초경	SKH	초경	SKH	초경	SKH	초경	SKH	초경	SKH	초경	SKH	초경	초경	SKH	초경	SKH	초경	SKH	SKH	SKH	SKH	SKH	SKH	SKH	SKH	SKH	SKH	SKH	SKH	SKH
불수용성 절삭 유제	1종	1호																					○												
		2호																																	○
		3호																																	
		4호																																	
		5호																																	
		6호																																	
	2종	1호												○						○		○	△												
		2호					○	○									△		○																
		3호																																	
		4호																																	
		5호	△		△				○																										
		6호		△		△	△	△		○	○	○			○	○		○	○								○	○	○				○		
		11호																																	
		12호															△					△	△	○	○	○									○
		13호															○																		
		14호												○																					
		15호	○	○	○	○			○	○	○	○			○	○	○	○	○								○	○	○	○					
		16호					○	○																△	△	△					○	○			
		17호																													△				
수용성 절삭 유제	W 1종	1호																																	
		2호		△		△			△	△								△																	
		3호																																	
	W 2종	1호					△	△																											
		2호		△		△			△	△																									
		3호																																	

○는 최적(最適) 유제 △는 적당 유제를 나타낸다

용어의 의미

·광유……천연으로 산출되는 원유 및 그 제품으로서, 절삭 유제의 기유(基油)로 사용되는 것. 등유, 경유, 머신유(油) 등.

·동식물유……동물 또는 식물의 유지분을 착유(搾油)정제한 것이며, 라드유, 고래 기름, 콩기름, 채종유, 야자유 등.

5. 알루미늄 및 알루미늄 합금

가공법 및 공구 재종 / 절삭 유제			선 삭						밀링 가공						구멍 뚫기			보 링						브로치 가공			기어 절삭				나사 깎기			기 타	
			싱글포인트바이트		절단바이트		총형바이트		정면밀링커터		측면밀링커터		엔드밀		트위스트드릴		BTA건드릴	싱글포인트바이트		카운터		리머		스플라인	라운드	서피스	호브	기어셰이퍼	그리슨	기어셰이빙	탭	체이서	바이트	트랜스퍼머신	톱
			초경	SKH	초경	SKH	초경	SKH	초경	SKH	초경	SKH	초경	SKH	초경	SKH	초경	초경	SKH	초경	SKH	초경	SKH	SKH	SKH	SKH	SKH	SKH	SKH	SKH	SKH	SKH	SKH	SKH	SKH
불수용성 절삭 유제	1종	1호	○	○	○	○			○	○	○	○				○		○	○	○		○	○												
		2호																																	
		3호																																	
		4호																																	
		5호																																	
		6호																																	
	2종	1호					○	○						○			○							○	○	○							○		
		2호																																	
		3호																													○	○			
		4호																																	
		5호																																	
		6호																																	
		11호																																	
		12호																																	
		13호																																	
		14호																																	
		15호																																	
		16호																																	
		17호																																	
수용성 절삭 유제	W1종	1호																																	
		2호						○								○								○							△	△	△	○	
		3호	○	○	○	○	○		○	○	○	○		○		○		○	○			○	○												△
	W2종	1호																																	
		2호						○								○								○							△	△	△		
		3호	○	○	○	○	○		○	○	○	○		○		○		○	○			○	○												△

○는 최적(最適) 유제 △는 적당 유제를 나타낸다

·에스테르유……쌀겨 기름, 대두 지방산 등의 고급 지방산과 메틸, 부틸 등의 알코올과의 화합물.
·지방유분……동식물유. 에스테르유의 함유량
·극압 첨가제……절삭 시에 마찰 국부(局部)의 녹아 붙는 것을 억제하고, 절삭성의 향상을 도모하기 위하여 기유(基油)에 첨가하는 물질. 주로 염소. 황계 화합물이 사용된다.
·계면 활성제……물에 녹지 않는 액체를 유화(乳化)하거나, 분말이나 고체를 수중에 분산시키고, 섬유나 금속 등의 표면의 오점을 세정하는 작용이 있는 합성 물질.

6. 주철 및 가단 주철

가공법 및 공구 재종			선삭						밀링 가공						구멍 뚫기			보링						브로치 가공			기어 절삭				나사 깎기			기타	
			싱글포인트바이트		절단바이트		총형바이트		정면밀링커터		측면밀링커터		엔드밀		트위스트드릴		BTA건드릴	싱글포인트바이트		카운터		리머		스플라인	라운드	서피스	호브	기어셰이퍼	그리슨	기어셰이빙	탭	체이서	바이트	트랜스퍼머신	톱
절삭 유제			초경	SKH	초경	SKH	초경	SKH	초경	SKH	초경	SKH	초경	SKH	초경	SKH	초경	초경	SKH	초경	SKH	초경	SKH	SKH	SKH	SKH	SKH	SKH	SKH	SKH	SKH	SKH	SKH	SKH	SKH
불수용성 절삭유제	1종	1호		○		○		○							○	○			○			○	○												
		2호																																	
		3호																																	
		4호																																	
		5호																																	
		6호																																	
	2종	1호								○		○		○													○	○	○	○				○	
		2호																																	
		3호																																	
		4호																																	
		5호																																	
		6호																																	
		11호															○			○															
		12호															○			○				○	○	○					△	△	△		
		13호																																	
		14호																																	
		15호																																	
		16호																																	
		17호																																	
수용성절삭유제	W1종	1호	△	△	△	△				△	△	△			△	△			△			△	△								△	△	△	△	△
		2호																																○	
		3호																																	
	W2종	1호	○	○	○	○				○	○	○			○	△			○			○	○								△	△	△		○
		2호																																	
		3호																																	

○는 최적(最適) 유제 △는 적당 유제를 나타낸다

7. 동(銅), 황동 및 인청동

가공법 및 공구 재종 / 절삭 유제			선삭						밀링 가공						구멍 뚫기			보링						브로치 가공			기어 절삭				나사 깎기			기타	
			싱글포인트바이트		절단바이트		총형바이트		정면밀링커터		측면밀링커터		엔드밀		트위스트드릴		BTA건드릴	싱글포인트바이트		카운터		리머		스플라인	라운드	서피스	호브	기어셰이퍼	그리슨	기어셰이빙	탭	체이서	바이트	트랜스퍼머신	톱
			초경	SKH	초경	SKH	초경	SKH	초경	SKH	초경	SKH	초경	SKH	초경	SKH	초경	초경	SKH	초경	SKH	초경	SKH	SKH	SKH	SKH	SKH	SKH	SKH	SKH	SKH	SKH	SKH	SKH	SKH
불수용성 절삭유제	1종	1호																																	◉
불수용성 절삭유제	1종	2호																																	
불수용성 절삭유제	1종	3호																													●				
불수용성 절삭유제	1종	4호		●		●				●									●	○							◉	◉							
불수용성 절삭유제	1종	5호																														●			
불수용성 절삭유제	1종	6호		○		○		○								○																	◉		
불수용성 절삭유제	2종	1호		○				●						●																					
불수용성 절삭유제	2종	2호				○		○						○					○				○	○	○	○					○	○	○		
불수용성 절삭유제	2종	3호															○																◉		
불수용성 절삭유제	2종	4호															○																		
불수용성 절삭유제	2종	5호																														○			
불수용성 절삭유제	2종	6호																													○				
불수용성 절삭유제	2종	11호																																	
불수용성 절삭유제	2종	12호																																	
불수용성 절삭유제	2종	13호																																	
불수용성 절삭유제	2종	14호																																	
불수용성 절삭유제	2종	15호																																	
불수용성 절삭유제	2종	16호																																	
불수용성 절삭유제	2종	17호																																	
수용성절삭유제	W1종	1호																																	
수용성절삭유제	W1종	2호																																	
수용성절삭유제	W1종	3호	◉	◉	◉	◉	◉		◉	◉	◉	◉				◉		◉	◉				●								●	●	◉		◉
수용성절삭유제	W2종	1호																																	
수용성절삭유제	W2종	2호																																	
수용성절삭유제	W2종	3호	◉	◉	◉	◉	◉		◉	◉	◉	◉				◉		◉	◉				●								●	●	◉		◉

○는 동, ●는 황동, ◉는 인청동을 나타낸다

이 표는 현재 일본에서 시판되고 있는 절삭 유제 상품 중에서, 주요 메이커의 절삭 유제에 대하여 JIS 구분과 비교한 것이다.

JIS 구분에 있는 「불수용성 절삭 유제 1종2호」나 「동2종12호」 등과 같이, 실제로는 대응하는 상품의 상표가 거의 없는 것도 있지만, 이 표에서도 각 상품의 개략적 성능을 비교, 판단할 수가 있다.

(潤滑通信社 「潤滑油銘柄便覽」에서)

8. 주요 절삭 유제의 JIS 대조표

JIS구분	出光	日本石油	유시로 화학	協同油脂	大同化学	東邦化学
1종1호	다후니 컷 LP-20, LP-30, GS-50		유시로 오일 CG2	살크랫 CD-8		인스컷 110S, 111
1종4호			유시로 오일 CT	살크랫 CD-1	다이커틀 No.1, No.2	인스컷 122
2종1호	다후니 컷 GF-10, HS-5, HS-10	유니컷 GS5, GS5N, GS10 GS10N, GS15, GM5 GM10	유시론 컷 H35 유시론 오일 No.2, No.21, CG3	살크랫 Y-10A X-50	다이커틀 No. 24 211BH, 211C, N-6 N-8, PL-101	
2종3호	다후니 컷 BR-50, BR-35 GC-30, HS-1 HS-2, HS-3 HS-6F	유니컷 GS20 GS30	유시로 오일 No.3, No.3(H), No.4 유시론 컷 DS-50(N), G-10	살크랫 F-2, F-3, F-12 Y-M, Y-0, Y-16 S-50, Y-20, Y-25 S-10, Y-250, Y-80 S-30, Y-S, X-150 Y-20F	다이커틀 특2M RL-17S, RL-32 RL-102, 91BTA改	인스컷 216, 218A, 230 225, 226, 238N
2종4호	다후니 컷 HS-40, BR-35 BR-60		유시론 오일 No.8, NS220X 유시론 컷 G-30	살크랫 S-25	다이커틀 GL-53	인스컷 2500
2종5호	다후니 컷 AS-25F	유니컷 TG15, TG20, TG30 GM15, GM35 멀티 15	유시론 오일 No.5, No.6, No.7 No.12 유시론 컷 UL65M, UH75	살크랫 Y-3, Y-550	다이커틀 A-7, A-17M 特2MR, RL-17 GL-20, GL-20K GL-203	인스컷 216N, 23N
2종6호	다후니 컷 AS-20D, AS-30D AS-15H, AS-40H	유니컷 GH35, AL-30	유시론 컷 UH60, UB-75(N) B-93 유시론 오일 No. 9	살크랫 Y1, Y-10	다이커틀 A-200, GL-103 GL-204	
2종11호	다후니 컷 ST-25, TU-30	유니컷 TH5, TH8, TH15F	유시론 오일 No.2(ac), DS50M	살크랫 X-00		
2종13호	다후니 컷 TA-25, TA-60 TA95, HL-40 TC-11, DH25	유니컷 TH15, MG15	유시론 컷 DS50, DS61 스파 X-2	살크랫 X-60K, X-200 X-250B, X-250S X-250T, X-300	다이커틀 PS-10, PS-21 PS-51, PS-302 S-16	인스컷238
2종14호	다후니 컷 GD-25, GD-10		유시론 컷 스파G7	살크랫 X-350A, X-350C X-350D, X-350E X-350M	다이커틀 PS-20, PS-51改	
2종15호	다후니 컷 TU-30, TG-25	유니컷 TB16, TH36 TB45	유시론 오일 No.12(ac) 유시론 컷 TS-50, UH75AC UB-100	살크랫 X-55, X-56A X-200M, X-250M X-300A, X-450B	다이커틀 PS-15, PS-102 S-16T	인스컷 276, 351
2종16호		유니컷 TC20, TC60	유시론 컷 UB75, UD100 유시론 오일 No. 210	살크랫 X-200A, X-300B X-300N	다이커틀 A-300, GL-51 PS-102D, PS-202 PS-204R	인스컷 275, 282
W1종1호	다후니 밀쿨 ML, BL, AL	유니솔블 EM-L, EM-B, EM EM-I, EM-S	유시로켄 GC, EC50, EC76	에멀 컷 No.2, No.200 NC	시미론 No.2, No.7 EX-10	그라이론 114, 1300, 515
W1종2호	다후니 밀쿨 SD, BD	유니솔블 HD-M, HD	유시로켄 E220, EE66 EC200, EC400 HDED-80	에멀 컷 No.5, No.10 NC-S, AL, FA-700	시미론 EX-20, EX-20T EX-30, EX-50 FP-12S, FX300 SW, 660E EZ-206, EP-230 EP-300	그라이론 507, 210, 505E
W2종1호	다후니 밀쿨 CT	유니솔블 SB, SC	유시로켄 MIC5, MIC2100 MIC2300, S26 S50M, S60 SC25, SC46K SC200, SC600	에멀 컷 B-25M, B-60 B-70, T-60	시미론 B-34C, KS-75 PA-40M, PA-80D PA-80MK, PA-275 PA-301, PA-512 PA-809, PA-N RG-200H, SBM	솔튼 605S, 613
W2종2호	다후니 패너쿨 FM	유니솔블 SD	유시로켄 SE-504, HSG300	에멀 컷 FA-500	시미론 B-12A, PC-50H PC-100H, SX-30	솔튼 619, 620, 621

기계 가공 기술 시리즈 No.3

절삭 가공 데이터북

1996. 11. 23. 1판 1쇄 발행
2013. 5. 31. 1판 3쇄 발행
2016. 1. 12. 2판 1쇄 발행
2017. 11. 7. 2판 2쇄 발행
2018. 5. 21. 2판 3쇄 발행

지은이 | 툴엔지니어 편집부
옮긴이 | 김진섭
펴낸이 | 이종춘
펴낸곳 | BM 주식회사 성안당
주소 | 04032 서울시 마포구 양화로 127 첨단빌딩 5층(출판기획 R&D 센터)
10881 경기도 파주시 문발로 112 출판문화정보산업단지(제작 및 물류)
전화 | 02) 3142-0036
031) 950-6300
팩스 | 031) 955-0510
등록 | 1973. 2. 1. 제406-2005-000046호
출판사 홈페이지 | **www.cyber.co.kr**
ISBN | 978-89-315-3625-6 (13550)
정가 | **25,000원**

이 책을 만든 사람들
책임 | 최옥현
진행 | 이희영
교정·교열 | 문 황
전산편집 | 이지연
표지 디자인 | 박원석, 임진영
홍보 | 박연주
국제부 | 이선민, 조혜란, 김해영
마케팅 | 구본철, 차정욱, 나진호, 이동후, 강호묵
제작 | 김유석

■ 도서 A/S 안내

성안당에서 발행하는 모든 도서는 저자와 출판사, 그리고 독자가 함께 만들어 나갑니다.
좋은 책을 펴내기 위해 많은 노력을 기울이고 있습니다. 혹시라도 내용상의 오류나 오탈자 등이 발견되면 **"좋은 책은 나라의 보배"**로서 우리 모두가 함께 만들어 간다는 마음으로 연락주시기 바랍니다. 수정 보완하여 더 나은 책이 되도록 최선을 다하겠습니다.
성안당은 늘 독자 여러분들의 소중한 의견을 기다리고 있습니다. 좋은 의견을 보내주시는 분께는 성안당 쇼핑몰의 포인트(3,000포인트)를 적립해 드립니다.
잘못 만들어진 책이나 부록 등이 파손된 경우에는 교환해 드립니다.